山西历山混沟原始森林综合调查报告

张云龙 主编

中国林业出版社

图书在版编目（CIP）数据

山西历山混沟原始森林综合调查报告/张云龙主编. —北京：中国林业出版社，2023.9

ISBN 978-7-5219-2339-1

Ⅰ．①山… Ⅱ．①张… Ⅲ．①自然保护区-森林-考察报告-山西 Ⅳ．①S718.55

中国版本图书馆CIP数据核字（2023）第180418号

责任编辑：刘香瑞

出版发行	中国林业出版社（100009，北京市西城区刘海胡同7号，电话010-83143545）
电子邮箱	36132881@qq.com
网　　址	https://www.cfph.net
印　　刷	河北京平诚乾印刷有限公司
版　　次	2023年9月第1版
印　　次	2023年9月第1次印刷
开　　本	787mm×1092mm　1/16
印　　张	15
字　　数	396千字
定　　价	128.00元

《山西历山混沟原始森林综合科考报告》编写组

主　编　张云龙

副主编　陈俊飞　赵水清　许佳林　夏小岗　王裔飞
　　　　　张小燕　郭学斌　李鼎暄　张海军

执　笔（按章节排序）
　　　　　李新平　王　权　杨永亮　李建荣　任建会
　　　　　卜玉山　仝书龙　张志翔　任保青　王刚狮
　　　　　廉凯敏　刘　璇　胡德夫　李春旺　史荣耀
　　　　　杨向明　雷渊才　冯建成　李轶涛　朱东泽
　　　　　华　彦　常建国

前　言

　　混沟是山西省中条山国有林管理局历山自然保护区的核心区之一，行政区在山西省垣曲县历山镇。该地受远古地质构造和水力切削的双重影响，形成了高山峻峰、悬崖峭壁、险沟深谷的地貌特点，阻绝了人为干扰破坏，遗留着一块原始森林。1984年5月，历山自然保护区建立之初，山西省林业厅组织调查队对混沟原始森林进行了第一次科学调查，考查内容包括了地质、地貌、土壤、植被、林分组成、野生动植物等相关学科。调查表明，混沟原始林仍保持着落叶阔叶林的原真性，植被群落没有人为破坏、没有发生过林火等自然灾害、无次生林现象，建群树种以五角枫、辽东栎等中生树种为主，古木参天、藤本缠绕、倒木纵横，动物食物链完整，保持着完整的暖温带地带性顶极森林群落，更为宝贵的是还有许多亚热带珍稀孑遗树种，如连香树、山白树、暖木、领春木、木姜子等，栖息着华北豹、原麝、猕猴、红腹锦鸡、勺鸡等国家保护动物，生物多样性丰富。1985年初，山西省科技厅邀请中国科学院、中国林科院、北京林业大学等单位知名专家学者对第一次混沟原始林科学考察成果进行了评审。评审专家一致认为：混沟原始森林区域地层古老，环境质量纯洁，野生动植物资源丰富，生态系统相对稳定，是一个物种基因库，是黄河中下游地区的一块瑰宝。

　　2019年初，山西省林业和草原局决定对混沟原始林进行第二次综合科学考察，进一步探寻植被格局变化、演变动态、系统结构、功能效益等，为森林健康培育提供理论遵循和技术路径；评价历山自然保护区的管理成效，为中条山建立以国家公园为主体的自然保护地体系提供决策依据，进而为现代林业和生态文明建设提供重要的科学支撑。

　　2019年5月，山西省林业和草原局成立了混沟第二次综合科考领导组，邀请中国科学院、中国林科院、北京林业大学、东北林业大学等单位20多位知名专家与山西省30多名相关专家、技术人员组建了植物、动物、地质、生态、森林资源五个专项调查组。5月6日至20日，开展了外业调查。调查队伍根据科考方案及相关野外调查技术规程，应用多源影像解译、红外线自拍、无人机航拍和三维激光扫描等先进技术，采用系统抽样、典型样地、实地测量等方法，设立了33条样线、24个固定样地、54个样点，采集补充植物标本200余份、土壤样品60余份、岩石标本29件、水样8份,安装红外线自拍仪48台,拍摄照片15000余张,录制视频200余段,收集了大量的科考数据,按时、按质、按量完成了科考野外调查任务。

2019年9月10日,山西历山混沟原始森林第二次综合科学考察成果在北京通过专家评审。由中国科学院、国家林业和草原局、中国林业科学研究院、北京林业大学等单位的院士、教授组成的专家组认为,混沟森林生态系统有显著的起源原真性、结构完整性、动态稳定性、区位独特性、物种珍稀性,具有重要的保护价值和科学研究意义。9月20日,山西省政府新闻办举行了山西历山混沟原始森林科考成果新闻发布会。

自然的存在和变化是无限的,我们的观察和认识是有限的。虽然我们已组织了两次综合科学考察、若干次专项调查,但对混沟原始林的认知仍是局部的和肤浅的。为便于科研人员及大众更深入全面地认识、了解混沟原始森林,我们籍此公布第二次综合科学考察报告,并将1984年山西历山第一次混沟原始森林考察报告也以二维码形式收录书中,一并付梓成册。

本书编写组
2023年1月

目 录

| 第1章 | 混沟第二次综合科学考察总报告 | (1) |

1.1 考察背景和主要目的 ……………………………………………………………… (3)
1.2 考察方案及过程 …………………………………………………………………… (3)
1.3 科考区域自然环境特征及人类活动状况 ………………………………………… (4)
1.4 综合科考成果 ……………………………………………………………………… (4)
1.5 主要发现、贡献和创新 …………………………………………………………… (11)

第2章 地质地貌专题报告 …………………………………………………………… (13)

2.1 绪 言 ……………………………………………………………………………… (15)
2.2 地质条件 …………………………………………………………………………… (20)
2.3 生态地质评价 ……………………………………………………………………… (44)

第3章 植物与植被专题报告 ………………………………………………………… (61)

3.1 绪 言 ……………………………………………………………………………… (63)
3.2 植物区系多样性 …………………………………………………………………… (65)
3.3 植物资源 …………………………………………………………………………… (100)
3.4 植被类型与分布 …………………………………………………………………… (111)

第4章 脊椎动物专题报告 …………………………………………………………… (117)

4.1 绪 言 ……………………………………………………………………………… (119)
4.2 动物种类及区系组成 ……………………………………………………………… (120)
4.3 栖息地类型及其代表性动物 ……………………………………………………… (133)
4.4 动物群落及物种多样性 …………………………………………………………… (147)
4.5 动物保护措施及建议 ……………………………………………………………… (152)

第5章 森林资源专题报告 …………………………………………………………… (155)

5.1 绪 言 ……………………………………………………………………………… (157)
5.2 基本情况 …………………………………………………………………………… (161)
5.3 森林类型划分 ……………………………………………………………………… (163)
5.4 森林类型分析 ……………………………………………………………………… (166)

5.5 森林资源面积、蓄积及其构成 ……………………………………………………（167）
5.6 森林资源特点 …………………………………………………………………（169）
5.7 森林资源评价 …………………………………………………………………（171）

第6章 森林生态系统及其保护与利用专题报告 ……………………………………（179）
6.1 绪　言 …………………………………………………………………………（181）
6.2 混沟森林生态系统特征 ………………………………………………………（181）
6.3 混沟森林生态系统主导功能和价值 …………………………………………（188）
6.4 野生动物在混沟森林生态系统中的作用 ……………………………………（190）
6.5 混沟森林生态系统评价 ………………………………………………………（191）
6.6 在中条山林区建立国家公园的必要性 ………………………………………（195）

参考文献 ……………………………………………………………………………（196）

附录1　历山混沟第二次综合科学考察成果专家论证意见 ………………………（197）

附录2　山西历山国家级自然保护区混沟原始森林考察报告(1989年) …………（199）

第1章

混沟第二次综合科学考察总报告

执　　笔：李新平

为检验历山自然保护区的管理成效，准确评价混沟的生态地位，了解无干扰条件下天然林的演变规律和机制，为山西省天然次生林修复及阔叶林培育提供可靠的理论和技术途径，为中条山建立以国家公园为主体的自然保护地体系提供决策依据，进而为现代林业和生态文明建设提供必要的科学支撑，2019年，山西省林业和草原局组织了北京林业大学、中国林业科学研究院、山西省林业科学研究院、山西省林业职业技术学院、山西省中条山国有林管理局、历山自然保护区等10多个单位的专业人员，组建了由不同专业、不同梯次成员组成的科考队伍，对混沟进行了第二次综合科学考察。

本次科考主要取得了以下成果：①建立了用于混沟长期观测研究的试验基地，包括33条固定样线、24块固定样地、54个固定观测点位；②获取了丰富的调查、考察数据及样品，构建了混沟地质、土壤、水文、生物等生态因子的专题数据库及大数据分析平台；③采用无人机等先进技术和生态学最新理论等，界定了混沟原始林的位置和边界，最终确定该区原始林面积为936.91 hm^2。④较为准确地评价了混沟地质特征、生态系统服务功能和价值在华北地区的地位，即混沟是华北火山岩地貌的博物馆，是研究火山结构、火山喷发旋回以及华北大陆形成之后首套火山岩性质的天然实验场，是研究古元古代岩石圈结构和演化的理想地区；是华北地区生物多样性，特别是阔叶乔木树种多样性的富集区，是暖温带阔叶古树的植物园，是华北地区森林系统原真性高的地区，是华北豹（*Panthera pardus japonensis*）等珍稀濒危物种扩散的重要廊道。该区森林生态系统稳定、独特而珍稀，生态服务功能强大。⑤检验了保护区的管理成效。通过对保护区成立之初的首次科考、历次科学研究成果与本次科考成果的对比，表明混沟及其周边区域的生态系统服务功能处于持续优化中，说明历山国家级自然保护区基于科考、科研成果的适应性管理模式十分有效，可复制、可推广。

历山国家级自然保护区位于山西省南部、中条山脉东段，1983年12月26日经山西省人民政府批准建立；1988年5月9日，国务院将历山自然保护区列为国家级森林和野生动物类型自然保护区。混沟地处历山自然保护区的核心区。

1.1 考察背景和主要目的

1984年5月，在保护区成立之初，山西省林业厅组织调查队对历山自然保护区混沟原始森林进行了一次综合调查，初步确认混沟存在镶嵌斑状分布、以辽东栎和五角枫等为优势树种的落叶阔叶原始林。山西省科技厅邀请中国科学院、中国林业科学研究院、北京林业大学的知名专家学者对调查成果进行了评审，专家一致认为：混沟区域地层古老，环境质量优良，野生动植物资源丰富，生态系统相对稳定，是丰富的物种基因库。此后，许多大专院校及科研院所在混沟周边开展了一系列相关研究。但受调查技术等因素限制，未能全面揭示混沟生态系统的发生发展规律。

自然保护区有关管理规定要求每十年开展一次综合科学考察，以检验保护成效，促进自然保护区的有效保护和科学管理。随着森林生态学等学科的纵深发展，开展无人为和重大自然灾害干扰条件下的天然林演变规律、生态功能、服务价值研究和评价，为天然次生林修复及人工林培育提供理论和技术支撑及参照系成为重点研究方向。山西省在近些年的生态修复中也不断要求提高阔叶树种的比例，但因缺乏长时间序列的理想参照系统，树种选择不当、苗木配置不合理、造林成效不理想等问题时有发生。此外，《建立国家公园体制总体方案》明确提出建立国家公园的目的是保护自然生态系统的原真性、完整性。在此背景下，山西省林业和草原局组织开展了本次综合科学考察。

本次综合科学考察的主要目的是完整收集历山自然保护区混沟的地质、土壤、水文、生物等资源数据资料，构建大数据管理和分析平台；评价混沟地质特征、森林资源和生态系统服务功能的价值和地位；评价自然保护区的管理成效，提炼可复制、可推广的保护管理模式；了解天然林的演变规律和机制，为山西省天然次生林修复及阔叶林培育提供可靠的理论和技术途径；为中条山建立以国家公园为主体的自然保护地体系等提供决策依据，进而为现代林业和生态文明建设提供必要的科学支撑。

1.2 考察方案及过程

为圆满完成历山混沟原始森林第二次综合科学考察，山西省林业和草原局组建了科考管理机构，设定了科考内容和目标。管理机构组织了北京林业大学、中国林业科学研究院、山西省地质调查院、山西农业大学、山西省林业科学研究院、山西省林业职业技术学院、山西省中条山国有林管理局、历山自然保护区等10多个单位的专业人员，制定了科考方案，组建了由不同专业、不同梯次成员构成的考察队伍。科考队伍根据科考方案及相关野外调查技术规程，应用多源影像解译、红外线自拍、无人机航拍和三维激光扫描等先进技术，采用点、线、面相结合的调查方法，于2019年5月6日至20日深入混沟，对地质、植物、动物、森林和生态系统进行了综合科学考察。科考队员徒步行进超过240 km，设立了33条样线、24个固定样地、54个样点，采集补充植物标本200余份、土壤样品60余份、岩石标本29件、水样8份，安装红外线自拍仪48台，拍摄照片15000余张，录制视频 200 余段，收集了大量的科考数据，撰写了专题报告和总报告，按时、按质、按量完成了科考任务，实现了科考目标。

1.3 科考区域自然环境特征及人类活动状况

1.3.1 自然环境特征

1.3.1.1 地理位置及面积

综合科考区混沟位于山西省垣曲县北部、中条山东段，地理位置为 111°54′03″—111°56′29″ E、35°20′07″—35°23′10″ N，属历山国家级自然保护区核心区，面积约 33 km²，分别占历山国家级自然保护区及山西省森林总面积的 13.3% 和 0.098%。

1.3.1.2 地形地貌

混沟东、南、北三面环山。东部为皇姑幔，海拔 2143 m；南部为锯齿山，海拔 1833 m；北侧为南天门，海拔 1692 m；西面是悬崖狭谷，山体相对海拔为 800~1500 m。

混沟沟壑纵横，主沟深幽，支沟众多，谷坡陡峭。两条主沟分别为混沟和吊孝河，长度分别为 3.0 km 和 2.8 km。1 km 以上支沟达 13 条，这些沟谷的纵剖面平均比降为 30% 左右，有狭谷瀑布多处，流向曲折；沟谷横剖面更为陡峭，平均比降在 45% 以上，呈"U"或"V"形。这些沟谷的水流汇于梁王脚，始称沇河，由东西方向转南流入黄河。

总体来看，混沟地形地貌复杂多样，且相对封闭，为动植物提供了丰富的生境及天然保护屏障。

1.3.1.3 气 候

混沟的地带性气候属暖温带大陆性季风气候，四季分明。据垣曲县华峰气象站资料记载，海拔 500 m 处的年平均气温为 13.3 ℃，1 月为 -1~2 ℃，7 月为 27~28 ℃，极端最高温度达 38.8 ℃；无霜期 228 d；年平均降水量 667 mm，最高达 1200 mm。调查区内，随海拔抬升和坡向变化，气温和降水等气象因子具有明显的非地带性变化。

1.3.2 人类活动状况

20 世纪 30 年代，阎锡山修铁路曾计划在红岩河砍伐枕木，限于交通艰难而搁浅；1956 年，混沟前部较平缓的山脚零星散落有六七户人家；1960 年，红岩河前部和中部曾建有一个二三十人的农场；1964 年居民全部搬离混沟，此后再无人定居。

1.4 综合科考成果

1.4.1 地 质

1.4.1.1 大地构造位置、地质构造特征及主要构造期次

混沟地处华北大陆板块南部、鄂尔多斯地块与河淮地块接触带南端、中条断拱东北端东侧、华北克拉通的中南部，大地构造位置独特。混沟地质构造以断裂作用为主、褶皱作用次之。地层基本上是单斜产出，构成了向北倾俯的单斜构造，小构造较为发育。流域内断裂作用强烈，形成了北东向和南东向两组断层，二者交角为 80°~90°，较大断层有顺红

岩河延伸的逆断层、沿混沟和转林沟由南侧向南西方向延伸的断层。

区内构造主要发育包括吕梁期、熊耳期、燕山—喜山期。其中，吕梁期以强烈的褶皱及韧性剪切为主，保留于古元古代变质基底岩石中；熊耳期以同生断裂（环形）及原生节理发育为特征；燕山—喜山期在区内难以区分，以北东、北西向脆性断裂为主，差异性抬升剥蚀明显，是地形地貌的定型期。

1.4.1.2 地层及岩石

混沟地层单元包括古元古代变质基底（宋家山群）及中元古代沉积盖层（熊耳群许山组）二层结构，二者间为大角度不整合接触（吕梁运动界面）。其中，宋家山群下部为巨厚层长石石英岩、石英岩，其上为绢英片岩、白云石大理岩、阳起-透闪白云石大理岩夹数层变质基性火山岩构成多旋回的沉积变质岩。许山组是我国最古老的未变质地层，由暗绿色、黄绿色、褐灰色，具有气孔、杏仁构造和含斜长石及角闪石斑晶的玄武安山岩、安山岩、辉石安山岩组成，这些类型和喷发韵律等完整的火山岩是研究火山结构、火山喷发旋回以及华北大陆形成之后首套火山岩性质的天然实验场。总体上，混沟出露有较为齐全的古元古代变质地层，其中夹有大量变质火山岩地层，保存着古元古代由重大地质事件造就的构造界面及裂谷背景的沉积火山事件，且古元古代构造—热事件十分发育，是研究古元古代岩石圈结构和演化十分理想的地区。

区内岩石总体分为侵入岩、火山岩和变质岩3大类。侵入岩主要包括古元古代的变质辉长岩和中新元古代辉绿岩，其中辉长岩主要分布于红岩河沟口，呈岩株状侵入宋家山群中，辉绿岩以岩墙状侵入许山组中；许山组火山岩的主体为安山岩，块状安山岩主要分布于转林沟河、红岩河的中、上游一带的陡崖，斑状安山岩主要分布于混沟源头及东北部一带，块状—杏仁状安山岩面积较大，主要分布于混沟南部与锯齿山一带，斑状—杏仁状安山岩仅分布于皇姑幔与卧牛场周围，系由斑状安山岩与杏仁状安山岩组成互层；区内变质岩主要包括变质砾岩、变质砂岩、泥质-半泥质岩、变质碳酸盐及变质火山岩，其中变质火山岩以变质基性岩、中性岩为主，有少量的变质酸性火山岩，为许山组变质火山岩的主要组成岩石，这些岩石具有指示海相火山喷发由熔岩淬火形成的枕状构造，外形呈椭球状，内部有冷缩形成之放射状节理，中心具空洞局部并具有红色髓石杏仁体；有反映火山喷发出的炽热熔岩中大量气体在流动过程中向顶部迁移，形成气球状、倒水滴状，斜列在中基性火山岩顶部富集之气孔构造，被红色、白色、绿色方解石及石英、绿泥石充填形成的杏仁构造，以及流动过程中由于顶部遇水相对温度下降而流速减慢形成的绳状构造（如皇姑幔山顶）。

1.4.1.3 地质地貌景观

在长期的地质作用和构造运动下，混沟演化出一系列景观奇特的山岳和峡谷，主要有两类：一是由强烈的岩溶作用在碳酸盐岩地区形成的岩溶地貌——锯齿山；二是由火山岩形成的火山岩地貌。这些地貌区内分布着奇潭飞瀑、怪石、障壁、断崖、尖峰和石门，蔚为壮观。

1.4.2 土 壤

混沟的基带土壤为褐土类土壤，垂直分布土类简单，仅包括山地棕壤和山地褐土两大类,但分布交错复杂,呈复域存在,且同一土类在阴坡分布高度低于阳坡。土壤pH值平均为6.58,呈弱酸性;本区土壤的平均有机质含量与全省背景值的比值为16.1,总体达1级标准;土壤全氮含量为1级,全磷含量为1~2级,速效钾含量为1~2级,均相对丰富;全钾含量为2~3级,丰富或适中;速效磷含量为3~4级,适中或稍缺;土壤N、Se、C、S、I、Mn、Zn、Fe_2O_3、P这9项与土壤养分有关的指标均相对较高,土壤地球化学性状良好;F、Rb、SiO_2、W、MgO、B、Ge比值大于0.9,不需补充;土壤重金属元素Hg、Ni、Pb、Zn均未超出污染风险筛选值。总体来看,混沟森林土壤的结构、养分等整体良好,仅速效磷相对短缺。

1.4.3 水 质

1.4.3.1 地下水水质

混沟地下水主要以松散岩类裂隙孔隙水和基岩裂隙水为主,当地岩石的富水性较弱,补给来源主要为大气降水,地下水主要以泉水的形式排放。混沟地下水的水化学类型为$HCO_3 \cdot SO_4$-Ca型,矿化度为0.20~0.24 g/L,为淡水;总硬度(以$CaCo_3$计)为152~180 mg/L,达到《地下水水质标准》(DZ/T 0290—2015)Ⅱ类水质标准;pH值为7.99~8.12,满足Ⅰ~Ⅲ类水质标准,其他指标均达到了Ⅰ、Ⅱ类水质标准。地下水水质良好,达到饮用水水质标准。

1.4.3.2 地表水水质

根据国家现行《地表水环境质量标准》(GB 3838—2002),并参照《地下水水质标准》(DZ/T 0290—2015),红岩河、转林沟河的水化学类型均为$HCO_3 \cdot SO_4 \cdot NO_3$-Ca型,矿化度分别为0.20~0.21 g/L和0.16~0.23 g/L,为淡水;总硬度分别为146 g/L和123~190 mg/L,pH值分别为8.07~8.12和7.87~8.09,符合Ⅲ类水质标准,其他指标均符合Ⅰ、Ⅱ类水质标准。地表水水质良好,适用于饮用等多种用途。此外,该区地表水中硝酸盐含量较高但亚硝酸盐含量低,主要是该地区环境封闭,森林覆盖率高,地表腐殖质层富含硝酸盐,空气中富氧,能使氮充分氧化,大气降水经腐殖质层淋滤后流入河谷,造成硝酸盐含量偏高。

1.4.4 植物资源及植被特征

1.4.4.1 植物种类及区系组成

混沟植物资源丰富,起源古老,维管植物多达448种,隶属于92科275属;其中,蕨类植物5科8属9种,其演化历史可以追溯到4亿多年前;裸子植物2科3属5种,其中的松柏科植物起源于晚石炭纪;被子植物85科264属434种,主要起源于侏罗纪、三叠纪或更早时期。从经济价值来看,混沟有野生材用植物87种,隶属46属28科;药用植物222种,隶属152属63科;油脂植物75种,隶属46属29科;观赏植物225种,隶属126属62科;食用植物49种,隶属32属29科;有毒植物65种,隶属43属30科。

混沟植物地理成分复杂,分布交错混杂,区系组成受泛热带成分影响强烈,具有一定的热带起源性质。87科种子植物来源于15个类型区,世界广布成分最多(31科),其次为热带成分(24科),第三为北温带成分(18科)。267属种子植子在15个类型区也均有分布，其中温带成分最多，共有157属，占总属数的58.8%，是混沟种子植物的主要地理成分；其次为热带成分，共有43属，占总属数的16.1%；第三为世界分布成分，共有28属。混沟439种种子植物中，种数最多的地理成分是中国特有成分，其次是温带亚洲成分和东亚成分，这三类地理成分组成混沟森林植被乔灌草的主体，此外，各类热带分布共有13种，占总种数的3%。

地理成分稀缺、单科单属及单种属植物在混沟植被中具有重要地位和价值。其中，旧世界热带分布的有八角枫科，热带亚洲至热带非洲分布的有杜鹃花科；地中海—西亚至中亚成分有1属，即黄连木属。中国特有成分有5属，主要有山白树属、青檀属、栾树属等，多为起源古老的单型属；东亚成分中，不乏古老、孑遗成分，如连香树属和枳椇属等。该区植物中，1科1属的有23科，占种子植物总科数的26.4%；单种属植物有180属181种，分别占种子植物总属数和总种数的67.4%和41.2%，这些植物在系统发生上多是古老而孤立的。

1.4.4.2 特有种、保护植物

混沟植物中，中国特有成分有172种，占种子植物总种数的39.2%，其中西南—江南—华北、西南—西北—华北、西北—华北—东北和华北4个分布亚型的种类比较丰富，共计134种，占混沟中国特有种总数的77.9%，表明该区系在种水平上除具有华北暖温带山地种子植物区系的特征外，而且还表现出了南北交错和东西汇集的过渡特征；江南—华北亚区成分仅有梨属的两种植物，相对稀少。

混沟植物中，国家重点保护植物有连香树、软枣猕猴桃、荞麦叶大百合、川贝母等，省级重点保护物种包括山白树、老鸹铃、暖木、青檀、脱皮榆、兴山榆、裂叶榆、榉树、枳椇、四照花、太白杨、流苏树、水榆花楸、漆树、椴木、山楂、刺五加、窄叶紫珠、海州常山、省沽油、照山白、穿龙薯蓣等近30种。

科考中多处发现连香树、铁木的幼苗以及暖木的幼树，发现了大规格的楝木（蔷薇科稠李属）、成片的川贝母和还亮草，珍稀植物自然更新有所提升，自然保护区保护成效得到见证。

1.4.4.3 新记录物种

本次科考发现的山西新记录物种有7种，分别为海桐叶白英（茄科）、斑赤飑（葫芦科）、花点草（荨麻科）、细小景天（景天科）、腥臭卫矛（卫矛科），瓜子金（远志科）和小药八旦子（罂粟科），其中前3种未曾公开发表。

1.4.4.4 植　被

混沟在中国植被划分上属暖温带落叶阔叶林地带，以辽东栎、栓皮栎为主的落叶阔叶林是该区的地带性原生植被，但随海拔上升，植被存在明显的垂直分布，主要的植被带谱为沼泽和水生植物—落叶阔叶林—针阔混交林—灌丛。

根据《中国植被》和《山西植被》分类系统，混沟植被包括8个植被型组、12个植被型、16个群系、47个群丛。该区的地带性植被是暖温带落叶阔叶栎林，分布有小片状山白树、连香树等为优势种的亚热带性质的植物群落。

1.4.5 动物资源特征

1.4.5.1 动物种类及区系组成

历山国家级自然保护区在动物地理分区上隶属古北界东北亚界华北区黄土高原亚区晋南—渭河—伏牛山省，是华北区与华中区相接的生物地理省，一些华中区乃至更偏南的东洋界成分可进入本区域，表现出明显的生态地理动物群落的边缘效应。混沟(包括混沟周边)的物种区系成分为古北种、东洋种和广布种，其中两栖类、爬行类和兽类均以广布种为主，鸟类以古北种为主。混沟不同类型动物的物种数占历山相应类型的48.1%~60.0%，一方面反映了富集特征，另一方面说明混沟区域能够很好反映历山保护区的区系组成，同时，古北界动物成分的占比高于保护区，说明混沟具有更为明显的古北界动物区系组成。

混沟有陆栖脊椎动物68种，其中两栖类3种、爬行类5种、鸟类47种、兽类13种，分别占历山保护区相应种类的23.1%、35.7%、33.3%和31.5%，平均为30.6%，说明占历山保护区面积13.3%的混沟是历山陆栖脊椎动物多样性的富集区。调查中还发现，历山保护等级较高的陆栖脊椎动物基本都出现于混沟，进一步说明该区域具有较高的保护价值。

1.4.5.2 保护动物

混沟有国家一级重点保护野生动物3种，国家二级重点保护野生动物11种，省级保护野生动物10种，分别占历山国家级自然保护区保护野生动物的37.5%、43.4%、71.4%，表明混沟在历山国家级自然保护区珍稀濒危物种保护中具有重要地位。尤其值得一提的是，华北大多区域已消失的华北豹、原麝、黑鹳出现于混沟，使该区域在濒危物种保护上具有很高的价值，甚至成为这些濒危物种未来扩散的种源库。

1.4.5.3 动物栖息地特征

混沟的动物栖息地分为三类，分别为疏林灌丛带、山地森林带和非地带性的水域环境——湿地。其中，疏林灌丛带分布于山麓灌丛与山地森林带之间，南坡海拔为800~1100 m，北坡为1000~1500 m，地形多为山地沟谷。该栖息地代表性①爬行类有无蹼壁虎、草绿龙蜥、蓝尾石龙子等，代表性鸟类有大鵟、红隼、雕鸮、纵纹腹小鸮、橙翅噪鹛等，代表性兽类有狗獾、猪獾、野猪、岩松鼠、隐纹花松鼠等。山地森林带分布于海拔1200~2200 m，地形为山体和沟谷相间，该栖息地基本未受到人类活动的影响，保存完好，是混沟良好的动物栖息地。该栖息地代表性爬行类有山地麻蜥、铜蜓蜥等，代表性鸟类有纵纹腹小鸮、勺鸡、红腹锦鸡、灰头绿啄木鸟、大斑啄木鸟等，代表性兽类有猕猴、豹猫、豹、原麝、西伯利亚狍等。湿地属于非地带性的湿地环境，主要包括后河水库岸边阶地、山谷河流和溪流。该栖息地代表性两栖类有花背蟾蜍、中国林蛙、隆肛蛙等，代表性鸟类有黑鹳、普通翠鸟、灰鹡鸰、白额燕尾、紫啸鸫等。

1.4.5.4 摄食集团及食物链

混沟的动物分为12个摄食集团，分别为两栖类食虫集团、爬行类食虫集团、鸟类食种子集团、鸟类食虫集团、鸟类食肉集团、鸟类杂食集团、兽类食虫集团、兽类食种子集

---

① 各栖息地类型的代表性物种依据常见种(+++和++)和国家及省级保护物种列出。

团、兽类杂食集团、大中型兽类植食集团、小型兽类食肉集团和大型兽类食肉集团。山地森林带的摄食集团数最多,达10个,湿地的摄食集团最少,仅4个,说明摄食集团的类型和数量与栖息地类型关系密切,山地森林为更多的物种提供了食物和隐蔽条件,增加了动物物种数及摄食集团的类型和数量。总的来说,混沟形成了以大型食肉兽类为顶端的完整食物链和食物网,说明该区域的动植物系统完整而稳定。

1.4.5.5 指示物种

根据物种种群数量及对环境变化的敏感性,山地森林动物群落中的指示物种为山地麻蜥、铜蜓蜥、山斑鸠、中杜鹃、大斑啄木鸟、煤山雀、普通鸸、岩松鼠、隐纹花松鼠;疏林灌丛动物群落的为无蹼壁虎、草绿龙蜥、蓝尾石龙子、岩鸽、中杜鹃、戴胜、灰喜鹊、大山雀、岩松鼠、隐纹花松鼠;湿地动物群落的为花背蟾蜍、隆肛蛙、中国林蛙、灰鹡鸰、红尾水鸲。

1.4.6 森林资源特征

1.4.6.1 林地面积

历山自然保护区混沟地区土地总面积 3273.83 hm^2,其中林地面积 3255.61 hm^2,占混沟地区总面积的 99.4%;非林地面积 18.22 hm^2,占混沟地区土地总面积的 0.6%。森林覆盖率为 99.4%。

林地中,有林地面积 3255.61 hm^2,占林业用地面积的 100%,全为乔木林。其中针叶林面积为 45.87 hm^2,阔叶林面积为 1944.52 hm^2,阔叶混交林面积为 1265.22 hm^2,分别占有林地面积的 1.4%、59.7%、38.9%。在林地面积中,国有林面积 2949.41 hm^2,占总面积的 90.6%;集体林面积 306.20 hm^2,占总面积的 9.4%。

1.4.6.2 小班划分

混沟共划分小班 207 个,小班平均面积为 15.82 hm^2。其中林地小班 206 个,平均面积 18.80 hm^2;非林地小班 1 个,面积 18.22 hm^2。林地小班中,纯林小班 129 个,小班平均面积 15.43 hm^2;混交林小班 77 个,小班平均面积 16.43 hm^2。

1.4.6.3 森林类型划分

根据海拔、坡向、优势树种三因子叠加分析,历山自然保护区混沟地区共有森林类型 15 种(低海拔区 7 种、中海拔区 4 种、高海拔区 4 种),其中栎类天然林面积、蓄积分别占混沟森林总面积、总蓄积的 98.6% 和 98.0%,优势明显。

1.4.6.4 活立木面积、蓄积

历山自然保护区混沟地区活立木总蓄积 294737 m^3。不同林分类型的蓄积为 55.35~246.00 m^3/hm^2,平均为 100.75 m^3/hm^2,是全国平均水平的 1.55 倍。其中,混沟原始阔叶林的蓄积为 198.00~246.00 m^3/hm^2,平均为 226.00 m^3/hm^2;阔叶天然次生林的蓄积为 61.33~101.81 m^3/hm^2,平均为 87.43 m^3/hm^2;前者分别是后者及全国平均水平的 2.58 倍和 3.48 倍。

在乔木林面积、蓄积中,栓皮栎面积 1432.76 hm^2,蓄积 135794 m^3,分别占 44.0% 和 46.1%;辽东栎面积 1303.33 hm^2,蓄积 114563 m^3,分别占 40.0% 和 38.9%;槲栎面积 473.65 hm^2,蓄积 38173 m^3,分别占 14.5% 和 13.0%;落叶松面积 35.16 hm^2,蓄积 5614 m^3,

分别占 1.1%和 1.9%；侧柏面积 10.71 hm², 蓄积 593 m³, 分别占 0.3%和 0.2%。

1.4.7 生态系统特征

1.4.7.1 森林生态系统

混沟复杂的地形地貌（河道、沟谷和坡地）、显著的海拔变化（825～2028 m）、丰富的乔木树种资源（总共 99 种，常见的成林乔木 43 种）孕育了多种森林景观。河道和沟谷以树种组成、坡地以海拔坡向及树种组成相结合的方法进行生态系统类型划分，发现混沟共拥有 28 个森林植被群落（坡地 17 个、沟谷 7 个，河道 4 个），平均而言，每平方公里约为 1 个，其多样性在历山保护区首屈一指，在华北地区、同纬度地区及相同气候带内罕见。

历经长期几无人为、重大自然灾害干扰的演变，混沟天然林系统具有非常理想的结构。其中，树种组成上，不同森林生态系统的 Shannon-Wienner 多样性指数为 1.33～2.47（平均为 1.84），为该区理论最大指数（3.76）的 35.1%～65.7%（平均为 49.3%）；Pilou 均匀度指数为 0.71～0.97（平均为 0.82），整体上属树种组成相对丰富且均匀的系统。一些分布在河道、沟谷的森林植被达到了非常丰富和均匀的水平。水平分布格局上，不同系统的林木角尺度介于 0.475～0.517，属公认的理想分布，即随机分布；垂直结构上，乔木层郁闭度为 0.6～0.8，为乔灌草 3 层结构；郁闭度 0.8 以上的为乔草 2 层结构，分别达到理想和较为理想水平。径级分布上，所有类型均呈反"J"形分布，与天然林理论分布一致；层间植物方面，混沟原始林中存在大型木质藤本植物、附生植物。

混沟堪称"暖温带阔叶古树植物园"，主要体现在其森林植被群落中的大径材、特大径材的数量和种类之多、年龄之大、珍贵程度之高、健康状况之良好、空间分布之广非常罕见。混沟森林中的大径材和特大径材比例为 19.5%，约为 346327 株，包括 21 种阔叶树种（其中国家重点保护和山西省重点保护植物 4 种），年龄多在 200 年以上，最大树龄在千年以上，无明显的生长衰退迹象，从河道到皇姑幔顶均有分布。这些古树不仅在混沟森林生态系统的结构、功能和演替中发挥着重要作用，且记录了当地水文、地理等的长期变迁过程，具有非常高的科研价值。

混沟主要森林群落的演体状态稳定，但不同树种的龄级机构不尽相同。其中，辽东栎、栓皮栎和鹅耳枥等 18 个树种径阶组成完整，属稳定种群；大果榆、蒙椴、建始械等 21 个树种以中、小径阶为主，属进展种群；臭檀和桦树等 4 个树种以中、大和特大径阶为主，属衰退种群。这意味着混沟森林生态系统的树种组成处于稳中有变的趋势。有关不同种群差异性对系统整体的影响尚需加强研究。

混沟森林生态系统具有较高的生态功能。其森林生态系统的年固碳量为 2.53 t/hm², 年释氧量为 5.93 t/hm², 是山西省森林生态系统年平均固碳（1.53 t/hm²）和释氧量（3.59 t/hm²）的 1.65 倍；其林地枯落物层深厚（平均厚度 5 cm 左右），几无侵蚀，为山西森林生态系统年平均固土量（1452 t/km²）的 2.36 倍；其年涵养水源量为 4875.00 m³/hm², 为山西省森林生态系统年平均涵养水源量（2028.02 t/hm²）的 2.40 倍，且林地出流水质达到《地下水水质标准》（DZ/T 0290—2015）Ⅱ类标准；该区森林生态系统的负氧离子浓度为 900～3800 个/cm³, 平均为 1900 个/cm³（林外平均为 800 个/cm³），林内空气达Ⅰ级质量标准。

1.4.7.2 景观生态系统

混沟景观生态系统具有如下几大特点：①不同景观单元主要通过空间邻接的方式联系在一起，具有明显的镶嵌分布特征；②景观单元内和不同景观单元间均高度连通，几无阻碍和分离，物质、能量和信息等交流和交换通畅；③多数景观单元边缘密度高，边缘形状复杂，具有较高的开放性，单元间物质和能量交流强烈；④各景观单元间延伸扩散到其他单元中的程度中等，景观格局较为稳定。

1.4.7.3 混沟生态系统评价

混沟是华北地区生物多样性，特别是阔叶乔木树种多样性的富集区。混沟地区分布着以暖温带地理成分为主，15个地理成分齐全的448种维管植物，其中阔叶乔木树种多达90多种；分布着以古北界成分为主，东洋种和广布种为辅的68种陆栖脊椎动物；森林生态系统的生物多样性指数较高，生物多样性，特别是阔叶乔木树种的多样性之丰富在华北地区较为罕见。

混沟是暖温带阔叶古树的植物园，该区分布着21种阔叶树种的古树，其中国家和山西省重点保护植物4种，年龄多在200年左右，生长状况良好。

混沟是华北地区高原真性森林系统的分布区。混沟阔叶古树树种分布的普遍性，树种组成具有非常高的原真性，充分说明该区森林生态系统长期保持着稳定性，这是该区森林生态系统原真性最为直接的有力证据；此外，其他林分结构特征，如径级分布、空间分布格局、层间植物、倒木分布等均表明其具有高的原真性，在华北地区实属罕见。

混沟森林生态系统的三大建群种（辽东栎、栓皮栎和槲栎）长期占据主导地位，从根本上保障了系统的稳定性。历经长期共生，林木的种内和种间形成了互利共生为主的协同关系，林内未见更新幼苗、幼树及青壮期林木因竞争而产生的明显死亡现象；复杂的林分结构、丰富的动植物种类有效维持着系统稳定性。以栖息地、食物链、庇护所为纽带的动植物关系强化了系统的稳定性；混沟在地理环境上的过渡性特色，内部小生境的复杂多样，导致其内动植物系统具备一定的独特性，如复杂的地理成分等；混沟分布着30余种国家和省级重点保护植物及大量地理成分稀缺、单科单属及单种属植物以及23种国家和省级重点保护动物，足以证明该区生态系统的珍稀性；此外，混沟森林生态系统的水土保持、水源涵养、固碳释氧、净化空气等功能强大，在华北地区遥遥领先。

混沟是华北豹等珍稀濒危物种扩散的重要廊道。华北豹，国家一级重点保护野生动物，是所生活区域的伞形物种和顶极旗舰物种，扮演着调节猎物种群、维持生态平衡的重要角色，也是生态系统健康状况的指示物种。山西是华北豹数量最多的省区，达130多只，但存在较高的局地灭绝风险，山西境内的华北豹急需向周边扩散。混沟处于山西和河南两省交界区域，由于无人为干扰，野猪、狍等华北豹猎食物种丰富，是连接山西与河南华北豹种群的重要生态廊道，对促进华北豹向周边扩散，形成良性基因交流，缓解该种群的近交压力具有重要作用。

1.5 主要发现、贡献和创新

本次科考的主要发现和贡献包括：①建立了用于混沟长期观测研究的试验基地，包括33条固定样线、24块固定样地、54个固定观测点位；②获取了丰富的调查、考察数据及样品，构建了混沟地质、土壤、水文、生物等生态因子的专题数据库及大数据分析平台；③界定了混沟原始林的位置、边界和面积。采用无人机等先进技术和生态学的最新理论等，界定了混沟原始林的位置和边界，最终确定该区原始林为 936.91 hm^2。④较为准确地评价了混沟地质特征、生态系统服务功能和价值，是华北地区生物多样性，特别是阔叶乔木树种多样性的富集区；是暖温带阔叶古树的植物园；是华北地区高原真性森林系统的分布区；是华北豹等珍稀濒危物种扩散的重要廊道；该区森林生态系统稳定、独特而珍稀，服务功能强大。⑤通过对保护区成立之初的首次科考、历次科学研究成果与本次科考成果对比，发现混沟及其周边区域的生态系统服务功能处于持续优化中，说明历山国家级自然保护区基于科考、科学研究成果，采用的适应性管理模式十分有效，可复制、可推广。这次科考对进一步提高天然林的科学研究和经营管理水平，明确未来的研究和管理重点具有重要指导意义。

第 2 章
地质地貌专题报告

技术指导：王　权
调　　查：李建荣　杨永亮　任建会　卜玉山　张　诚
执　　笔：杨永亮　李建荣　任建会　卜玉山

通过对混沟地区开展野外实地调查，采集岩石样品29件，对其中5件进行了硅酸盐、微量元素、稀土分量(REE15)分析；采集水样品8件进行了全分析；采集土壤样品40件（剖面样品31件，表层土壤样品9件），分析测量61项指标。查明了区内地层单元由古元古代变质基底(宋家山群)及中元古代沉积盖层(熊耳群许山组)二元结构组成，二者之间为大角度不整合接触(吕梁运动界面)，区内宋家山群主要为巨厚层长石石英岩、石英岩、绢英片岩、白云石大理岩、阳起—透闪白云石大理岩夹数层变质基性火山岩构成多旋回的沉积变质岩，许山组主要岩性为暗绿色、黄绿色、褐灰色玄武安山岩、安山岩、辉石安山岩。区内构造主要发育三期，即吕梁期、熊耳期、燕山—喜山期，燕山—喜山期差异性抬升剥蚀明显，是地形地貌的定型期。土壤主要以山地褐土和山地棕壤两大类为主，山地褐土主要分布在海拔800 m以下，山地棕壤主要分布在海拔800 m以上，但两者没有具体的分界，二者混合分布情况较普遍，主要与地形地貌及植物有密切的关系。区内地表水水系较发育，常年流水型河流为红岩河和转林沟河，雨季流量较大，旱季时流量显著减小，补给源主要为泉水及降水。地下水主要以松散岩类裂隙孔隙水和基岩裂隙水两种类型为主，富水性较弱，补给来源主要为大气降水，地下水的排泄以泉水的形式侧向补给河水和蒸发为主；对岩石、土壤、水样品分析结果进行了综合研究，结果表明调查区岩、土、水清洁程度较高，土壤中肥力指标有机质及氮富集程度高，重金属镉及微量元素硒表层土壤含量较高，主要与地质背景及元素迁移活动及植物富集形成的腐殖质有关；地表水中硝酸盐含量较高但亚硝酸盐含量低，充分说明混沟地区为强氧化环境，能够使氮充分氧化。

2.1 绪　言

2.1.1 目的任务

按照《生态地质调查技术要求（1∶50000）（试行）》（DD 2019-09）、《环境地质调查技术要求（1∶50000）》（DD 2019-07）、《区域地质调查技术要求（1∶50000）》（DD 2019-01）、《水文地质调查技术要求（1∶50000）》（DD 2019-03）及《土地质量地球化学评价规范》（DZ/T 0295—2016）等规范要求，通过野外实地观察、样品采集与分析，一是查明考察区内地质背景，总结地层构造与土壤、水文地质之间的关系，探索地质背景对生态系统的影响与制约；二是基于考察区受人类活动影响较小，通过对水土样品的分析测试，研究其水土环境的原样性，积累保护区水土环境质量状况的本底数据，为保护区长期连续监测水土环境变化提供基础数据。

重点开展以下工作：

(1) 查明该区的岩石类型、空间分布、构造的发育情况，与土壤、水文的关系，总结其与生态系统的关系。

(2) 调查水文地质情况，对水质进行分析化验，对水环境进行调查了解，如有可能，进行流量、流速的测量工作。

(3) 调查土壤分布情况，分析测试土壤各项指标，对土地质量及生态风险进行评价，建立土壤观测点。

2.1.2 位置、交通、自然经济地理、社会发展概况

2.1.2.1 位置、交通

垣曲县位于山西省南部，运城市东端，东北与阳城、沁水两县毗连；北和翼城、绛县接壤；西与闻喜交界；西南连接夏县；东南邻河南省的济源市；南与河南省三门峡市的渑池县、洛阳市的新安县隔河相望，全县国土总面积 1620 km²。垣曲县交通便捷，至 2014 年，南同蒲铁路在境内长 78 km；G241 国道纵贯全境，境内还有荷宝高速公路、垣渑高速公路、G327 国道等北接京昆、大运高速，南通晋济、连霍高速；全县公路总里程 1000 余 km，建成"三纵三横"循环道路体系，省道王横线穿境而过，另有侯马至焦作公路干线、闻垣路、县城至阳城支线公路及简易公路多条。垣曲县城距省会太原 350 km、运城 100 km、郑州 230 km、西安 340 km，距运城关公机场 40 min 路程。

从地质角度看，垣曲县位于华北大陆板块南部，鄂尔多斯地块与河淮地块接触带南端，中条断拱东北端东侧。东南方为单斜构造，主要构造走向为北东，倾向西南，西北部有较古老的火成岩出露，东南部是新地层的沉积岩出露，地质构造变化复杂，既有较古老的古生代震旦纪、寒武纪、奥陶纪的地层，也有中生代二叠纪、三叠纪的煤系地层，更有新生代第三纪、第四纪的黄土质地层。全境山区面积 1170.80 km²，占总面积的 72.24%；黄土台原区、丘陵 404.7 km²，占总面积的 25%；洪积、冲积平原区 39 km²，占总面积的 2.4%。

调查区位于垣曲县东北部后河水库—皇姑幔，核心位置为七十二混沟，为历山国家级

自然保护区核心区,处于中条山东部,区内地形起伏较大,地势陡峭,海拔最低处为后河水库入水口约 700 m,最高处为皇姑幔顶 2143 m。

2.1.2.2 自然经济地理

中条山区资源富集,"世纪曙猿"化石的发现推翻了"人类起源于非洲"的论断;华北地区唯一的原始森林——历山,被誉为"华北动植物物种基因库"。垣曲县是"国家绿色能源示范县"、"国家两基工作先进地区"、革命老区。区内矿产资源丰富,中条山铜矿是我国主要铜矿之一,探明矿藏 46 种。金属矿产有铜、铁、金等;非金属矿产有煤、石英岩、重晶石、磷、铝土矿、板石、滑石、花岗岩、石榴石、孔雀石、麦饭石、水晶、玛瑙、汉白玉等。

垣曲县是小浪底水利枢纽工程的移民大县,2009 年被确定为省级新型农保试点县,2010 年被确定为国家级新型农保试点县。

垣曲县山区人口密度相对较稀,平原区人口较密,劳动力资源中等,山区农作物以耐寒的莜麦、豌豆、蚕豆、马铃薯为主,地势相对较低的丘陵区种植小麦、玉米、谷子、蔬菜类等。

2.1.2.3 社会发展概况

垣曲县 2017 年全年地区生产总值完成 56.7 亿元,比上年增长 7.5%;规模以上工业增加值完成 22.8 亿元,增长 8.3%;固定资产投资完成 41.9 亿元,增长 25.9%;社会消费品零售总额完成 25.6 亿元,增长 7%;财政总收入完成 5.63 亿元,增长 45.3%;一般公共预算收入完成 2.39 亿元,增长 26.5%;城镇居民人均可支配收入 24896 元,增长 6.9%;农村居民人均可支配收入完成 6722 元,增长 7.8%。这些指标体现了垣曲县经济由高速增长向高质量发展的时代特征。

2.1.3 以往调查工作程度

2.1.3.1 基础地质调查程度

中条山区地质矿产资料丰富,具有悠久的调查研究史。中条山作为我国重要铜矿产地之一,早在公元前 22 世纪已被发现和利用,唐代时开采冶炼大盛。

中华人民共和国成立后,区内系统的地质调查是在 1952 年开始的,白瑾(1959—1962年)、冀树楷(1966 年)、山西地质局 213 地质队(1965 年)和 214 地质队(1967—1974 年)等单位和学者进入本区开展地质调查和矿产普查。山西区测队(1968—1978 年)相继开展了运城—三门峡幅、韩城—侯马幅 1∶200000 区域地质、矿产调查工作。随后(1984—1990 年),山西省地矿局 214 队区调分队进行了 1∶50000 垣曲测区区域地质矿产调查。1991—1995 年山西省地矿局 214 队完成了 1∶50000 同善测区(包括绛县幅、同善幅、望仙幅)区域地质矿产调查。2004—2007 年山西省地质调查院开展了山西省 1∶250000 侯马市幅区调修测工作,对区内地层、岩浆岩及变质岩及变质作用、地质构造进行较为系统的论述。2016—2018 年山西省地矿局 214 队开展了新一轮的 1∶50000 区域地质调查,是本次参考的最新最全面的地质资料。

2.1.3.2 地球化学调查程度

1956 年,地质部物探局北方大队所属 108 队在绛县—横岭关—北窑一带开展磁、电测量,首先使用土壤及岩石测量,配合物探圈定铜、多金属成矿带,并据铜量异常进行验证打到了工业矿体。1960年,山西省地质厅物探队在同善—泗交—永济一带进行了1∶100000水系沉积物测量工作。1964—1979年,山西省地矿局物探队、214队化探分队及冶金物探队,在回马岭、石门、泗交、同善等地进行了1∶10000、1∶25000土壤测量及岩石测量工作。1980—1987年,山西省地矿局物探队在侯马幅、运城幅、三门峡幅进行了1∶200000水系沉积物测量工作,编写了《侯马幅、运城幅、三门峡幅地球化学图说明书》。1983—1986年,山西省地矿局物探队编写了《中条山地区铜矿地球化学特征综合研究报告》。1991年,山西省地矿局214队提交了《望仙幅、同善镇幅1∶50000水系沉积物测量报告》。1992年,山西省地矿局214队提交了《绛县测区1∶50000水系沉积物测量报告》初稿。2008—2016年,山西省地质调查院完成了《山西省北部及南部1∶200000区域化探》,调查覆盖了本地区,分析指标41余项,但由于混沟地区属于自然保护区核心,未能进入混沟采集样品。

2.1.3.3 土壤调查程度

1979—1985年完成的全国第二次土壤普查,调查区土壤被划分为山地褐土。1983年10月和1984年5月由山西省林业厅组织完成的《山西历山国家级自然保护区混沟原始森林考察报告》,把该区土壤划分为三大类,即山地草甸土、山地褐土、山地棕壤。

2.1.4 本次工作概况

2.1.4.1 基本工作情况及完成的工作量

本次工作严格按照《山西历山国家级自然保护区混沟综合调查方案》的计划要求,在2019年4月20日前的调查准备阶段,主要任务是组建调查队伍,搜集有关混沟原始森林文献资料,由各专项组分别拟订本学科的调查方案,组织有关专家对调查方案进行评估完善,做好外业调查的后勤准备工作。

为确保各项工作优质、高效、按期完成,以山西省地质调查院为核心组建了一支由区域地质矿产调查工作实践经验丰富、年富力强的专业技术人员组成的队伍负责实施完成。工作中按技术人员的技术专长进行优化组合,既做到团结协作,又保证主攻方向明确。主要技术人员组成见表2-1。

表2-1 地质组项目主要技术成员

序号	姓名	性别	专业	技术职称	职责	工作单位
1	王权	男	地质	正高级工程师	技术指导,统筹安排	山西省地质调查院
2	李建荣	男	地质	高级工程师	地质组组长,负责野外调查、报告编写	山西省地质调查院
3	杨永亮	男	化探	工程师	化探组组长,负责野外调查、报告编写	山西省地质调查院
4	任建会	男	水文	正高级工程师	水文组组长,负责野外调查、报告编写	山西省地质调查院
5	卜玉山	男	土壤	教授	化探组技术负责,负责野外调查、报告编写	山西农业大学
6	张诚	男	地质	工程师	负责野外调查、报告编写、资料整理	山西省地质调查院

2019年5月5日,召开各组负责人协调会。2019年5月6日至12日进行了外业调查,然后转入内业整理阶段。完成的主要工作量见表2-2,土壤及水采样点位如图2-1。

表2-2 地质组完成工作量

工作手段	技术条件	计量单位	完成工作量	备注
1:10000 地形图矢量化	地质复杂程度Ⅲ	幅	4	
1:10000 地质填图	地质复杂程度Ⅲ	km^2	10	
岩石标本采集		件	29	实物已保存在保护区
硅酸盐全分析	13项	件	5	
微量分析	14项	件	5	
稀土分量（REE15）	15项	件	5	
1:10000 水文地质调查	地质复杂程度Ⅲ	km^2	10	
采集水样品		件	8	
水样品分析	全分析	件	8	
土壤剖面调查	垂向剖面	条	11	采集土壤样品31件
采集土壤样品		件	40	剖面样品31件，表层土壤样品9件
土壤样品分析	61项	件	40	
照片		张	260	

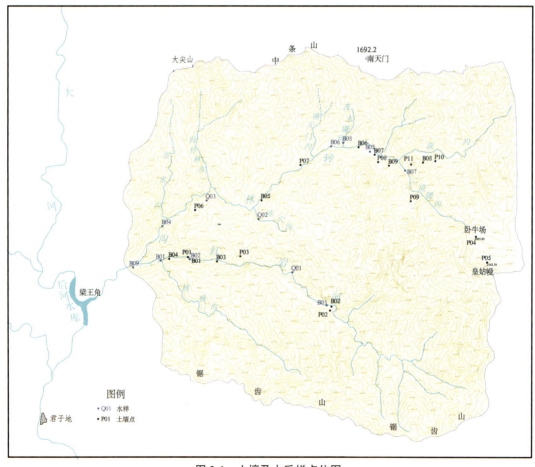

图2-1 土壤及水采样点位图

2.1.4.2 技术方法及质量评述

按照《区域地质调查总则(1∶50000)》(DZ/T0001—91)、《区域地质调查技术要求(1∶50000)》(DD 2019-01)、《水文地质调查技术要求(1∶50000)》(DD 2019-03)、《土地质量地球化学评价规范》(DZ/T 0295—2016)的具体要求,地形底图采用测绘地理部门提供的标准分幅1∶10000地形图,配以高精度的 GPS 定位系统,野外准确定位,准确的标定任何大小的地质体,完全满足了各项工作的要求。

各类测试样品的采集参照有关规定执行。测试项目数量和精度要求按地质研究的需要,以满足工作精度要求以及专题研究的需要为目的。各类测试样品送国家认证的省部级开放实验室测试或鉴定。在系统整理和研究前人已完成的各类样品的基础上,对质量符合精度要求的样品直接利用,避免了重复浪费。在此基础上,有目的、有针对性地进行了样品采集。

2.1.4.3 取得的成果及存在问题

(1)查明区内地层单元由古元古代变质基底(宋家山群)及中元古代沉积盖层(熊耳群许山组)二元结构组成,二者之间为大角度不整合接触(吕梁运动界面)。区内宋家山群下部为巨厚层长石石英岩、石英岩,其上为绢英片岩、白云石大理岩、透闪白云石大理岩夹数层变质基性火山岩构成多旋回的沉积变质岩。许山组主要岩性为暗绿色、黄绿色、褐灰色玄武安山岩、安山岩、辉石安山岩。

(2)区内岩浆岩主要有古元古代宋家山群变质基性火山岩、变质辉长岩(岩珠)及中元古代辉绿岩。本次查明了三者之间及与围岩的先后关系。

(3)区内构造主要发育三期,即吕梁期、熊耳期、燕山—喜山期。吕梁期以强烈的褶皱及韧性剪切为主,保留于古元古代变质基底岩石中;熊耳期以同生断裂(环形)及原生节理发育为特征;燕山—喜山期在区内难以区分,以 NW、NE 向脆性断裂为主,差异性抬升剥蚀明显,是地形地貌的定型期。

(4)土壤主要以山地褐土和山地棕壤两大类为主,山地褐土主要分布于海拔 800 m 以下,山地棕壤主要分布在海拔 800 m 以上,但两者没有具体的分界,二者混合分布情况较普遍,主要与地形地貌及植物有密切的关系。

(5)调查区地表水水系较发育,常年流水型河流为红岩河和转林沟河,雨季流量较大,旱季时显著减小,补给源主要为泉水及降水;地下水主要以松散岩类孔隙水和基岩裂隙水两种类型为主,富水性较弱,补给来源主要为大气降水,地下水的排泄以泉水的形式侧向补给河水和蒸发为主。

(6)对岩石、土壤、水样品分析结果进行了综合研究,结果表明考察区岩、土、水清洁程度较高,土壤中有机质及氮富集程度高,重金属镉及微量元素硒表层土壤含量较高,主要与地质背景及元素迁移活动及植物富集形成的腐殖质有关;地表水中硝酸盐含量较高但亚硝酸盐含量低,充分说明混沟地区为强氧化环境,空气中富氧,能够使氮充分氧化。

2.2 地质条件

2.2.1 地形地貌特征

中条山区位于山西省南部，呈东北—西南走向，因其山势狭长而得名，在地貌上属于侵蚀构造中山。地处黄河、涑水河间。地跨临汾、运城、晋城三市，居太行山及华山之间，山势狭长。中条山是中生代以来一隆起地块，燕山运动之后长期剥蚀，隆起成山，喜马拉雅山运动断裂上升成为现今地垒山地地貌。在单个构造运动的影响下，由于间歇和不均衡的差异性升降运动，伴以地震等活动，造成山体错落、崩塌、断裂和翘起等，形成今日复杂地貌格局。

中条地垒山地，海拔 $1200 \sim 2300$ m，相对高差 $800 \sim 2100$ m，长约 150 km，面积约 4000 km^2。由一系列海拔在 1600 m 以上的高峰组成，具有幼年地形特征。

中条山依山势可分为三段：东段称历山，以舜王坪最高，海拔 2358 m，与最低点黄河谷地（海拔 245 m）相差 2113 m，山顶平坦，保留着五台期剥蚀地形。山之两侧陡峭，尤以东南坡为甚（断层）。峡谷与瀑布在本段非常发育，中条山东南侧一系列平行山谷中到处可见。中段山势平缓，黄土覆盖，北坡从山脚到山顶明显分出五个剥蚀面，最低的剥蚀面（夷平面）海拔 $900 \sim 950$ m，最高的剥蚀面是以元头山和歪嘴桃山为代表的山顶平面，海拔 $1650 \sim 1700$ m，代表着古老的准平原面。这些古老的剥蚀面受到晚期的冲沟切割已遭到破坏。山区沟谷形态呈"V"字形，并逐渐扩大。中段山势较缓，呈阶台状，张店附近分水岭鞍部有三趾马红土和黄土覆盖的宽谷，乃唐县期宽谷经隆起而成。西段重峦叠嶂，地形崎岖复杂，兀立于运城盆地与黄河谷地之间，南北狭窄，有沿山南北走向断层，北部断裂深大，故北坡陡、南坡缓，主峰雪花山海拔 1944 m，与运城盆地相差近 1500 m。

在中条断裂隆起的同时，中条山南北地区形成一系列断陷盆地，南有垣曲断陷盆地，海拔 $400 \sim 500$ m，平陆、芮城谷地；北有运城盆地，海拔 $350 \sim 500$ m。这些盆地普遍堆积着河湖相沉积物。第三纪上新统的红土，第四纪下更新统的三门组岩层，周口店期红色土，上更新统马兰黄土及近代的冲积淤积层，沉积厚度在 300 m 以上，最厚处达 2500 m。中条山南北坡广泛发育着洪积扇，扇扇相连，形成一条美丽的衣裙。

黄河从调查区南部通过。中条山素有"山西天然植物园"之美称，园内植被繁茂，林木莽苍，主要树种有橡树、桦树、杨树、油松、华山松等。珍贵动物有猕猴、黑鹳、大鲵等。公园内有古迹万固寺，附近有舜王坪景区、泗交景区、同善景区、三门峡水库、王屋山等风景名胜及历山国家级自然保护区。

2.2.2 基础地质背景

中条山在华北大地构造位置上地处华北地块南缘，属华北地块中部造山带的范畴，大地构造位置独特。中条山地区出露有较为齐全的古元古代变质地层，其中夹有大量变质火山岩地层，该特点在华北地块其他地区极为少见。近年来，一系列研究表明，该区存在广泛的古元古代裂谷背景的沉积火山事件。中条山古元古代保存有重大地质事件造就的构造界面，古元古代构造-热事件十分发育，是研究古元古代岩石圈结构和演化十分理想的地区。

2.2.2.1 地　层

调查区内地层分布广泛，主要大面积出露中元古界长城系熊耳群许山组及古元古界宋家山群，其中宋家山群出露于核心区西部的梁王脚及后河水库一带，面积约 1 km²，周围被大面积熊耳群所包围，与上伏熊耳群呈角度不整合接触，习惯上称之为"梁王脚天窗"。

熊耳群火山岩是山西省境内分布最广、保留最全、最有研究价值的火山活动类地质遗迹，也是我国最古老的未变质地层。该火山岩是旅游、观光、科普的好场所，也是研究火山机构、火山喷发旋回以及华北稳定大陆形成之后第一套火山岩性质的天然实验场。

1）古元古界宋家山群

1972 年，山西区测队将垣曲县历山镇"同善天窗"内部变质岩系建立宋家山组，置于绛县群上部。1995 年，山西省地矿局二一四地质队进行的 1∶50000 区域地质调查，依据岩性组合差异和沉积示顶构造，以洞沟西边的含砾石英岩为底界，西部划归为大犁沟组，含砾石英岩以东称为绛道沟组。绛道沟组东侧以角度不整合覆盖于新太古代片麻岩之上。并据同位素资料将宋家山群归于上太古界，置于绛县群之下、涑水杂岩之上。1∶250000 侯马市幅（2006 年）基本查明了宋家山群的褶皱特征，依据其间火山岩、大理岩等标志层基本恢复了其地层层序，并将宋家山群划归古元古界。本次采纳 1∶250000 侯马市幅划分方案。

（1）地层特征。区内底部具不稳定的底砾岩，下部为巨厚层长石石英岩、石英岩，其上为绢英片岩、（石英）白云石大理岩、阳起-透闪白云石大理岩等，构成多旋回的沉积变质岩。局部夹数层原岩为基性火山岩的片状斜长角闪岩、绿泥片岩。下部碎屑岩多，上部泥质岩多。

（2）剖面介绍。调查区因出露范围有限，无法进行剖面测制，故引用苇园沟—尧王庄一带以往剖面。

山西省垣曲县苇园沟—尧王庄宋家山群实测地层剖面

总厚	2721.8 m
18. 白云石大理石厚	19.5 m
17. 绢英岩夹绢片岩厚	73.9 m
16. 含砾绢英岩厚	17.5 m
15. 绢英岩厚	52.1 m
14. 白云石大理岩厚	20.50 m
13. 绢英片岩夹含砾绢英岩，局部并夹含碳绢片岩厚	205.5 m
12. 绿泥黑云片岩，斜长角闪岩夹绢片岩、绢英岩及一层白云石大理岩厚	177.2 m
11. 绢片岩夹绢英岩厚	155.6 m
10. 白云石大理岩厚	90.6 m
9. 绢片岩夹绢英岩及一层厚 1 m 之白云石大理岩厚	253.6 m
8. 片状斜长角闪岩、绿泥片岩、黑云角闪片岩互层（厚岩为变基性火山岩）厚	86.5 m
7. 绢云片岩夹绢英岩及白云石大理岩厚	214.9 m
6. 绢英岩厚	164.8 m
5. 钙绢片岩、绢英岩互层夹大理岩厚	303.5 m
4. 长石石英岩夹一层片状斜长角闪岩（变质基性火山岩，厚 41.6 m）厚	244.0 m
3. 钙绢片岩、绢英岩夹绿泥片岩、白云石大理岩厚	349.7 m

2. 片状斜长角闪岩、绿泥片岩(变基性火山岩)厚　　　　　　　　　　　　　　152.5 m
1. 绢英岩夹绢英片岩、石英岩厚　　　　　　　　　　　　　　　　　　　　140.0 m
————————韧性剪切带————————
下伏：解州黑云二长片麻岩(Ar3Hgn)

(3)岩相古地理分析。宋家山群沉积环境特征：石英岩中波痕及交错层十分发育，大理岩含低级的层状、层柱状和包心菜状叠层石，变质泥砂质岩石含石盐假晶。变质基性火山岩含明显的变余气孔和杏仁状构造，变余辉绿结构或晶屑凝灰结构。据其沉积岩石组合、韵律特点及沉积构造，推测其原始沉积环境为滨浅海相。由于其组成岩性上较为复杂，具有由多个碎屑岩—泥质岩—碳酸盐岩组成的旋回，反映海平面升降较频繁，沉积环境、岩相古地理变化较复杂，但其总体上可反映为三个三级海平面变化形成的较粗碎屑—泥质岩—碳酸盐(及火山)沉积建造。早期海平面相对较低，形成滨浅海相粗—细碎屑及火山沉积，经变质后形成以石英岩为主，其次为变细碧岩、变质晶屑凝灰岩、绢英片岩、大理岩、变质砾岩，少量石英角斑岩和绿泥角闪片岩，石英岩中可见粒序层、交错层、波痕等沉积构造。中期海平面相对较高，形成半深海细碎屑、较厚较纯的碳酸盐及火山沉积，经变质后形成以变细碧岩、大理岩、石英岩为主，其次为绢英片岩。晚期海平面再次下降，形成了滨浅海相粗碎屑岩、泥质岩及较薄大理岩。

(4)形成时代。据孙大中(1993)研究，原绛道沟组中火山岩同位素资料比较复杂，具杏仁构造的火山岩 Sm-Nd 等时线年龄为 $2\,345\pm7$ Ma，Rb-Sr 等时线年龄为 $2\,048\pm12$ Ma。根据近年新的年龄信息，宋家山群形成时代为古元古代。

2)中元古界长城系熊耳群许山组

河南区测队(关保德等)于1964年进行1∶200000洛阳幅区调时创名，创名地点在山西省垣曲县蒲掌乡许山村。原始定义：西阳河群第二个组，主要岩性为中性(或偏基性)喷发岩，其次为酸性喷发岩和火山碎屑岩。厚度近3000 m。与下伏大古石组为整合接触。

《山西省岩石地层》(1997)重新定义：为熊耳群下部中基性—基性的火山岩组。主要由辉石安山岩—含辉石安山岩—安山岩组成的多个喷发旋回构成，其中上部夹两层厚度小于50 m且不很稳定的中酸性火山熔岩。由于大古石组分布局限，许山组大多不整合于前长城纪变质岩系上；与上覆鸡蛋坪组呈平行不整合接触。

(1)地层特征。在区内分布较广，主要岩性由暗绿色、黄绿色、褐灰色具有气孔、杏仁状构造和含斜长石及角闪石斑晶的玄武安山岩、安山岩、辉石安山岩组成，并夹有数层紫红色、黄绿色凝灰质砂岩。气孔、杏仁状构造和斜长石在层纵向上有规律地重复出现，显示熔岩层的多韵律结构特征，在单层熔岩中部和下部尤以中部居多。斑晶形态多呈自形、半自形板条状和它角砾碎屑状。粒径长轴多在 $0.5\sim1$ cm，宽 $0.3\sim0.5$ cm，最大者长轴可达 $1.5\sim2$ cm，宽 $0.5\sim1$ cm。具有大斑结构是本组的重要特征。凝灰质页岩、页岩夹层一般下部少上部多。横向上北部寺儿山一带夹层层数多，厚度大。朱家庄以南夹层渐少，厚度变薄，多不足 2 m。本组火山熔岩有弱变质和自蚀变现象，常见的有脱玻化、角闪石斑晶多已绿泥石化，长石斑晶多已绿帘石化。发育绳状构造、枕状构造，常见基性—中偏基性—中性的韵律性喷发和喷溢。

(2)剖面介绍。本次保护区因出露范围有限，无法进行剖面测制，故引用垣曲县朱家庄地区已往剖面。

山西省垣曲县朱家庄—前坡中元古界熊耳群许山组剖面

许山组（Ch1x） 240.7 m

27. 紫红色凝灰质页岩，泥质（凝灰质）结构，薄层状构造，主要成分为泥质，其次为凝灰质。 11.9 m

26. 紫红色长石石英砂岩，细粒结构，层状、块状构造，主要成分为石英，其次为长石，石英磨圆度好，分选较好。 9 m

25. 暗紫色辉石安山岩，隐晶质结构，致密块状构造，主要成分为安山质，本层与18导线为一层，但没有杏仁。 21.7 m

24. 紫红色凝灰质页岩，泥质结构，薄层状构造，主要成分为泥质，其次为凝灰质、砂质，厚度约1 m。 0.9 m

23. 杏仁状辉石安山岩，暗灰色、绿灰色，隐晶质结构，气孔杏仁状构造，主要成分为安山质，其次为辉石斑晶。杏仁体成分为石英、方解石及少量绿泥石，杏仁大小不一，一般2~5 mm，最大10 mm，局部为显晶质。18~19导线0~30 m在杏仁状辉石安山岩顶面可见流面流线构造，流线方向210°，倾角20°，杏仁体指向明显。 19.9 m

22. 绿灰色辉石安山岩，灰色、绿灰色，全晶质细粒结构、间粒结构，致密块状构造，主要成分为辉石、斜长石。 5 m

21. 灰色辉石安山岩，灰色、灰褐色，风化后呈黄绿色，隐晶质结构，致密块状构造，局部可见枕状构造，主要成分为安山质，可见黑色的辉石小团块。沿途可见岩石中有方解石细脉分布。 20.5 m

20. 紫红色流纹质安山岩，隐晶质结构，气孔杏仁状构造，主要成分为安山质，其次为流纹质，气孔杏仁状呈不规则状，含量约30%，粒径2~8 mm，杏仁体为方解石和绿泥石。岩石中局部可见紫褐色燧石脉，呈不规则分布，脉宽2~5 cm，局部较宽呈瘤状和团块状分布。 10.7 m

19. 灰红、紫红色辉石安山岩，仅在颜色上与18层有所变化，局部可见气孔杏仁体。 8.0 m

18. 灰黑色辉石安山岩，隐晶质结构，致密块状构造，偶尔可见杏仁体，主要成分为安山质，其次有辉石星散状分布。7~8导72 m处可见绳状构造，反应流动方向为60°∠14°。 10.1 m

17. 紫红色、黄绿色页岩，成分为泥质，在页岩上面有一层8~10 cm的灰色白云岩。 0.1 m

16. 粉红色长石石英砂岩，上部为凝灰质砂岩，粉红色长石石英砂岩具细粒状结构，层状构造，主要成分为石英，其次为长石；凝灰质砂岩，黄绿色，凝灰质结构，层状构造，主要成分为石英，其次为凝灰质。 1.2 m

14. 层状辉石安山岩，暗紫色，原生色为暗灰色，隐晶质结构，层状构造，主要成分为安山质，其次为玄武质，含有极少量的杏仁体。 5.9 m

12. 暗灰色枕状辉石安山岩，枕状构造，岩枕大小0.1~2 m，岩枕呈同心层状，边部呈淬碎角砾状。岩枕中气孔发育，少数被石英充填，枕与枕之间被熔岩充填，成分为辉石安山岩。 2.3 m

11. 黄绿色、紫红色页岩，微细粒结构，薄层状构造，主要成分为泥质。 27.9 m

10. 黄绿色斑状安山岩 8.4 m

9. 灰白色石英砾岩，角砾状构造。砾石成分为石英，大小不一，磨圆较差，胶结物为硅质。 41.9 m

8. 黄绿色斑状安山岩。 7.3 m

7. 紫色凝灰质页岩。 0.2 m

6. 黄绿色枕状辉石安山岩，斑状结构，枕状构造，岩枕含量90%以上，大小不一，形状为扁平或椭圆状，直径30~150 cm，主要成分：斑晶为辉石，粒晶2 mm，含量5%以上，基质为隐晶质，成分为安山质，其中含有少量杏仁体，成分为石英等。岩枕核心的为碳酸岩，有的为砾质。 3.7 m

5. 上部为紫红色凝灰质页岩，厚约30 cm，下部为紫红色火山碎屑沉积岩。 24.6 m

4. 黄绿色斑状安山岩，斑状结构，块状构造。斑晶为中性斜长石，粒晶2~10 mm，长宽比>1.5∶1，含量40%±，基质为隐晶质，成分为安山质，含有少量杏仁体。自下而上斑晶逐渐减少，杏仁体逐渐增加，最后过渡为杏仁状安山岩，颜色变为褐红色，杏仁体粒径一般为5 mm，成分为石英、玛瑙等，基质为隐晶质，成分为安山质。 5.5 m

2.2.2.2 侵入岩

区内侵入岩主要包括古元古代变质辉长岩和中新元古代辉绿岩。

1) 古元古代变质辉长岩

变质辉长岩主要分布于红岩沟沟口，地表呈一岩株状产出，长约 500 m，宽近 300 m。侵入宋家山群中，被许山组角度不整合覆盖，局部有穿切地层现象，岩体中有围岩捕房体。在其边部围岩中常见到变余烘烤接触变质带，而且主体为块状构造。由于构造变形分解，岩体边部常见片状构造。

据以往资料，变质辉长岩岩石化学成分为：SiO_2 含量为 48.09%~53.18%，Na_2O+K_2O 含量为 3.5%~7.28%，Na_2O/K_2O 为 0.77~7.52，为富钠质基性岩类，属碱度不高的偏碱性岩浆系列。里特曼指数(δ)平均为 2.6，属钙碱性系列；A/CNK 为 1.1，属过碱质类；固结指数(SI)为 24.07，表明岩浆分异作用较强。

该变质辉长岩主要呈岩株侵入宋家山群之中，故将其时代定为古元古代，为伸展环境下的富钠低钾拉斑玄武岩。

2) 中新元古代辉绿岩

区内仅见辉绿岩 1 条，呈岩墙状产出，长 1 km，宽 20~50 m，走向为北西向，侵入许山组中，与围岩接触处发育烘烤边、冷凝边。岩墙具追踪、分叉现象。岩墙与围岩具明显的侵入接触关系，岩石类型为辉绿岩、辉长辉绿岩，属于浅成相侵入体。

2.2.2.3 火山岩

区内火山岩分布广泛，火山活动频繁。火山活动的时代主要有古元古代、中元古代。其中古元古代火山岩已明显经晚期变形变质改造，其火山活动原始外貌难以恢复。中元古代火山活动规模大，影响广泛，现火山活动所形成的岩石类型、喷发韵律、火山岩相、火山构造等基本保留完整。

1) 主要岩石类型及其特征

许山组火山岩以熔岩为主，火山碎屑岩次之。岩石类型包括：玄武岩类、玄武安山岩类(辉石安山岩类)、安山岩类以及少量火山碎屑岩类。典型岩石主要特征如图 2-2。

玄武岩、玄武安山岩及辉石安山岩类：该类岩石数量较多，分布广泛，主要分布于转林沟一带，其主要岩石有玄武岩、蚀变玄武岩、蚀变玻基玄武岩、玄武安山岩、杏仁状玄武安山岩、蚀变玄武安山岩、玻基玄武岩、辉石安山岩、蚀变辉石安山岩等。

岩石呈灰黑、灰绿、深灰及紫灰色，斑状结构，基质为交织—玻基交织或间隐交织结构，杏仁状构造比较发育。局部见绳状流动构造。岩石普遍呈现强烈的蚀变现象，暗色矿物多为绿泥石代替，斜长石绢云母化、钠长石化及碳酸岩化，牌号普遍降低，部分地段岩石呈现球状风化。

安山岩类：是熊耳群许山组的主体岩石，其主要种类有安山岩、玻质安山岩、杏仁状安山岩、杏仁状玻质安山岩、蚀变安山岩、蚀变玻质安山岩、蚀变杏仁状安山岩等。岩石呈灰色、灰绿、黄绿、灰紫、灰褐、紫红色等多种颜色，斑状结构，玻晶交织结构或玻璃质结构，杏仁状构造发育。岩石普遍具强烈蚀变，暗色矿物全部呈假象，为绿泥石代替，斜长石绢云母化，长石牌号降低，有甚者达钠长石。典型岩石主要特征见表 2-3。

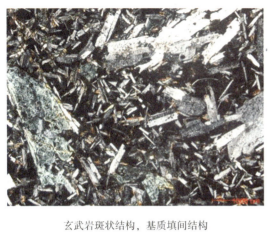
玄武岩斑状结构，基质填间结构

流纹岩斑状结构，基质显微嵌晶结构

玄武岩安山岩间粒结构

玄武岩安山岩斑状结构，基质填间结构

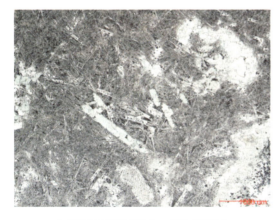
玄武岩安山岩斑状结构，基质球颗结构

安山岩斑状结构，基质填间结构

图 2-2　熊耳群熔岩类镜下岩石特征(资料来源：1∶50000绛县测区地质报告，2018)

表 2-3 安山岩类岩石特征

岩石名称	结构构造	矿物成分含量(%)					
		斜长石	绿泥石	玻璃质	辉石	石英	其他少量矿物
安山岩	微晶交织结构，杏仁状构造	拉长石（50~55）	含钛辉石（20~25）	—	5~7	15~20	方解石：5~8 磁铁矿、榍石
玻质安山岩	玻基交织结构，层状构造	20±	—	70±	5+	—	磁铁矿：<5 蚀变绿泥石
杏仁状安山岩	疏斑、交织—玻基交织结构，气孔—杏仁状构造	30-	—	50	5+	—	杏仁体：>10 磁铁矿：<5
杏仁状玻质安山岩	疏斑状、玻基交织结构，杏仁状构造	（中长石）20~25	—	45~50	—	—	杏仁体：25~30 成分：石英、玉髓、方解石、叶绿泥石等
蚀变安山岩	斑状、交织结构，杏仁状构造	（钠长石）45~50	40~50	15+	单斜辉石30-	—	磁铁矿、钛铁矿：5 蚀变矿物：绢云母、高岭土、方解石、绿泥石等
蚀变玻质安山岩	斑状、玻基交织结构，杏仁状构造	（斑晶钠长）15~20（基质更长）15~20	<2	50~55	—	—	杏仁体绿泥石、玉髓等：10~15
蚀变杏仁状安山岩	斑状、玻基交织结构，杏仁状构造	钠长石（30~40）	2~3	45~50	—	—	杏仁体：15~20 成分：玉髓、绿泥石、石英
碳酸盐化安山岩	斑状、玻晶交织结构，气孔构造	拉长石（50~60）	10~15	10~15	15~20	2~3	气孔充填状绿泥石：少量 金属矿物与榍石：5

块状安山岩主要分布于转林沟河、红岩河的中、上游一带的陡崖，基本上为块状安山岩组成。岩石致密坚硬，呈交织结构，块状构造。组成矿物主要为斜长石，其次为石英、方解石等。

斑状安山岩主要分布于混沟东北部及混沟源头一带，颜色呈紫红色。斑状结构，块状构造，斑晶为灰白、灰绿、紫红等色的斜长石。在斑状安山岩中常含数量不等的杏仁体。

块状杏仁状安山岩在混沟与红岩河内占有较大面积，主要分布于混沟南部与锯齿山一带，它们构成了陡峻的山岭。

斑状杏仁状安山岩，仅分布于皇姑幔与卧牛场周围，系由斑状安山岩与杏仁状安山岩组成互层。

2) 岩石化学、地球化学特征

熊耳群许山组中基性火山岩的 SiO_2 含量较高，多数大于52%，MgO 含量较低，多小于8%，FeO>含量较高，揭示出中基性火山岩为高度分异的岩石类型。基性火山岩的 Al_2O_3 含量较低，小于13%，此外 CaO、TiO_2 含量较低，TiO_2 含量普遍小于1%，表明熊耳群火山岩为低 Ti 火山岩类型。火山岩的 Na_2O+K_2O 总量较高，因此有相当多样品呈现粗玄岩系列的特点，随着 SiO_2 含量增加，Na_2O+K_2O 含量也增加，显示岩浆向着碱性方向演化。在 TAS 图解上，中基性火山岩投影点基本上落在钙碱性玄武岩、玄武安山岩、安山岩和粗玄岩—粗安岩过渡区域，推断熊耳群火山岩为钙碱性系列—粗玄岩系列的岩石类型；在 SiO_2-Zr/TiO_2 图解上，中基性火山岩主要投在亚碱性玄武岩—安山岩区域，表现出亚碱性火山岩的特点；在 AFM 图解上投影，显示出钙碱性演化系列岩石演化特点。

熊耳群火山岩稀土元素总量较高，多数样品的稀土总量大于 $200×10^{-6}$；具有较为强烈的轻重稀土分异程度，轻、重稀土之比介于 1.76~2.36 之间；轻稀土强烈富集而且分馏程度较高，$(La/Sm)_N$ 介于 2.95~4.66 之间；重稀土亏损而且分馏程度较弱。

稀土配分曲线呈陡右倾型，中基性火山岩 Eu 异常不明显。在稀土地球化学特征上反映出大陆边缘火山岩或钙碱性火山岩的特点，轻稀土富集一种影响因素是岩浆为地幔岩石低程度部分熔融作用的结果，岩浆结晶过程中可能又发生了橄榄石、角闪石的结晶分异作用，加剧了轻重稀土分异程度，岩浆侵位过程中存在强烈的地壳混染作用改造，也是造成轻重稀土分异不容忽视的地质过程。

熊耳群微量元素中基性火山岩富集大离子亲石元素，特别是 Ba、K、Rb 元素高度富集，高场强元素含量较低，在原始地幔标准化蛛网图上，Th、U、Nb、Ta、Ti 呈现出负异常，在微量元素地球化学特点上与大陆边缘钙碱性火山岩以及一些大陆溢流玄武岩（如 Karoo 火山岩）的特征相似，区别于典型的板内玄武岩，熊耳群中基性火山岩未出现 Nb、Ta、Ti 的富集（孙大中等，1993）。

3）火山韵律

许山组喷发韵律在朱家庄一带较为简单，由 7 个喷发韵律组成（图 2-3），单个喷发韵律下部以喷溢相熔岩为主，岩性有辉石安山岩、斑状安山岩、枕状辉石安山岩等，安山岩中普遍发育枕状构造，枕状体形似肾状、面包状，个体一般 30~40 cm，顺层分布，显示其水下堆积的特点。一般韵律下部以辉石安山岩、含辉安山岩喷溢开始，底部一般均含角砾，向上斑晶、杏仁增多，熔岩中可见塑性岩浆条带、岩浆饼、复杂杏仁体，枕状构造少见，顶部为黄绿色粉砂质页岩、长石石英砂岩及粉砂质黏土、凝灰质泥（页）岩。

从总体看，许山组喷发韵律为：下部按岩浆分异程度可分为中性—中酸性和基性—中基性—中性两种序列，以后者为主。岩石组合为玄武安山岩、枕状安山岩—含辉安山岩—安山岩，顶部均不同程度发育厚薄不均的间歇沉积物和风化剥蚀壳残积，其中含有两个爆发韵律。上部岩浆分异不均，从中基性喷发开始，到中性、中酸性结束，岩性组合为角砾状含辉石安山岩、斑状安山岩—杏仁状安山岩，韵律底部一般发育角砾，中部斑状结构，单层厚度大，顶部多为厚度不等的泡沫状、熔渣状安山岩，间隙沉积物少见，主要表现为火山的连续脉动性喷溢，并含两个爆溢层熔结角砾安山岩。

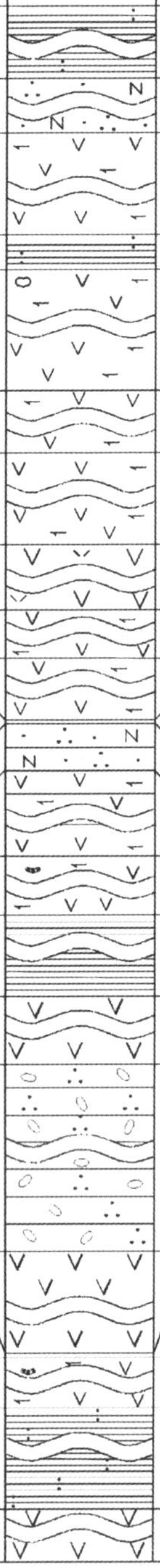

层号	柱状图	层厚 m	岩性描述	岩相	韵律
22		11.9	紫红色凝灰质页岩	喷发—沉积相	
21		9	紫红色长石石英砂岩	喷发—沉积相	7
20		21.7	暗紫色辉石安山岩	喷溢相	
19		0.9	紫红色凝灰质页岩	喷发—沉积相	
18		19.9	杏仁状辉石安山岩	喷溢相	
17		5.0	绿灰色辉石安山岩	喷溢相	6
16		20.5	灰色辉石安山岩	喷溢相	
15		10.7	紫红色流纹质安山岩	喷溢相	
14		8.0	灰红—紫色辉石安山岩	喷溢相	
13		10.1	灰黑色辉石安山岩	喷溢相	
12		0.1	紫红色、黄绿色页岩	喷发—沉积相	
11		1.2	粉红色长石石英砂岩	喷发—沉积相	
10		5.9	层状辉石安山岩	喷溢相	5
9		2.3	暗灰色枕状辉石安山岩	喷溢相	
8		27.9	黄绿色、紫红色页岩	喷发—沉积相	4
7		8.4	黄绿色斑状安山岩	喷溢相	
6		41.9	灰白色石英砾岩	喷发—沉积相	3
5		17.3	黄绿色斑状安山岩	喷溢相	
4		0.2	紫色凝灰质页岩	喷发—沉积相	2
3		3.7	黄绿色枕状辉石安山岩	喷溢相	
2		24.6	紫红色凝灰质页岩	喷发—沉积相	1
1		5.5	黄绿色斑状安山岩	喷溢相	

图 2-3 许山组岩相及喷发韵律

2.2.2.4 变质岩

区内古元古界宋家山群岩石变质程度为中—低级变质，仍保留原岩结构、构造。变质沉积岩具明显的变余砾状结构、变余砂状结构(细粒鳞片粒状变晶结构)、变余泥质结构

(微细粒鳞片粒状变晶结构);变质火山岩具变余斑状—微细粒变晶结构、变余(辉长)辉绿结构,变余气孔—杏仁状构造等。

1) 变质砾岩

岩石呈白色、灰白色、灰色,含赤铁矿时呈紫红色。变余砾状结构、块状构造。砾石成分以石英岩为主,其次为绢英岩、脉石英、变质花岗岩、片麻岩,砾石大小0.2~10 cm,最大50 cm,呈浑圆状,磨圆度、分选性较好,填隙物成分以泥砂质为主,现泥质成分多已蚀变为细小鳞片状绢云母,砂质成分以石英为主。岩石中副矿物成分有锆石、电气石、磷灰石、磁铁矿等。

2) 变质砂岩

仅分布于梁王脚北侧山岭,岩石呈白色、灰白色、灰色,变余砂状结构、中—细粒变晶结构、不等粒变晶结构(图2-4)。矿物成分以石英为主,长石、云母次之。岩石中副矿物成分有锆石、电气石、磷灰石、磁铁矿等。

宋家山群变质细粒长石岩屑砂岩变余细粒砂状结构(b-4076)

宋家山群变质中细粒长石岩屑砂岩变余中细粒砂状结构(b-4075)

图2-4 宋家山群变质砂岩镜下岩石特征

3) 变泥质—半泥质岩(片岩)

分布于沟口梁王脚南北两侧山岭叉河口一带,该类岩石包括绢英片岩、二云石英片岩、碳质绢云片岩、钙质绢云片岩。根据所含矿物不同可划分为绢(英)片岩、碳质绢(英)片岩、钙质绢(英)片岩、二云石英片岩。

绢(英)片岩:呈银灰色、灰色,含碳质较多时呈黑灰色,含绿泥石时呈灰绿色,风化后呈银白色,鳞片粒状变晶结构、斑状—鳞片粒状变晶结构,片状构造,片理面具丝绢光泽,常见变余层理。

二云石英片岩:呈灰、灰黄色,风化后呈黄褐色,鳞片粒状变晶结构,有时具变余砂状结构、片状构造,变余层理和韵律较发育。

4) 变质碳酸盐岩类

分布于梁王脚北侧山坡,尤其是在转林沟河与红崖河下游,主要岩石类型包括白云石大理岩、石英白云石大理岩、钠长石英白云石大理岩、黑云石英白云石大理岩、白云石大理岩、透闪—阳起白云石大理岩、含云大理岩、方柱白云石大理岩、透辉金云白云石大理岩等(图2-5)。

宋家山群石英白云石大理岩粒状变晶结构(b-4057)　　宋家山群片状白云母白云石大理岩粒状变晶结构(b-4089)

图 2-5　宋家山群变质碳酸盐岩镜下岩石特征

5) 变质火山岩类

宋家山群变质火山岩以变质基性岩、中性岩为主,有少量的变质酸性火山岩。变质基性岩主要有绿泥角闪片岩、黑云角闪片岩,岩石呈灰黑、灰绿色,细粒结构,弱片理或块状构造,保留着清楚的火山喷发岩结构构造,可见直径达 13 cm 的气孔被石英和方解石充填形成的杏仁构造,在黑云斜长角闪岩中还可见变余交织结构。主要矿物为斜长石、角闪石、黑云母和绿泥石。斜长石含量占 30%~60%,石英含量小于 5%。原岩恢复多为中基性玄武安山岩、基性玄武岩、基性凝灰岩。少量变质酸性岩可见石英晶屑,原岩为凝灰岩。该群变质火山岩普遍受碳酸岩化和绿帘石化蚀变影响,其中发育较多的碳酸岩脉和绿帘石脉。

2.2.2.5　地质构造

混沟流域地处中条凸起的东北边缘,在构造上总的特点是以断裂作用为主、褶皱作用次之。地层基本上是单斜产出,构成了向北倾俯的单斜构造,小构造较为发育。

流域内断裂作用强烈,基本形成了走向为北东向和南东向两组断层,它们之间构成 80°~90° 交角,较为大的断层有顺红岩河延伸的逆断层以及沿混沟和转林沟南侧向南西方向的正断层。

2.2.2.6　地质演化史

中条山地处华北地台南部,不同构造层的沉积建造、岩浆事件及构造变形变质事件,反映了不同时代的地质构造发展历史。区内前寒武纪地壳的发展演化过程,是一部自中(新)太古代—元古代地壳活动包括多旋回的建造与改造的演化历史,因而保留了丰富的地质踪迹。新太古代涑水亚构造层及古元古代早期冷口亚构造层的地质体以及古元古代晚期绛县群、中条群及与中条群侧向相变的宋家山群以及其上的担山石群间变质程度由高至低,这些连续的剖面反映了早前寒武纪地壳通过不同形式由深变浅的连续演变过程。通过区内变质岩系建造与改造的分析和变形变质史研究,以构造热事件为依据建立了区内早前寒武纪主要地质构造事件序列。显生宙以地层对比及发生的构造、岩浆活动为标志划分代表性事件序列。结合华北地区的地壳演化史,区内的地质构造发展史可概括为华北陆块形成、稳定发展及强烈活动三大时期，多个活动阶段。

1) 太古代—古元古代陆块形成时期

中条山地区在大地构造位置上位于华北克拉通的中南部。传统观点认为，中条山区先后发生了涑水运动、绛县运动和中条运动（两幕）等几次大规模的地壳运动。它们大体可同阜平运动、五台运动、吕梁运动相对应。它们是以花岗质岩石为主体的"涑水杂岩"，以变质双峰式火山岩为代表的绛县群，以碎屑岩—碳酸岩—基性火山岩建造为特征的中条群（及担山石群）和广泛发育安山岩的西阳河群。它们之间以不同的构造样式相区别，显著不同的构造岩石组合，反映了在不同地史阶段华北地台南缘的地壳演化特征。

中条山早前寒武纪变质岩区的岩石组合和年代学关系，至少发育了（中）新太古代柴家窑表壳岩（>2500 Ma）、古元古代早期冷口表壳岩（2500~2200 Ma）和古元古代绛县群、中条群（及宋家山群）、担山石群（2500~1800 Ma）三套上地壳岩石，并经历了不同阶段变形、变质、岩浆作用的演化。分别划分为涑水期陆核增生阶段、冷口期岛弧及同碰撞花岗质岩浆形成阶段、绛县—中条期陆核增生阶段。

涑水期古陆核增生阶段：柴家窑表壳岩为一套以沉积为主的表壳岩系，表明此前华北陆块已有岛链状初始古陆核，柴家窑表壳岩经历了构造变形、变质作用与岩浆活动等一系列地质作用的演化过程。在原始地壳浅水盆地环境形成了以外生沉积作用为主的古隆起边缘沉积表壳岩，沉积作用初期基底隆起速度快，在沉积大量陆源碎屑岩的同时，隆起的边界发生断裂。之后，古隆起不断上升，地壳活动逐步稳定，形成了一套陆源碎屑沉积，之后地壳活动性逐步趋于稳定，形成了富铝质岩及碳酸盐岩建造。末期沉积作用减弱或结束，顺层理侵位了西姚TTG质闪长质片麻岩、钙碱性解州片麻岩及辉长岩，代表了中条山区第一次克拉通化结束。

冷口期岛弧地质体与古陆核碰撞或构造叠置阶段：古元古代早期冷口期，弧火山岩喷发，形成了冷口岩组基性及酸性火山岩。冷口岩组火山岩发生了褶皱构造，产生了轴面片理。并侵位了弧岩浆岩—寨子英云闪长质片麻岩及东沟闪长质片麻岩。之后与古陆核发生了碰撞或叠置，使太古代地质体俯冲于古元古代冷口岛弧地质体之下，产生了同碰撞花岗质岩石—北峪奥长花岗质片麻岩及后碰撞花岗—横岭关钙碱性花岗岩。

古元古代绛县—中条期陆壳增生阶段：冷口期末，构造体制发生了明显转折，古元古代晚期，原始大陆破裂，表现为线型活动带与刚性块体并存的构造格局，以沉积岩为主体夹火山岩的成岩环境，岩浆活动、构造样式体现了中条运动的特征。

从古元古代晚期始，大规模的弧岩浆活动已基本结束。在伸展作用下，区内开始了绛县群滨海相碎屑岩—泥质岩的沉积，在其上部出现后伸展型富钾火山岩。与此同时，沉积了中条群、宋家山群一套碎屑岩—泥质岩—碳酸盐岩—火山岩组成的多旋回沉积建造，盆地强烈扩张期，沿盆地边缘形成变质核杂岩及大型剥离构造系统、伸展型近水平韧性剪切带，绛县群底部石英岩中及其中条群内部具有与区域性褶皱构造不协调的小褶皱，表明该期伸展事件持续到中条群沉积之后。绛县群、中条群与其上担山石群间的角度不整合及担山石群的褶皱表明，绛县群、中条群及与中条群侧向相变的宋家山群曾发生了至少两次挤压收缩事件。古元古代之第一期褶皱晚期，中条群、宋家山群、绛县群隆起，低凹处沉积了担山石群反旋回磨拉石沉积建造，中条群、宋家山群、绛县群产生了一期规模较大的同斜褶皱。

2）陆块稳定发展时期

中条运动之后，该区陆块早前寒武纪结晶基底完全固结，进入了相对稳定的发展时期，区内直到中生代燕山运动之前，未见广泛和强烈的造山作用，呈现以刚性地块整体升降为主，这期间的地壳运动大致又可分为中—新元古代的裂陷沉积和古生代的整体升降运动共两个阶段。

中—新元古代裂陷沉积阶段："轰轰烈烈"的中条运动之后，中、新元古代地壳转入相对稳定的盖层沉积阶段，但已形成的华北统一陆壳由于较薄和不均一而具相当的活动性。长城纪早期在河南省济源一带，产生了一个"三叉裂谷系"，其联结点在山西垣曲、河南济源及两省交界的西阳河一带。在初步陷落的裂谷中首先形成河流，继之是内陆湖泊。当时山西南部的地貌地理状况是北东走向的古太行山脉、古中条山脉及古王屋山脉等，峰峦叠嶂，古中条山脉与古王屋山脉之间是晋豫三叉裂谷系的北东支发育成的上党谷地和大古石湖。长城纪初期气候炎热干旱。因此，裂谷中沉积的河湖相砂砾石多呈黄绿色、黄褐色，而泥岩呈鲜红色、紫红色（大古石组）。裂谷继续发展，拉张作用增强，裂谷带地壳变薄、压力减小，使这些地带地壳下部（或地幔顶部）发生熔融形成安山岩浆，沿裂谷上侵并不断喷出地表。古中条山脉与古王屋山脉之间及以南的裂谷系火山活动强烈（许山组、马家河组），特别是其西支和东南支拉张形成了秦岭古洋。火山喷出中脊随着华北古陆的北移而远离古中条山脉。

保护区内出露熊耳群火山岩，由中基性火山岩夹一套酸性火山岩组成，厚度逾千米。其间反映火山活动特点之构造较为典型，主要有指示海相火山喷发由熔岩淬火形成的枕状构造，外形呈椭球状，内部有冷缩形成之放射状节理，中心具空洞局部并具有红色髓石杏仁体，其现象较为典型；有反映火山喷发出含有大量气体的炽热熔岩，在熔岩流动过程中气体向顶部迁移，形成气球状、倒水滴状，斜列在中基性火山岩顶部，富集形成气孔构造，并被方解石、石英、绿泥石充填形成的杏仁构造，同时熔岩在流动过程中由于顶部遇水相对温度下降而流速减慢形成绳状构造（皇姑幔山顶）。保护区核心区云梦山一带还具有反映有古火山口存在的集块岩、厚度较大的古火山堆及由于火山喷发地下相对空虚而塌陷形成之环形构造等。这些均为山西省少见的火山岩类地质遗迹景观。

总之，大约18亿年前，中条山火山喷发，形成火山锥，由于喷溢和爆发相间发生，形成层状火山。后经历火山口反复活动形成了巨厚层状的熊耳群火山岩层，晚期由于基底掀斜构造作用，使该套火山岩向南东倾斜，后经构造剥蚀切割而形成现今雄伟壮观的火山岩地貌景观。以皇姑幔为代表的火山岩中的典型现象是旅游、观光、普及地学知识的好场所，也是研究火山机构、火山喷发旋回以及研究华北稳定大陆形成之后第一套火山岩之性质的天然实验场。

长城纪中期：火山喷发停止，大洋中海水按地球自转所引起的运动规程向北流注。古中条山脉与古王屋山脉间，未发展成大洋的"三叉裂谷系"的北东支正好成了海水北侵的通道。整个云梦山组沉积时期，这一带由河口三角洲发展成为海湾。当时有上党古海湾，沉积了由河口三角洲相—潮间砂坪—水下浅滩相为主的沉积（云梦山组）。随海水的继续北侵和裂谷的发展，两侧山脉遭受侵蚀而丘陵化。白草坪组沉积时，海水已沿太行山两侧越过山西东南部到达了石家庄附近，沉积物变为以潮间泻湖和潮间堤坝相的沉积为主（白草坪组）。此时，气候仍炎热，沉积物呈红色，在一些潮上泥坪中结晶出食盐颗粒。局部地段蓝绿藻繁衍茂盛，形成了叠层石礁。在古中条山以南与嵩山古海沟通，这一带海水略深，不宜于叠层石生长。但不时出现一些水下滞流盆地，沉积了一些富钾的绿色泥质岩。

砂岩中现保留有大量的复杂的波痕、斜层理等原生沉积构造，而在所夹的泥岩中可见泥裂。反映中条山当时沙滩上常受太阳暴晒，并时有微风吹拂。从相邻区域来看，当时广海无涯，水质清澈，海底藻类茂盛。

白草坪组沉积之后，海水继续北侵，两侧造成超覆。山西省东南部的海湾泻湖发展成了受潮汐强烈作用的上党古海峡，它使南部秦岭大洋边部、北大尖古海与北部的常州沟古海沟通起来。由于裂陷一直在继续，而两侧陆源碎屑充分供给，二者达到了相对平衡，使这个阶段内沉积了较厚的潮间砂坪相的沉积。北大尖古海海水略深，常形成一些浅海盆地相的白云岩沉积。崔庄组沉积以后，南部继续抬升，以致上党海峡变成地峡。而南部属边缘海的洛峪口海，则沉积了泻湖相的红色白云岩沉积。此时气候温热，这些内海、边缘海中蓝绿藻生长繁盛，形成了种类繁多的叠层石，大量硅质析出沉积于白云岩中，成为燧石结核或条带（典型地区为中条山西南段）。

基底构造层中北东向及北北西向基性岩墙群是大规模伸展构造中地壳深层次的指示物，也是拉张裂隙过程中从深部到浅部的调节物之一，其产出状况严格受构造应力场的控制，是构造—岩浆—热事件三者联合作用的产物。

古生代总体升降运动阶段：寒武纪—奥陶纪，地壳经历了多次沉降、沉积剥蚀。历山周围巨厚的碳酸盐岩地层及其中所含丰富的化石足以说明寒武纪时有大量的节肢动物、腕足动物、双壳动物出现。到奥陶纪时则有大量的头足动物、腹足动物、笔石动物在海中漫游、繁衍。寒武系与奥陶系间的角度不整合及中下奥陶系之间的沉积间断面的存在，均记录了其间地壳曾有过多次活动。

4亿年前的加里东运动使整个中条山区发生了排山倒海的变化，地壳隆升，海水退却，遭受长期的风化剥蚀。到晚石炭时地壳下降，接受了石炭系—二叠系上千米的陆源碎屑沉积物及少量海相沉积物。平陆地区太原组多层灰岩的存在，反映石炭纪中期曾有过多次海水的大规模海侵，为珊瑚、蜓类等海相动物提供了生存的空间。同时温润的气候环境给被誉为"华夏植物群"的陆上蕨类植物门中的石松类、楔叶类、真蕨类和裸子植物中的种子蕨类、苏铁类、银杏类和科达类提供了优越的生存、大量繁衍和进化的条件。至二叠纪中晚期起，区内进入大陆性干旱气候环境，植被枯死，洪水泛滥，河流肆虐，赤野千里，草木稀疏。

3）陆块强烈活动时期

中生代以来，华北陆块进入了强烈活动时期。中条山也进入了一个新的发展阶段。

中生代燕山运动和新生代喜马拉雅运动是区内地壳的重要活动期。它们频繁的活动，尤其是大型断裂活动，将区内中、新生代地壳分割成不同的断块山和构造盆地，奠定了现今的盆岭构造体系。

燕山运动阶段：燕山期是测区内构造活动最为活跃时期，保护区内缺失该时期的沉积物，但在望仙地区保留了岩浆事件。燕山中期，即中、晚侏罗世，为燕山运动的主造山期。在近东西向挤压兼具左行扭运剪切作用下，测区周围形成大规模的北北东向局部为近南北向大型褶皱及与之伴生的压扭性断裂。晚侏罗世，区内受到秦岭近东西向造山带之影响，形成北西西向断层构造。

燕山晚期，区内整体隆起剥蚀，缺失白垩纪沉积物。早白垩世，北东向构造带继续活动，中条山复背斜形成，该期北东向构造切割了北西西向构造，同时伴有岩浆活动，构成燕山运动最晚一期构造形迹。

喜马拉雅运动阶段： 新生代喜马拉雅期构造运动在中条山区表现十分活跃，继承白垩纪的古地理面貌，大部地区一直在遭受侵蚀、剥蚀及夷平的地质作用。始新世—渐新世，山西省境内唯一接受沉积的地区是中条山以南的平陆、垣曲两个山间盆地。这两个山间盆地分别自古新世末或始新世早期开始至渐新世末期堆积了一大套典型磨拉石建造。岩性组合为砾岩、砂岩、泥岩、夹泥灰岩、白云质泥灰岩、石膏、碳质泥岩、褐煤等。活动于这两个山间盆地中的生物有古脊椎动物、软体类、介形类、轮藻等。在垣曲盆地寨里土桥沟发现的"世界曙猿"化石，把始新世哺乳类动物的研究推到了一个新的顶端，推翻了"人类起源于非洲"的论断，同时也把类人猿出现的时间向前推进了 1000 万年。垣曲成为迄今为止发现的最早的人类发源地。随着中条山脉不断抬升，遭受剥蚀。渐新世末期，受局部应力影响，古近系发生褶皱。

中新世末—上新世初，喜马拉雅运动第二幕加速了拉张活动，区域上在山西中部开始形成斜列呈箕状特征的六大裂陷盆地初型，中条山周围形成山间小盆地(如垣曲盆地、同善盆地)，并于上新世初开始接受了河湖相沉积。到上新世末，运城盆地靠近断裂一侧，沉积物累积厚度可达 5000 m 以上(运城盐湖)。该阶段地壳发生过强烈的抬升，形成以舜王坪为中心的一级夷平面(北台面)，此时舜王坪属强烈抬升剥蚀区。

上新世时气候炎热，中期雨量充沛。盆地中繁衍生息着种类繁多的动植物。当时水草丰盛的草地上有三趾马、羚羊、鹿等，湖面上蜻蜓等飞来飞去，河边生长着柳、榆、朴、栎，山坡上生长着松、柏等树木，这是喜马拉雅运动在整个山西地质舞台上导演的第二幕中最精彩的一部分。

历经几千万年的长期抬升，此时，中条山脉才真正隆起成山，现今中条山复杂的地形、地貌景观均是该期构造运动的结果。此时，山脉中早期断裂、节理、裂隙，在地下水、地表水及冰川解冻等复合作用下，形成一系列不同方向的河沟，同时山体被切割成长条状、不规则状。强烈的岩溶作用在碳酸盐岩地区形成了岩溶地貌，将山体肢解成锯齿状，但山体基底仍保持连续的峰丛地貌及奇峰等奇特的地质景观。最有代表性的为沿舜王坪山脚下的老鳔山、鳖背山、马儿崖、锯齿山等地，地貌上为中条山脉的二级台阶，顶面宽广平坦，该期夷平面可能相当于唐县面，据山前堆积物所处位置来估计，该期上升幅度大于 300 m。

同时新生代构造强烈活动，造成近代强烈的侵蚀作用，在不同岩石类型上，演化出一系列山岳、峡谷地貌。中条山保护区内有长城系砂岩所形成的障壁、断崖、尖峰风景，如东(西)峡峡谷等，也有以碳酸盐岩形成的秀峰、石门、峡谷风景。碳酸盐岩地层由于地下水的溶蚀而形成大小不一、千姿百态的溶洞、钟乳石、泉华，组合而成独特的岩溶风景。有代表意义的溶洞景观有历山脚下的白云洞、啸天洞、七星潭洞等。

历山具有完整的自然风光及地质资源景观体系,是未来开发地质旅游业的一大亮点。历山为华北最大的原始森林区及山西省最大的动植物自然保护区。强烈的喜马拉雅运动使中条山脉抬升、剥蚀、夷平,形成现今山顶呈高山草甸,四周被险峻陡峰和深纵峡谷所包绕的地貌景观。这里为中条山区长城系典型剖面所在地,砂岩中原生沉积构造十分发育,是地质专业教学、实习基地,而冰川遗迹的存在,为历山增添了丰富的地质内容,具极高的研究价值。

进入第四纪以来,喜马拉雅运动第三幕活动较为频繁,地壳间歇性地持续上升,河流侵蚀作用加强。早更新世之后,山间盆地均先后干枯,并数次下切造成了三级以上的河谷阶地。而由于更新世以来整个地球气候向寒冷方向发展,出现四次冰期。受冰期寒冷气候影响,大量黄土从西北方向刮来,使中条山区不同标高的地域均遍布黄土。当然,地表水流作用又使一部分黄土被再搬运、堆积于不同高度的山地低洼地带和沟谷中。一系列地质运动使本区处于两大类不同的地貌单元中,分别形成了两种成因类型的第四系堆积。一类为形成于大型裂陷盆地内以河流冲积为主的沉积,大多显示了河流相的二元结构;另一类为分布于高原山区,以连续的土状堆积为主,其间夹以代表间断的多层古土壤层。当然在一些小型山间盆地和大型裂陷盆地的边缘,有时也可以看到两种成因类型的过渡。早更新世、中更新世及晚更新世河湖相的沉积,分别以三门组、匼河组、丁村组和峙峪组为代表;而土状堆积则以午城组、离石组、马兰组为代表,如保护区核心区内卧牛场有马兰黄土堆积。差异性分化及外力作用共同形成历山南部的几大河流——亳清河、允河、板涧河、西洋河,保护区内红岩河、后河为允河支流,均属黄河水系。河流的侵蚀作用造就了一系列与水体有关的地貌景观,如多级阶地、瀑布、峡谷、湖泊等。这些地质遗迹资源,也为现今旅游资源的开发利用提供了基础。

第四纪以来,由于气候转寒,几次冰期的侵袭使历山留下了冰川侵蚀的地貌残迹。第四纪寒冷的气候对生物影响颇大,一些喜暖、喜水的动物消失,代之以适宜于半干旱环境的生物群。而第四纪生物群在山西最重要的事件和华北地区一样是人类的出现。

第四纪以来,在山西南部这块土地上曾先后生活过的有西候度人、匼河人、丁村人、下川人,他们分别留下了各自活动的文化遗迹。彼时温暖湿润,雨量充沛,生长着如连香树、山白树、暖木、木姜子等树木,不仅具有暖温带落叶阔叶林的基本特征,同时也保留了一些亚热带植物区系成分。

中条山历史文化悠久,演绎出一系列脍炙人口的历史故事与神话典故,其中大量故事、传说发源于大河、深山中。距今两万年前的"下川人"在这里创造了灿烂的"下川文化"。以细石器为主的下川文化遗址是中国旧石器时代晚期文化的代表,填补了我国旧石器文化的一段空白,对研究旧石器的起源和演化,具有重要价值。垣曲南海峪遗址是目前山西省旧石器早期唯一的一处洞穴遗址,可能与北京猿人晚期文化属同一文化类型。而垣曲古铜矿遗址更记载了古垣曲人在采矿业方面的贡献。历山是"圣王的境地","舜耕历山"揭开了历山神秘的面纱,这里至今还留下了不少远古帝王的遗迹和众多古老神奇传说。

第四纪以来的地壳活动,除使地理、地貌景观发生了重大变化直接影响人类的生存发展外,地震的发生是地壳活动的现实表现,对现代文化高度发达的人类有直接而重大的危害。有史以来,山西南部地震频繁,而强度、烈度较大的地震都集中出现于运城裂陷盆地的边缘地带。中条山的地质历史将按自然规律继续发展下去，但一定会在一定程度受到具有改造自然能力的人类活动的影响。

2.2.3 土壤地质背景

2.2.3.1 成土因素

地形因素：调查区位于中条山，最高处为皇姑幔，海拔2142.10 m，最低处为红岩河与转林沟河交汇处，海拔700 m，调查区北部为南天门、舜王坪，南边为锯齿山，西为后河水库及大河，东为皇姑幔，形成了一个四周群峰林立，沟谷纵横，沟坡陡峻相对封闭的环境。

气象因素：调查区域七十二混沟所属中条山为暖温带季风型大陆性气候，年平均气温 2~11 ℃，≥10 ℃积温1400~3700 ℃，稳定通过10 ℃初日低山区在4月中下旬，高中山区延迟到5月上中旬；通过10 ℃终日低山区在10月上中旬，高中山区提前到9月中下旬。热量指数35~90 ℃。年降水量650~750 mm。

植被因素：历山混沟区域四面群峰环绕，相对封闭，气候温暖、雨量充沛，植物生长茂盛，高山峡谷郁郁葱葱、古木参天，植被覆盖率达90%以上，加之海拔高差较大，植物种类繁多，区系复杂。但总体而言，混沟以落叶阔叶树种为主，其中有辽东栎、槲栎、栓皮栎、千金榆、鹅耳枥、五角枫、脱皮榆、连香树、木姜子等，针叶树种主要有侧柏、华山松、白皮松等。此外生长有种类繁多的灌木、草本植物以及蕨类、苔藓、地衣、菌类等。从调查到的科属来看，基本属于暖温带植物区系，但分布有一些亚热带植物种类。混沟复杂而封闭的地形地貌为暖温带原始森林的残留创造了条件，残存有多种古老残遗植物，如连香树、蝙蝠葛、五味子、山白树等。

成土母质因素：七十二混沟区域以中元古界安山岩分布为主，局部分布有绢云母片岩，其上部覆盖第四纪红黄土，但由于混沟区域沟谷陡峭，覆盖的红黄土仅在皇姑幔至卧牛场一带缓坡地段以及沟坡不同部位岩石分化后的残积或坡积岩石碎屑的缝隙中嵌入残存，与岩石分化产物混合组成不同厚度的残积母质和坡积母质。缓坡地残积母质带可达1 m以上，沟坡地带坡积母质多在30~80 cm，且多数含有大量石块，在极度陡峭的山坡上仅存于岩石缝隙之中。

2.2.3.2 主要成土过程

本调查区主要成土过程为山地棕壤化过程和山地褐土化过程。与第一次的调查结果（1983年10月至1984年5月）相比较，本次调查结果无草原草甸化成土过程。第一次调查结果中山地草原草甸土仅分布于海拔1900~2142 m的卧牛场缓坡地带，且指出该区域原为森林生长区，因长期人为毁林，继而种植中药材，生草化过程致使该区域土壤向草原草甸化发展。但于1979年停止种植后，经过近四十年的自然恢复，该区域除部分于1981年种植华北松外，其余部分目前已建立起乔、灌、草植被系统，主要乔木树种有红桦、华山松等，灌木有六道木、荆条等，未发现典型的草甸植被种类，呈向森林生态系统演化的过程，因此，本次调查结果将原山地草原草甸化过程的区域归于山地棕壤化过程。可见，混沟区域独特的地形地貌和生物气候条件赋予其较强的生态系统恢复能力。

1）山地棕壤化过程

山地棕壤化过程受山地各种成土因素的共同影响，其中地形因素对七十二混沟山地棕壤的形成最为明显，表现为明显延缓了棕壤化过程的发展。

本区域夏季炎热多雨、冬季寒冷干燥的季风气候条件，主要由阔叶落叶树种与针叶树种组成不同组分的森林，林下分布着不同种类的灌木和草本植物以及真菌、好气性细菌组成的植物群落，冬季随枯枝落叶凋落地表，形成枯枝落叶层，在微生物的作用下分解产生有机酸和释放出矿质养分，同时保持大量水分有利于土体中矿物的分解和淋溶，导致土壤碳酸钙淋失，黏粒下移淀积。但是由于混沟区域沟坡陡峭（一般在40°以上），枯枝落叶在地面不易保存，因而降低了土体淋溶作用和黏粒下移速度，降低了棕壤化进程。同时，阔叶林树种本身含灰分元素高，枯枝落叶分解后释放出盐基离子归还到土壤中，有助于土壤中盐基离子的生物循环，且成土母质中残存有的富含石灰的黄土母质，所以上层土壤交换性盐基离子总量高，微生物分解有机质产生的有机酸被部分中和，这样就使土壤黏粒矿物免遭酸性溶液的破坏，故混沟区域土壤棕壤化过程中淋溶作用较强，但无灰化现象，淀积层发育较明显。可见，混沟区域的地形因素对土壤形成过程有着显著影响，延缓了棕壤化过程。

2）山地褐土化过程

褐土是中条山地带性土壤，由于干湿和气温的季节变化，矿物质化学风化在上下土层表现的差异很大，从而影响了黏化部位，冬、春低温旱季表土化学风化微弱，只能在一定深度水热条件比较稳定的部位进行，而夏、秋高温多雨季节，土体上下层均进行着强烈的化学风化，并发生机械淋溶，进行淀积黏化过程，导致下层黏粒高于上层，在腐殖质层下形成黏化淀积层，这一现象在中条山各盆地褐土中表现明显。而在山地褐土中由于植被覆盖，土壤温度低，土体化学分化缓慢，加以坡陡，土表有机质不易积累，土壤持水保水量小，土体淋溶黏化程度差，故山地褐土黏化淀积层发育不如盆地明显，且在土体中不同层次具有不同程度的石灰性反应。

山地褐土有机质分解和矿物质风化产生许多无机盐类，在夏、秋多雨季节发生淋溶作用，但由于各种无机盐类溶解度不同，在淋溶过程中发生分异现象。一价盐类可全部淋洗到深层，而二价盐类如碳酸盐，因溶解度较小，随水下移则发生浓缩，到达一定深度发生沉淀形成钙积层，但淋溶褐土区植被覆盖度大，具有枯枝落叶层，土层较薄，淋溶作用强，故此层一般不存在。

2.2.3.3 土壤类型及分布特性

混沟区域基带土壤为褐土类，而垂直分布土类简单，仅包括山地棕壤和山地褐土两大类，但分布交错复杂，呈复域存在，且同一土类在阴坡分布高度低于在阳坡分布高度，混沟土壤垂直分布类型与分布高度见表2-4。

表2-4 混沟区域土壤垂直分布类型及分布海拔

土类	亚类	分布海拔(m)
山地棕壤	山地暗棕壤	1055~2143
	山地粗骨性暗棕壤	1100~2000

(续)

土类	亚类	分布海拔(m)
山地褐土	山地淋溶褐土	小于1200
	山地粗骨性淋溶褐土	小于1200
	山地褐土	小于900
	山地粗骨性褐土	小于900

1) 山地棕壤

山地暗棕壤：不同于针叶林植被下形成的棕壤，在以落叶阔叶树种为主的针叶阔叶混交林植被下形成的棕壤为暗棕壤，多发育于山体中上部局部缓坡或陡崖下阶地残存的红黄土或与安山岩分化物混合的残积、坡积母质上，土层厚度10~100 cm，约占混沟区域总面积的40%，植被为以落叶阔叶树种为主的针叶阔叶混交林，皇姑幔缓坡地段(原中药材种植恢复区)植被为乔、灌、草混杂共存，覆盖度0.8以上。土壤表层枯枝落叶覆盖层比较厚，一般大于5 cm，腐殖质层较厚，8~15 cm，土体厚度除皇姑幔缓坡处(原中药材种植恢复区)可达1 m以上外，其余在20~80 cm。淋溶作用较强，淀积黏化层较明显，但无铁锰胶膜，除皇姑幔缓坡处(原中药材种植恢复区)土体内石块少外，其余山体部位棕壤土体内石块含量较多。全剖面无石灰反应，pH微酸性。典型剖面采自P05。

山地粗骨性暗棕壤：主要分布于比较陡峭山坡的坡积母质上。土体含有大量的石块，层次不明显，与暗棕壤呈复域分布。淋溶作用较强。通体无石灰反应。典型剖面采自P09、P10、P11、P04。

2) 山地褐土

山地淋溶褐土：多发育于陡崖下阶地或局部缓坡上。土壤表层枯枝落叶覆盖层厚度一般为0~5 cm，腐殖质层较厚约8~15 cm，土层厚度10~100 cm，土体内石块含量高，成土母质主要为安山岩及坡积黄土。土壤中矿物分化的脱钙作用比较快，碳酸钙全部淋失，与盐酸无气泡反应，土壤上层呈弱酸性，下层呈中性。典型剖面采自P07。

山地粗骨性淋溶褐土：主要发育于低山陡崖或低地砾石覆盖区。土壤表层枯枝落叶层厚度一般为1~2 cm，腐殖层较厚，为8~20 cm，土层厚度10~100 cm，土体内石块含量高，且石块较大，成土母质主要为安山岩及坡积红黄土。土壤有弱石灰反应。典型剖面采自P08。

山地褐土：主要发育于缓坡上部。土壤表层枯枝落叶层厚度一般为2~6 cm，腐殖层较厚，为8~20 cm，土层厚度30~120 cm，土体内石块含量较少。成土母质主要为安山岩及坡积黄土。土壤有弱石灰反应。典型剖面采自P02、P06。

山地粗骨性褐土：主要发育于缓坡上。土壤表层枯枝落叶层厚度一般为2~6 cm，腐殖层较厚，为8~25 cm，土层厚度30~120 cm。土体内石块含较多，特别是土体下部石块多且大。成土母质主要为安山岩及坡积黄土。土壤有弱石灰反应。典型剖面采自P01。

2.2.4 水文地质背景

2.2.4.1 气象水文

1) 气 象

本区属大陆性半湿润气候。四季分明,春冬季节干旱多风,夏秋季节潮湿多雨,并时有暴雨出现。据垣曲县 1957~2018 年气象资料(图 2-6),多年平均降水量 628.6 mm,年最大降水量 1216.9 mm(1958 年),年最小降水量 304.6 mm(1997 年),多年平均降水量山区大于平川区,高海拔地区大于低海拔地区。混沟地区多年平均降水量在 650~750 mm;多年平均气温 13.3℃,极端最高气温 41.5℃(1966 年 6 月 22 日),极端最低气温-14.5 ℃(1970.1.5),平均蒸发量 1945.4 mm,无霜期 218~244 d,年平均降雪 10 d 左右,最大冻深 0.37 m。主要特征如下:

年际变化大,据垣曲县气象资料,年最大降水量为 1216.9 mm(1958 年),年最小降水量为 304.6 mm(1997 年),年际最大相差达 912.3 mm。

年内季节差异大,年内降水多集中在 7—9 月,约占全年降水量的 60% 以上。雨热同期是本区气候的一大特点,降水集中于夏季,极有利于植被生长,同时也易于酿成灾害。

图 2-6 垣曲县降水量分布示意图

强度变化大:据已有资料记载,24 h 最大降水量为 252.5 mm,发生在 1958 年 7 月 17 日(在县城东北部);1 h 最大降水量为 81.5 mm,发生在 2007 年 7 月 30 日;10 min 最大降水量为 24.6 mm,发生在 2012 年 7 月 30 日 0 点 26 分至 36 分;最长连续降水天数为 19 d,总降水量为 144.8 mm(1962 年)。

2) 水 文

调查区有两条河流(图 2-7),均属沇西河流域黄河水系,一条为转林沟河,一条为红岩河,为常年流水河流,雨后河水暴涨,随后回落,河水补给来源除大气降水外,主要为各个支沟的基岩裂隙泉水。两河由东向西汇流于后河水库,后汇入黄河支流沇西河并由东西方向转南流入黄河。后河水库现为垣曲县县城集中供水水源地,水质清澈,总库容 1375.03×10^4 m³,控制沇西河上游流域面积 240 km²,坝高 73.3 m,形成历山混沟的一道天然屏障。转林沟河全长约 7 km,流域面积 17.22 km²,1 km 以上支沟有汦水沟、海家渠沟、洼穴沟、和家渠沟、前转林沟、南天门沟、流水壕沟、二道腰沟、混沟等 9 条,河水流量据本次实测为 114.80 m³/h,水温 8.3~11.4 ℃,pH 值 7.64~7.74,氟化物(F^-)含量 0.16~0.26 mg/L,水化学类型为 $HCO_3 \cdot SO_4 \cdot NO_3$-Ca 型。红岩河全长约 5.8 km,流域面积 13.82 km²,1 km 以上支沟有核桃沟、阳渠沟、龙潭沟、龙庙沟、长学梁沟、胡树渠沟等 6 条,河水流量据本次实测为 508.27 m³/h,水温 7~10.5 ℃,pH 值 7.66~7.95,F-含量 0.26~0.29 mg/L,水化学类型为 $HCO_3 \cdot SO_4 \cdot NO_3$-Ca 型。

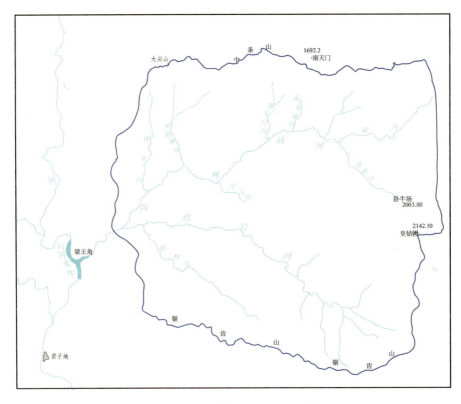

图 2-7 历山混沟调查区水系示意图

转林沟河、红岩河两沟主沟幽深闭塞，支沟众多，受地壳上升运动和河流下切作用影响，河谷狭窄、落差大，河谷横剖面在沟口宽阔处呈"U"形，中上游呈"V"形，平均坡降比在50%以上，两岸陡壁相峙，河谷纵剖面平均坡降比在10%以上，且分布不均，流向曲折，谷底在平面上呈阶梯状"之"字形，并被以安山岩为主的第四系全新统(Q4)砾卵石所覆盖或基岩(安山岩)裸露形成石阶。由于落差大，常形成急流、跌水、瀑布、水潭(图2-8至图2-13)，由于长期跌水、瀑布下的水潭碧绿，景色奇异。河水有时会全部转入地下形成地下暗河，地上形成干谷，在地下流经10~100 m后，再次流出地表(图2-14至图2-15)，形成岩溶地区特有的地下暗河、干谷、地表河流地貌奇观。

图2-8　红岩河原后庄村瀑布、水潭

图2-9　红岩河瀑布

图2-10　红岩河急流

图 2-11　转林沟河急流、跌水

图 2-12　转林沟河瀑布、水潭

图 2-13　转林沟河二道腰沟瀑布

图 2-14　转林沟河干谷

图 2-15　红岩河原后庄村瀑布、水潭、干谷

2.2.4.2　水文地质条件

根据含水介质的特征、地下水赋存条件、水理性质和水力特征，混沟调查区地下水可分为松散岩类孔隙水、基岩裂隙水两种类型。

1) 松散岩类孔隙水

松散岩类孔隙水分布于红岩河及转林沟河现代河谷内，地下水主要赋存于第四系松散层的孔隙中，含水层为第四系全新统的冲洪积砾卵石（Q_4），含砂较少，磨圆度较好，分选差，主要岩性为长城系安山岩，厚度沟口处小于 1 m，中上游小于 0.5 m，富水性弱，属弱富水区。地下水主要接受大气降水入渗及地表河流直接入渗补给，此外还接受河流两侧基岩裂隙泉水的侧向排泄补给，在一定河段地表河水和地下水还相互转换（图 2-16），河谷形成干谷。地下水的排泄由于没有人工开采主要以蒸发为主。水化学类型为 $HCO_3 \cdot SO_4—Ca \cdot Mg$ 型，水温 10.5 ℃，pH 值 7.81。

2) 基岩裂隙水

基岩裂隙水根据岩性不同分为变质岩类裂隙水和火成岩类裂隙水两类。变质岩类裂隙

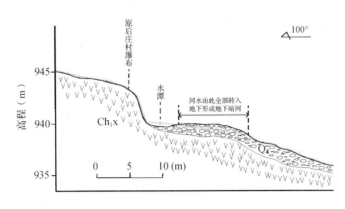

图 2-16　红岩河地表水、地下水相互转换示意图

水分布于红岩河、转林沟河沟口附近及后河水库两侧，含水层岩性为古元古界宋家山群的片岩、大理岩。火成岩类裂隙水分布在混沟调查区的大部分地区，含水层岩性为长城系的安山岩、杏仁状安山岩。此类地下水主要赋存于构造裂隙、风化裂隙中，富水性较弱，据本次实测调查泉水流量均小于 0.5L/s，如阳渠泉（Q1）泉水流量为 0.5 L/s，洼穴沟泉（Q2）泉水流量为 0.1 L/s。其富水程度决定裂隙发育程度，富水性往往随着含水层深度的增加而减小。地下水补给来源主要为大气降水的入渗补给，地下水的排泄以泉水的形式侧向补给河水和蒸发为主。水化学类型为 $HCO_3 \cdot SO_4—Ca \cdot Mg$ 型，水温 9.3~10 ℃，pH 值 7.21~7.53，F-含量 0.29~0.32 mg/L。

2.3　生态地质评价

2.3.1　基础地质条件评价

调查区主要岩石类型为玄武岩、玄武安山岩（辉石安山岩类）、安山岩以及少量火山碎屑岩；第四纪风尘黄土由于地表水流作用被再搬运、堆积于不同高度的山地低洼地带和沟谷中，造成了山体岩石裸露、土层较薄的现状。

2.3.2　土壤质量评价

2.3.2.1　土壤元素含量特征及分布特征

在调查区分析了 11 条土壤垂向剖面共 31 个样品，以及 9 个土壤样品，共 40 个样品，采样位置见图 1-1。所有土壤样品分析了 61 项分析指标，即 Ag、Al_2O_3、As、Au、B、Ba、Be、Bi、Br、C、CaO、Cd、Ce、Cl、Co、Cr、Cu、F、Fe_2O_3、Ga、Ge、Hg、I、K_2O、La、Li、MgO、Mn、Mo、N、Na_2O、Nb、Ni、有机质、P、Pb、pH、Rb、S、Sb、Sc、Se、SiO_2、Sn、Sr、Th、Ti、Tl、U、V、W、Y、Zn、Zr、有效磷、速效钾、阳离子交换量、腐植酸、机械组成、碳酸钙及盐基饱和度。

利用了垂向剖面的 11 个表层数据和 9 个土壤样品数据研究元素在空间上的特征和分布规律；利用垂向剖面的 31 个数据研究元素在垂向上的分布规律。

1）表层土壤元素含量特征及分布情况

利用已完成的"山西省黄土高原盆地经济带生态地球化学调查"项目统计的土壤背景

值，与调查区表层土壤背景值作比较，得到调查区土壤各分析指标的含量特征。由于"山西省黄土高原盆地经济带生态地球化学调查"项目共分析了54项分析指标，故本研究只统计了该54项分析指标的含量特征，见表2-5。

表2-5 表层土壤54项分析指标含量特征

分析指标	最大值	算术平均值	标准离差	变异系数	本区背景值	全省背景值	本区/全省
Ag	0.203	0.108	0.042	0.393	0.108	0.065	1.66
*Al_2O_3	14.7	12.8	0.942	0.074	12.8	11.8	1.09
As	53.1	11.9	10.8	0.907	8.78	11	0.798
**Au	2.91	1.38	0.772	0.561	1.38	2.01	0.685
B	65.6	42	12.2	0.29	42	46.5	0.904
Ba	1073	572	194	0.339	572	497	1.15
Be	2.2	1.72	0.196	0.115	1.72	1.92	0.894
Bi	0.741	0.467	0.099	0.212	0.467	0.279	1.67
Br	8.6	5.65	1.6	0.284	5.65	2.77	2.04
C	10.2	6.44	2.07	0.322	6.44	1.99	3.24
*CaO	11	2.82	2.36	0.838	2.1	6.95	0.302
Cd	1.71	0.762	0.462	0.606	0.76	0.122	6.25
Ce	93	69.4	10.3	0.148	69.4	65.7	1.06
Cl	312	132	54.7	0.413	123	63.8	1.93
Co	40.5	19	8.87	0.466	19	11.7	1.62
Cr	165	79.4	21.5	0.271	74.9	69	1.09
Cu	126	34.9	25	0.717	26	22.1	1.18
F	1168	548	213	0.388	548	555	0.988
*Fe_2O_3	10.3	6.56	1.98	0.302	6.56	4.25	1.54
Ga	20.3	17.3	1.26	0.073	17.3	14.8	1.17
Ge	1.4	1.15	0.124	0.108	1.15	1.27	0.904
Hg	0.422	0.119	0.094	0.786	0.09	0.034	2.65
I	5.72	2.99	0.945	0.316	2.99	1.6	1.87
*K_2O	2.93	2.26	0.362	0.161	2.26	2.26	1
La	49.6	36.1	5.26	0.146	36.1	34.7	1.04
Li	48.4	36.5	5.18	0.142	36.5	33.2	1.1
*MgO	6.23	2.25	1.216	0.54	1.91	2.1	0.908
Mn	2049	1050	437	0.416	1050	601	1.75

(续)

分析指标	最大值	算术平均值	标准离差	变异系数	本区背景值	全省背景值	本区/全省
Mo	8.44	1.69	2.09	1.237	0.87	0.637	1.36
N	8668	4568	1829	0.4	4568	696	6.56
*Na_2O	1.66	1.15	0.255	0.223	1.15	1.65	0.696
Nb	16.9	14	1.9	0.136	14	13.5	1.04
Ni	62.2	31	10.7	0.344	31	28.3	1.1
*有机质	16.4	10.7	3.7	0.347	10.7	0.663	16.1
P	2004	1074	438	0.408	1074	716	1.5
Pb	74.5	43.4	11.7	0.27	43.4	20.7	2.1
pH	8.15	6.58	0.903	0.137	6.58	8.29	0.793
Rb	112	87.5	14.9	0.17	87.5	89.1	0.982
S	1572	669	310	0.463	669	223	3
Sb	2.21	1.58	0.27	0.171	1.58	0.932	1.69
Sc	21.2	14.8	3.41	0.23	14.8	10.9	1.36
Se	1.61	0.697	0.365	0.524	0.7	0.176	3.96
*SiO_2	62.9	56.3	4.91	0.087	56.3	58.3	0.965
Sn	3.96	2.78	0.595	0.214	2.78	2.71	1.03
Sr	239	135	36.9	0.273	135	209	0.647
Th	13.9	10.8	2.63	0.244	10.8	10.6	1.02
Ti	6561	4797	721	0.15	4797	3811	1.26
Tl	0.9	0.544	0.13	0.239	0.544	0.536	1.01
U	5.98	2.32	1.111	0.48	1.98	2.29	0.864
V	161	111	25.4	0.228	111	77.1	1.44
W	2.02	1.43	0.34	0.237	1.43	1.56	0.919
Y	42.8	27.5	5.79	0.211	27.5	23.8	1.15
Zn	275	113	48.3	0.427	105	61.9	1.69
Zr	254	216	30.6	0.142	216	247	0.875

注：*含量单位为%，**单位为10^{-9}，pH 无量纲。

本区/全省背景值最大的分析指标为有机质，比值为16.1，表明工作区表层土壤有机质含量非常高，土壤结构好；N、Cd、Se、C、S、Hg、Pb、Br、Cl、I、Mn、Sb、Zn、Bi、Ag、Co、Fe_2O_3、P 比值≥1.5(图2-17)，N、Se、C、S、I、Mn、Zn、Fe_2O_3、P 这9项与土壤养分有关的分析指标相对含量高，表明工作区土壤地球化学性状好；与土壤环境有关的分析指标 Cd、Hg、Pb、Zn 相对含量较高，须结合 pH 研究土壤环境等级。

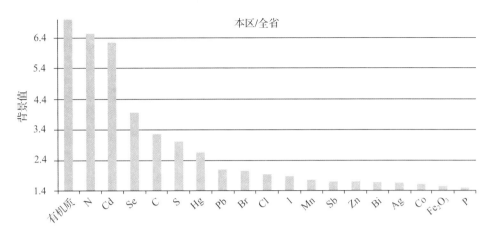

图 2-17　本区/全省背景值≥1.5 的 19 项分析指标相对含量

V、Mo、Sc、Ti、Cu、Ga、Ba、Y、Li、Ni、Al_2O_3、Cr、Ce、La、Nb、Sn、Th、Tl、K_2O 这 19 项分析指标比值在 1 和 1.5 之间（图 2-18），与土壤养分有关的分析指标有 Mo、Cu、Ga、K_2O，表明工作区 Mo、Cu、Ga、K_2O 相对全省较高；与土壤环境有关的分析指标有 Cu、Ni、Cr，需结合 pH 研究土壤环境等级。

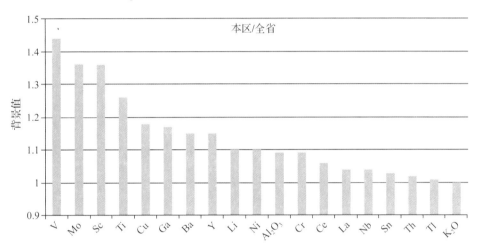

图 2-18　本区/全省背景值大于 1 小于 1.5 的 19 项分析指标相对含量

F、Rb、SiO_2、W、MgO、B、Ge、Be、Zr、U、As、pH、Na_2O、Au、Sr、CaO 这 16 项分析指标比值小于 1（图 2-19），其中，F、Rb、SiO_2、W、MgO、B、Ge 比值大于 0.9，不需补充。As、pH、Na_2O、Au、Sr、CaO 小于 0.8，CaO 比值仅为 0.3，工作区 pH 背景值仅为 6.58，有一半的样品 pH 为酸性（pH<6.5），这与本区土壤腐殖质含量高呈负相关性，腐殖质中的腐植酸淋溶使土壤中的碳酸钙迅速分解，然后随雨水等迅速迁移。

2）土壤垂向剖面元素含量特征

在调查区分析了 11 条土壤垂向剖面共 31 个样品，其中 1 条剖面 4 个样品，7 条剖面 3 个样品，3 条剖面 2 个样品。

垂向剖面编号规则为由地表至深处依次编号为 1、2、3、4 号样品，对剖面各元素数

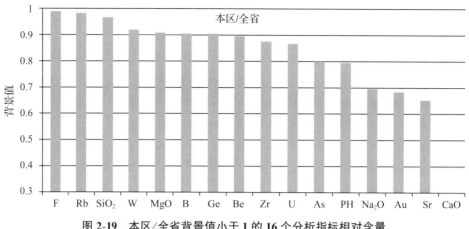

图 2-19 本区/全省背景值小于 1 的 16 个分析指标相对含量

据作归一处理，具体做法是用同一条剖面 2 号样品分析指标含量与 1 号样品进行比值处理，同理 3 号与 2 号，4 号与 3 号，随着剖面深度变化，分析指标的变化特征。

由表 2-6 可见，Au、Co、Li、Fe_2O_3、Sc、V、Ga、Al_2O_3、MgO、Ti、Cr、Ge、Ce、As、Be、Y、Ba、Mo、La、Ni、Nb、U、Rb、Mn、I、SiO_2、ph、Na_2O、K_2O 中位数大于 1，表明调查区这 29 项分析指标由 1 号样品至 2 号样品位置随深度增加含量增加。

Sn、Zn、Zr、Sr、Tl、B、Br、Th、Cu、P、Cl、阳离子交换量、Ag、Bi、CaO、Sb、Pb、Hg、有效磷、速效钾、S、Se、C、有机质、N、Cd、腐植酸中位数小于 1，表明调查区这 27 项分析指标 1 号样品至 2 号样品位置随深度增加含量减小。

F、W 中位数等于 1，表明工作区这 2 项分析指标由 1 号样品至 2 号样品位置随深度增加含量不变。

表 2-6 垂向剖面 2 号样品/1 号样品相对含量特征

分析指标	最大值	最小值	算术平均	标准离差	中位数	变异系数
Ag	1.385	0.536	0.802	0.237	0.767	0.295
Al_2O_3	1.256	1.023	1.12	0.073	1.124	0.065
As	1.573	0.696	1.066	0.211	1.062	0.198
Au	5.373	0.264	1.923	1.681	1.231	0.874
B	1.331	0.715	1.016	0.202	0.931	0.199
Ba	1.609	0.94	1.106	0.184	1.049	0.167
Be	1.232	0.909	1.08	0.101	1.056	0.093
Bi	0.949	0.296	0.671	0.228	0.749	0.339
Br	1.221	0.491	0.894	0.247	0.917	0.276
C	0.768	0.176	0.501	0.212	0.469	0.424
CaO	1.124	0.458	0.792	0.219	0.738	0.277
Cd	0.825	0.073	0.441	0.247	0.424	0.561
Ce	1.208	0.889	1.045	0.111	1.078	0.106
Cl	4.482	0.469	1.1	1.134	0.806	1.031

（续）

分析指标	最大值	最小值	算术平均	标准离差	中位数	变异系数
Co	1.633	1.015	1.249	0.21	1.2	0.168
Cr	1.128	0.916	1.06	0.067	1.091	0.064
Cu	1.02	0.531	0.818	0.169	0.866	0.207
F	1.158	0.84	1.005	0.09	1	0.089
Fe_2O_3	1.503	1.001	1.2	0.174	1.174	0.145
Ga	1.273	0.971	1.128	0.088	1.129	0.078
Ge	1.225	0.935	1.079	0.096	1.083	0.089
Hg	2.524	0.328	0.766	0.611	0.567	0.798
I	1.224	0.723	0.982	0.202	1.007	0.206
K_2O	1.066	0.645	0.95	0.123	1.003	0.129
La	1.204	0.865	1.02	0.114	1.044	0.112
Li	1.307	0.944	1.169	0.121	1.179	0.103
MgO	1.656	1.021	1.178	0.207	1.115	0.176
Mn	1.177	0.569	0.963	0.154	1.012	0.16
Mo	1.509	0.759	1.038	0.226	1.049	0.218
N	0.761	0.17	0.465	0.192	0.438	0.414
Na_2O	1.118	0.781	0.98	0.11	1.004	0.112
Nb	1.068	0.881	1.013	0.058	1.039	0.057
Ni	1.197	0.882	1.055	0.109	1.04	0.104
P	1.18	0.566	0.838	0.193	0.866	0.23
Pb	1.209	0.238	0.641	0.302	0.61	0.471
ph	1.178	0.87	1.001	0.077	1.005	0.077
Rb	1.101	0.621	0.955	0.14	1.021	0.146
S	0.788	0.234	0.511	0.171	0.544	0.335
Sb	0.944	0.356	0.684	0.197	0.698	0.289
Sc	1.382	0.975	1.177	0.125	1.155	0.106
Se	0.974	0.323	0.584	0.228	0.493	0.39
SiO_2	1.071	0.974	1.015	0.031	1.007	0.031
Sn	1.09	0.833	0.968	0.087	0.996	0.089
Sr	1.121	0.74	0.937	0.102	0.966	0.109
Th	1.188	0.634	0.87	0.183	0.872	0.21
Ti	1.295	1.028	1.122	0.071	1.114	0.063
Tl	1.183	0.594	0.925	0.2	0.952	0.217
U	1.199	0.464	1.012	0.206	1.03	0.203
V	1.448	1.054	1.192	0.129	1.151	0.108
W	1.275	0.585	1.002	0.223	1	0.222

(续)

分析指标	最大值	最小值	算术平均	标准离差	中位数	变异系数
Y	1.354	0.741	1.045	0.195	1.052	0.187
Zn	1.073	0.833	0.967	0.08	0.995	0.083
Zr	1.122	0.899	1.011	0.069	0.985	0.068
腐植酸	1.8	0	0.489	0.53	0.222	1.083
速效钾	1.02	0.238	0.555	0.235	0.549	0.423
阳离子交换量	0.923	0.638	0.778	0.111	0.789	0.143
有机质	0.737	0.167	0.464	0.19	0.464	0.41
有效磷	4.48	0.082	0.974	1.243	0.551	1.276

由表 2-7 可见，Ge、MgO、Mo、Ag、Li、Mn、B、Co、U、V、W、Tl、Rb、Zn、Fe_2O_3、P、I、La、Ce、Ga、Ti、Cu、Al_2O_3、Sc、K_2O、Zr、Sr、Ba、ph、Se 中位数大于 1，表明调查区这 30 项分析指标由 2 号样品至 3 号样品位置随深度增加含量增加。

Na_2O、Y、Ni、Be、SiO_2、Nb、Sn、CaO、Cr、F、Cl、As、Cd、阳离子交换量、Bi、Sb、Pb、C、Th、Au、S、有效磷、速效钾、Hg、有机质、N、腐植酸中位数小于 1，表明工作区这 27 项分析指标由 2 号样品至 3 号样品位置随深度增加含量减少。

Br 中位数等于 1，表明工作区这 1 项分析指标由 2 号样品至 3 号样品位置随深度增加含量不变。

表 2-7　垂向剖面 3 号样品/2 号样品相对含量特征

分析指标	最大值	最小值	算术平均	标准离差	中位数	变异系数
Ag	1.339	0.722	1.064	0.182	1.103	0.171
Al_2O_3	1.139	0.817	1.023	0.098	1.025	0.096
As	1.249	0.845	0.96	0.124	0.944	0.129
Au	1.625	0.349	0.884	0.453	0.886	0.513
B	1.278	0.65	0.996	0.195	1.066	0.196
Ba	1.177	0.876	1.024	0.108	1.014	0.106
Be	1.113	0.892	0.984	0.071	0.99	0.072
Bi	1.003	0.724	0.903	0.094	0.923	0.104
Br	1.563	0.752	1.043	0.294	1	0.282
C	1.412	0.455	0.845	0.276	0.895	0.327
CaO	1.786	0.574	1.078	0.448	0.973	0.416
Cd	1.047	0.438	0.854	0.217	0.932	0.254
Ce	1.27	0.814	1.043	0.136	1.038	0.131
Cl	1.058	0.688	0.884	0.138	0.953	0.157
Co	1.435	0.898	1.106	0.201	1.065	0.182
Cr	1.339	0.831	1.009	0.155	0.969	0.154
Cu	1.556	0.827	1.062	0.224	1.026	0.211

（续）

分析指标	最大值	最小值	算术平均	标准离差	中位数	变异系数
F	1	0.913	0.963	0.036	0.957	0.037
Fe_2O_3	1.411	0.85	1.094	0.186	1.046	0.17
Ga	1.168	0.754	1.016	0.121	1.03	0.12
Ge	1.24	0.966	1.114	0.103	1.139	0.092
Hg	1.17	0.747	0.882	0.143	0.848	0.162
I	1.524	0.679	1.061	0.288	1.044	0.271
K_2O	1.194	0.813	1.014	0.142	1.019	0.14
La	1.257	0.681	1.033	0.174	1.044	0.169
Li	1.176	0.893	1.045	0.103	1.091	0.099
MgO	1.321	0.895	1.089	0.154	1.126	0.141
Mn	1.722	0.945	1.169	0.257	1.084	0.22
Mo	1.262	0.923	1.074	0.117	1.111	0.109
N	0.844	0.418	0.715	0.135	0.788	0.189
Na_2O	1.067	0.555	0.916	0.166	0.997	0.181
Nb	1.073	0.772	0.97	0.092	0.988	0.095
Ni	1.533	0.912	1.046	0.206	0.991	0.197
P	1.266	0.804	1.042	0.135	1.045	0.129
Pb	2.625	0.608	1.087	0.631	0.916	0.58
ph	1.307	0.952	1.039	0.11	1.011	0.106
Rb	1.237	0.801	1.037	0.14	1.047	0.135
S	1.248	0.633	0.855	0.212	0.883	0.248
Sb	1.018	0.743	0.881	0.094	0.92	0.106
Sc	1.254	0.887	1.039	0.132	1.021	0.127
Se	1.203	0.699	0.952	0.155	1.003	0.163
SiO_2	1.012	0.887	0.968	0.048	0.989	0.049
Sn	1.186	0.765	0.961	0.132	0.984	0.137
Sr	1.647	0.563	1.03	0.294	1.015	0.286
Th	1.514	0.627	0.978	0.285	0.891	0.291
Ti	1.175	0.896	1.043	0.085	1.03	0.082
Tl	1.533	0.927	1.092	0.186	1.048	0.17
U	1.761	0.866	1.15	0.314	1.065	0.273
V	1.244	0.849	1.062	0.13	1.057	0.122
W	1.518	0.752	1.025	0.227	1.055	0.221
Y	1.183	0.896	1.017	0.093	0.996	0.092
Zn	1.364	0.837	1.039	0.156	1.047	0.15
Zr	1.049	0.817	0.961	0.093	1.016	0.096

(续)

分析指标	最大值	最小值	算术平均	标准离差	中位数	变异系数
腐植酸	2.2	0	0.878	0.803	0.714	0.915
速效钾	0.979	0.447	0.835	0.165	0.881	0.198
阳离子交换量	1.135	0.834	0.937	0.093	0.925	0.1
有机质	0.91	0.455	0.759	0.149	0.796	0.197
有效磷	4.262	0.19	1.166	1.283	0.883	1.1

将表2-6中位数大于1的分析指标标为1，等于1的分析指标标为0，小于1的分析指标标为2，同理标记表2-7，将2号/1号与3号/2号数据相加，统计分析指标由1号至3号样品随深度增加的变化情况。同一条剖面3号样品分析指标含量与1号比，研究分析指标的变化特征。

由表2-8可见，Al_2O_3、Ba、Ce、Co、Fe_2O_3、Ga、Ge、I、K_2O、La、Li、MgO、Mn、Mo、ph、Rb、Sc、Ti、U、V、W这21项指标2号/1号与3号/2号之和为2(W为1)，且3号/1号中位数全大于1，表明工作区这21项分析指标随深度增加含量增加。

Bi、C、CaO、Cd、Cl、Hg、N、Pb、S、Sb、Sn、Th、腐植酸、速效钾、阳离子交换量、有机质、有效磷2号/1号与3号/2号之和为4，Br、F 2号/1号与3号/2号之和为2(一项为0)，这19项指标3号/1号中位数全小于1，表明调查区这19项分析指标随深度增加含量减少。

Ag、As、Au、B、Be、Cr、Cu、Na_2O、Nb、Ni、P、Se、SiO_2、Sr、Tl、Y、Zn、Zr 2号/1号与3号/2号之和为2，表明工作区这18项分析指标随深度增加含量先增加后减少或先减少后增加。整体上看Se、P、Na_2O、Zn、Cu、Ag、Sr、Tl这8种分析指标由1号至3号样品位置含量是减少的，其中Se减少的最多，但Se由1号至2号是减少的，2号至3号是增加的，表明了1号位置Se的来源应是下部土壤，植物易于富集Se；其他7种分析指标差值在10%以内。整体上看As、SiO_2、Nb、Zr、Cr、Y、B、Ni、Be、Au这10项分析指标由1号至3号样品位置含量是增加的，其中Au由1号至2号是增加的，2号至3号是减少的，2号样品位置Au含量最高。

表2-8 垂向剖面1号、2号、3号样品相对含量特征

分析指标	2号/1号	3号/2号	前二列之和	3号/1号中位数
Ag	2	1	3	0.984
Al_2O_3	1	1	2	1.159
As	1	2	3	1.004
Au	1	2	3	1.542
B	2	1	3	1.092
Ba	1	1	2	1.161
Be	1	2	3	1.132
Bi	2	2	4	0.829
Br	2	0	2	0.919

（续）

分析指标	2号/1号	3号/2号	前二列之和	3号/1号中位数
C	2	2	4	0.476
CaO	2	2	4	0.8
Cd	2	2	4	0.516
Ce	1	1	2	1.128
Cl	2	2	4	0.716
Co	1	1	2	1.254
Cr	1	2	3	1.044
Cu	2	1	3	0.96
F	0	2	2	1
Fe_2O_3	1	1	2	1.228
Ga	1	1	2	1.167
Ge	1	1	2	1.198
Hg	2	2	4	0.576
I	1	1	2	1.058
K_2O	1	1	2	1.034
La	1	1	2	1.091
Li	1	1	2	1.23
MgO	1	1	2	1.289
Mn	1	1	2	1.097
Mo	1	1	2	1.058
N	2	2	4	0.372
Na_2O	1	2	3	0.918
Nb	1	2	3	1.022
Ni	1	2	3	1.097
P	2	1	3	0.909
Pb	2	2	4	0.733
ph	1	1	2	1.024
Rb	1	1	2	1.073
S	2	2	4	0.44
Sb	2	2	4	0.71
Sc	1	1	2	1.135
Se	2	1	3	0.508
SiO_2	1	2	3	1.011
Sn	2	2	4	0.969
Sr	2	1	3	0.99
Th	2	2	4	0.904

(续)

分析指标	2号/1号	3号/2号	前二列之和	3号/1号中位数
Ti	1	1	2	1.201
Tl	2	1	3	0.998
U	1	1	2	1.141
V	1	1	2	1.274
W	0	1	1	1.055
Y	1	2	3	1.082
Zn	2	1	3	0.957
Zr	2	1	3	1.022
腐植酸	2	2	4	0.472
速效钾	2	2	4	0.522
阳离子交换量	2	2	4	0.775
有机质	2	2	4	0.394
有效磷	2	2	4	0.665

2.3.2.2 土壤环境质量评价

采用《土壤环境质量 农用地土壤污染风险管控标准(试行)》(GB 15618—2018)对重金属元素 Cr、Ni、Cd、Hg、As、Cu、Pb、Zn 进行评价(表2-9),利用了垂向剖面的11个表层数据和9个表层土壤样品数据,共20个数据(表2-10)。

表2-9 农用地土壤(其他)污染风险筛选值　　　　　　　　　　　　　　mg/kg

pH	As	Cd	Cr	Cu	Hg	Ni	Pb	Zn
≤5.5	40	0.3	150	50	1.3	60	70	200
5.5~6.5	40	0.3	150	50	1.8	70	90	200
6.5~7.5	30	0.3	200	100	2.4	100	120	250
≥7.5	25	0.6	250	100	3.4	190	170	300

表2-10 表层土壤采样点位重金属含量表　　　　　　　　　　　　　　mg/kg

样号	As	Cd	Cr	Cu	Hg	Ni	Pb	Zn	pH(无量纲)
B01	27.4	1.71	80.4	126.0	0.422	54.8	56.1	275	7.71
B02	13.9	0.582	76.1	29.4	0.339	35.0	36.7	93.9	6.55
B03	8.57	1.53	80.8	69.9	0.140	37.4	74.5	134	6.80
B04	4.64	0.967	80.1	37.9	0.0743	25.9	57.6	149	7.51
B05	5.20	0.502	92.7	22.4	0.0625	25.5	31.7	120	7.01
B06	11.3	0.525	78.1	27.5	0.0785	31.5	39.1	87.6	6.36
B07	8.13	0.697	76.3	28.2	0.0943	28.2	42.5	101	6.83
B08	6.99	1.36	67.5	25.0	0.109	22.6	52.1	87.3	5.34
B09	9.91	1.28	78.9	21.1	0.105	26.6	39.5	80.3	5.53

(续)

样号	As	Cd	Cr	Cu	Hg	Ni	Pb	Zn	pH(无量纲)
P01-1	53.1	1.40	70.0	59.2	0.0514	62.2	44.6	194	8.05
P02-1	12.7	0.281	69.1	26.1	0.0372	32.4	25.6	70.3	8.15
P03-1	6.97	0.639	53.5	29.2	0.0873	18.8	48.4	133	7.62
P04-1	6.97	0.287	76.2	22.4	0.0984	24.9	34.1	89.9	6.31
P05-1	7.13	0.306	77.5	23.7	0.0943	23.0	37.3	99.6	6.44
P06-1	6.86	0.685	165.0	31.2	0.111	38.1	51.2	105	6.40
P07-1	10.3	0.404	80.2	30.6	0.0744	28.5	39.1	114	5.42
P08-1	9.74	0.228	71.2	22.4	0.0707	26.9	25.7	81.0	6.75
P09-1	7.19	0.682	74.3	23.9	0.124	26.2	52.5	87.5	5.71
P10-1	11.7	0.876	67.4	19.3	0.0900	24.9	44.2	83.9	5.73
P11-1	9.92	0.299	72.9	21.4	0.122	26.6	36.2	76.6	5.29

从表2-10可以看出，调查区内土壤采样点中Hg、Ni、Pb、Zn含量都没有超出农用地污染风险筛选值；As含量超出筛选值的点位有两个，为B01和P01-1；Cr含量超出筛选值的点位有一个，为P06-1；Cu含量超出筛选值的点位有一个，为B01；Cd含量超出筛选值的有16个点位，为B01、B02、B03、B04、B05、B06、B07、B08、B09、P01-1、P03-1、P05-1、P06-1、P07-1、P09-1、P10-1，占总点位的80%，但是从剖面数据来分析，Cd含量随采样深度的增加而减少，与采样深度为负相关，说明Cd只是在表层土壤富集，工作区成土母质为安山岩，安山岩中Cd的背景值高于其他岩石。Cd在表层富集的原因可能有以下几个方面：一是生物富集作用；二是表层土壤中腐殖质含量高，具有吸附作用；三是大气沉降作用。具体原因还需进一步研究。

2.3.2.3 土壤养分评价

土壤养分的等级划分标准主要参照全国第二次土壤普查养分分级标准(六级)，现将第五级标准与第六级标准合并，五级及五级以下的养分等级划分标准不变，评价利用垂向剖面的11个表层数据和9个土壤样品数据共20个数据。

土壤元素(N、P、K、CaO、MgO、B、Mn、Mo、Cu、Zn、S、Fe$_2$O$_3$、有机质、速效钾、速效磷、Co、V)含量分为很丰、丰、适中、稍缺、缺五个等级(表2-11)。

表2-11 土壤养分分级标准

指标	一级	二级	三级	四级	五级	上限值
	很丰	丰	适中	稍缺	缺	
全氮(g/kg)	>2	1.5~2	1~1.5	0.75~1	≤0.75	
全磷(g/kg)	>1	0.8~1	0.6~0.8	0.4~0.6	≤0.4	
全钾(g/kg)	>25	20~25	15~20	10~15	≤10	
有机质(g/kg)	>40	30~40	20~30	10~20	≤10	
速效磷(mg/kg)	>40	20~40	10~20	5~10	≤5	

(续)

指标	一级 很丰	二级 丰	三级 适中	四级 稍缺	五级 缺	上限值
速效钾(mg/kg)	>200	150~200	100~150	50~100	≤50	
氧化钙(%)	>5.54	2.68~5.54	1.16~2.68	0.42~1.16	≤0.42	
氧化镁(%)	>2.16	1.72~2.16	1.20~1.72	0.70~1.20	≤0.70	
氧化铁(%)	>5.30	4.60~5.30	4.15~4.60	3.40~4.15	≤3.40	
钴(mg/kg)	>15	13~15	11~13	8~11	≤8	
钒(mg/kg)	>96	84~96	75~84	63~75	≤63	
硼(mg/kg)	>65	55~65	45~55	30~45	≤30	≥3 000
钼(mg/kg)	>0.85	0.65~0.85	0.55~0.65	0.45~0.55	≤0.45	≥4
锰(mg/kg)	>700	600~700	500~600	375~500	≤375	≥1 500
硫(mg/kg)	>343	270~343	219~270	172~219	≤172	≥2 000
铜(mg/kg)	>29	24~29	21~24	16~21	≤16	≥50
锌(mg/kg)	>84	71~84	62~71	50~62	≤50	≥200

N 含量一级标准(很丰)是>2 g/kg。工作区 20 件表层土壤数据中 19 件 N 含量大于 2 g/kg。工作区 N 含量很丰富,呈东西高、中部低。

P 含量一级标准(很丰)是>1g/kg,二级标准是 0.8~1 g/kg。工作区 20 件表层土壤数据中 10 件 P 含量大于 1 g/kg,2 件 P 含量为 0.8~1 g/kg。工作区 P 含量很丰富,呈东西部高、中部低。

K 含量二级标准(丰)是 20~25 g/kg,三级标准(适中)是 15~20 g/kg。工作区 20 件表层土壤数据中 8 件 K 含量为 20~25 g/kg,9 件为 15~20 g/kg。工作区 K 含量丰富或适中,呈西部高、东部低。

有机质含量一级标准(很丰)是>40 g/kg。工作区 20 件表层土壤数据中 19 件有机质含量大于 40 g/kg。有机质含量与 N 含量正相关。工作区有机质含量很丰富,呈东部高、中间低。

速效磷含量三级标准(适中)是 10~20 mg/kg。工作区 20 件表层土壤数据中 7 件速效磷含量为 10~20 mg/kg,1 件>20 mg/kg(丰),11 件为 5~10 mg/kg(稍缺)。工作区速效磷含量适中或稍缺,呈西北部高、南部低。

速效钾含量一级标准(很丰)是>200 mg/kg。工作区 20 件表层土壤数据中 17 件速效钾含量>200 mg/kg。工作区速效钾含量很丰富,呈西部高、东部低。

氧化钙(CaO)含量一级标准(很丰)是>5.54%,三级标准(适中)是 1.16%~2.68%。工作区 20 件表层土壤数据中 2 件氧化钙含量>5.54%,6 件为 2.68%~5.54%(丰),12 件为 1.16%~2.68%。工作区氧化钙分布不均,含量丰富,呈西南部高、东北部低。

氧化镁(MgO)含量一级标准(很丰)是>2.16%,三级标准(适中)是 1.20~1.72%。工作区 20 件表层土壤数据中 6 件氧化镁含量>2.16%,4 件为 1.72%~2.16%(丰),10 件为

1.20%~1.72%。工作区氧化镁分布不均,含量丰富,呈西部高、东部低。

硼(B)含量二级标准(丰)是55~65 mg/kg,四级标准(稍缺)是30~45 mg/kg。工作区20件表层土壤数据中5件为45~55 mg/kg(适中),8件为30~45 mg/kg,4件为<30 mg/kg(缺)。工作区B分布不均,稍缺,呈东南部高、西北部低。

锰(Mn)含量一级标准(很丰)是>700 mg/kg。工作区20件表层土壤数据中15件Mn含量>700 mg/kg。工作区Mn含量很丰富,呈西部高、东北部低。

钼(Mo)含量一级标准(很丰)是>0.85 mg/kg。工作区20件表层土壤数据中13件Mo含量>0.85 mg/kg。工作区Mo含量很丰富,呈西部高。

铜(Cu)含量一级标准(很丰)是>29 mg/kg。工作区20件表层土壤数据中8件Cu含量>29 mg/kg。工作区Cu含量很丰富,呈西部高、东北部低。

锌(Zn)含量一级标准(很丰)是>84 mg/kg。工作区20件表层土壤数据中15件Zn含量>84 mg/kg。工作区Zn含量很丰富,呈西部高、东部低。

硫(S)含量一级标准(很丰)是>343 mg/kg。工作区20件表层土壤数据中18件S含量>343 mg/kg。工作区S含量很丰富,呈西部、东部高,中部低。

钴(Co)含量一级标准(很丰)是>15 mg/kg。工作区20件表层土壤数据中9件Co含量>15 mg/kg。工作区Co含量很丰富,呈西部高、东部低。

钒(V)含量一级标准(很丰)是>96 mg/kg,工作区20件表层土壤数据中10件V含量>96 mg/kg。工作区V很丰富,呈西部高、南部低。

氧化铁(Fe_2O_3)含量一级标准(很丰)是>5.30%,工作区20件表层土壤数据中9件氧化铁含量≥5.30%。工作区氧化铁含量很丰富,呈西部高、东部低。

硒、碘、氟、锗含量分为过剩、高、适量、边缘、缺乏五个等级(表2-12)。

硒(Se)含量二级标准(高)是0.4~3 mg/kg。工作区20件表层土壤数据中14件Se含量>0.4 mg/kg。工作区Se含量高,呈西部高、东南部低。

表2-12 土壤中硒、碘、氟、锗含量分级表

指标	一级	二级	三级	四级	五级
	过剩	高	适量	边缘	缺乏
硒(mg/kg)	>3	0.4~3	0.175~0.4	0.125~0.175	≤0.125
碘(mg/kg)	>1	0.8~1	0.6~0.8	0.4~0.6	≤0.4
氟(mg/kg)	>700	550~700	500~550	400~500	≤400
锗(mg/kg)	>1.5	1.4~1.5	1.3~1.4	1.2~1.3	≤1.2

碘(I)含量三级标准(适量)是1.5~5 mg/kg。工作区20件表层土壤数据中19件I含量为1.5~5 mg/kg。工作区I含量适量,呈西北部低。

氟(F)含量一级标准(过剩)是>700 mg/kg,四级标准(边缘)是400~500 mg/kg。工作区20件表层土壤数据中2件F含量>700 mg/kg,12件为400~500 mg/kg。工作区F分布不均,含量为边缘、稍缺乏,部分区域富集达到过剩,呈西部高、东部低。

锗(Ge)含量五级标准(缺乏)是<1.2 mg/kg。工作区20件表层土壤数据中13件Ge含量<1.2 mg/kg。工作区Ge含量缺乏,呈西南部、东南部最低。

2.3.3 水质评价

2.3.3.1 地下水质量评价

1）评价原则

（1）利用本次取得的实测资料，对地下水质量现状作出客观的评价。

（2）按统一标准和要求进行评价，力求使评价结果准确、客观，便于决策者理解和使用。

2）评价标准

根据国家现行《地下水水质标准》（DZ/T 0290—2015）进行评价。

3）评价方法

采用地下水质量单项组分评价和地下水质量综合评价方法进行评价。

（1）地下水单项组分评价。按《地下水水质标准》（DZ/T 0290—2015），将地下水水质划分为五类。

Ⅰ类：地下水化学组分含量低，适用于各种用途；

Ⅱ类：地下水化学组分含量较低，适用于各种用途；

Ⅲ类：地下水化学组分含量中等，以生活饮用水卫生标准为依据，主要适用于集中式生活饮用水水源及工农业用水；

Ⅳ类：地下水化学组分含量较高，以农业和工业用水质量要求以及一定水平的人体健康风险为依据，适用于农业和部分工业用水，适当处理后可作为生活饮用水；

Ⅴ类：地下水化学组分含量高，不宜作生活饮用水，其他用水可根据使用目的选用。

（2）地下水水质综合评价。地下水水质综合评价采用加附注的评分法。具体要求与步骤如下：

①首先进行各单项组分评价，划分组分所属质量类别。

②然后对各类别按表2-13规定确定单项组分评价分值F_i。

表2-13 单项组分评价分值

类别	Ⅰ	Ⅱ	Ⅲ	Ⅳ	Ⅴ
F_i	0	1	3	6	10

③按下式计算综合评价分值F

$$F = \sqrt{\frac{\bar{F}^2 + F_{max}^2}{2}} \qquad \bar{F} = \frac{1}{n}\sum_{i=1}^{n} F_i$$

式中：$\bar{F}$为各单项组分评价分值F_i的平均值；F_{max}为单项组分评价分值F_i中的最大值；n为项数。

④根据F值，按表2-14划分地下水质量级别，再将细菌学指标评价类别标注在级别定名之后，如优良（Ⅱ级）、较好（Ⅲ级）。

表2-14 地下水质量级别划分

级别	优良	良好	较好	较差	极差
F	<0.80	0.80~2.50	2.50~4.25	4.25~7.20	>7.20

4）评价指标和数据筛选

单指标评价法评价选取 pH、总硬度（以 $CaCO_3$ 计）、溶解性总固体、硫酸盐、氯化物、氨氮（以 N 计）、硝酸盐、亚硝酸盐、氟化物、碘化物、汞、砷、镉、铬（六价）、铅、锌、铝、铜、锰共 19 项指标作为评价参数。以国家《地下水水质标准》（DZ/T 0290—2015）作为本次的评价标准，其中以Ⅲ类标准限值作为评价是否符合生活饮用水标准的依据。

5）地下水质量评价及分析

本次取泉水水样 2 组，根据单指标和综合指标评价方法，对 2 个样品进行指标评价，单项指标评价泉水质量为Ⅲ类水，经计算综合指标评价分值为 2.14~2.15，泉水质量为良好（表 2-15、表 2-16）。

表 2-15 地下水质量分级统计

地下水质量分级	样品数	占总数百分比（%）
Ⅲ类	2	100

表 2-16 地下水质量评价结果

编号	取样点位置	分值	质量级别	超标组分
Q01	历山国家级自然保护区红岩河阳渠泉	2.15	良好	无
Q02	历山国家级自然保护区转林沟河洼穴沟泉	2.14	良好	无

地下水质量评价与分析结果表明：Q01 阳渠泉、Q02 洼穴沟泉泉水水化学类型为 $HCO_3 \cdot SO_4$-Ca 型水，矿化度 0.20~0.24 g/L，总硬度 152~180 mg/L（$CaCO_3$ 硬度），pH 值 7.99~8.12，根据咸淡水分类标准，矿化度 0~1.0 g/L 为淡水，总硬度 152~180 mg/L 属微硬水；硝酸盐（以 N 计）含量 6.51~9.51 mg/L，符合地下水水质Ⅲ类标准；其他指标均达到Ⅰ、Ⅱ类标准。

2.3.3.2 地表水质量评价

1）评价原则

(1) 利用本次取得的实测资料，对地表水质量现状作出客观的评价。

(2) 按统一标准和要求进行评价，力求使评价结果准确、客观，便于决策者理解和使用。

2）评价标准

根据《地下水水质标准》（DZ/T 0290—2015）及《地表水环境质量标准》（GB 3838—2002）进行评价。

3）评价方法

因无地表水水质评价的相关标准，因此，本次地表水的评价方法除采用地表水环境质量单项组分评价方法外，还采用地下水质量单项组分评价和地下水质量综合评价方法进行评价。

4）地表水质量评价及分析

本次取地表水水样 6 组，根据《地下水水质标准》（DZ/T 0290—2015），采用单指标和综合指标评价方法对 6 个样品进行指标评价，单项指标评价地表水质量为Ⅲ类水，经计算，综合指标评价分值为 2.13~2.15，地表水质量为良好（表 2-17、表 2-18）。

表 2-17 地表水质量分级统计

地表水质量分级	样品数	占总数百分比(%)
Ⅲ类	6	100

表 2-18 地表水质量评价结果

编号	取样点位置	分值	质量级别	超标组分
B01	历山国家级自然保护区红岩河核桃沟沟口	2.13	良好	无
B03	历山国家级自然保护区红岩河原后庄村西河谷内	2.13	良好	无
B04	历山国家级自然保护区转林沟河路家坡底河谷内	2.13	良好	无
B05	历山国家级自然保护区转林沟河正宫地河谷内	2.14	良好	无
B07	历山国家级自然保护区混沟二道腰沟	2.15	良好	无
B08	历山国家级自然保护区转林沟北流水壕沟	2.14	良好	无

依据《地表水环境质量标准》(GB 3838—2002)，采用单指标评价方法，对6个样品进行指标评价，除硝酸盐(以N计)指标未达到标准限值外，其他指标均符合Ⅰ、Ⅱ类标准。

通过地表水质量评价和地表水环境质量评价与分析，结果表明：

(1)红岩河河水(B01、B03)：水化学类型为 $HCO_3·SO_4·NO_3-Ca$ 型，矿化度 0.20～0.21 g/L，总硬度(以 $CaCO_3$ 计)146 mg/L，pH 值 8.07～8.12，根据咸淡水分类，矿化度 0～1.0 g/L 为淡水，总硬度 146 mg/L 属微硬水；硝酸盐(以N计)含量分别为 12.31 mg/L、15.351 mg/L，符合《地下水水质标准》(DZ/T 0290—2015)Ⅲ类标准(5～20 mg/L)，未达到《地表水环境质量标准》(GB 3838—2002)集中式生活饮用水地表水源标准限值(10 mg/L)；其他指标均符合Ⅰ、Ⅱ类标准。

(2)转林沟河河水(B04、B05、B07、B08)：水化学类型为 $HCO_3·SO_4·NO_3-Ca$ 型，矿化度 0.16～0.23 g/L，总硬度 123～190 mg/L，pH 值 7.87～8.09。根据咸淡水分类，矿化度 0～1.0 g/L 为淡水，总硬度 123～190 mg/L 属微硬水；硝酸盐含量为 5.87～10.30 mg/L，符合《地下水水质标准》(DZ/T 0290—2015)Ⅲ类标准(5～20 mg/L)、B07取样点未达到《地表水环境质量标准》(GB 3838—2002)集中式生活饮用水地表水源标准限值(10 mg/L)；其他指标均符合Ⅰ、Ⅱ类标准。

总之，该地区地表水中硝酸盐含量偏高，其主要原因是该地区环境封闭，森林覆盖率高，地表腐殖质层富含硝酸盐，大气降水经腐殖质层淋滤后流入河谷。

2.3.4 生态地质条件综合评价

(1)调查区地形陡峭，形成了一个比较闭合的环境，为动植物生长提供了一个较为安全、不受人类影响的生长环境。

(2)调查区岩石主要为火成岩，为中元古代熊耳群许山组安山岩，富水性弱，造成了调查区主要接受大气降水入渗及地表河流直接入渗补给，河流流量与降水量直接相关。

(3)调查区部分元素超出农用地管控筛选值，说明土壤生态环境可能存在风险，应当加强土壤环境监测，特别是镉元素，需要关注。

第 3 章
植物与植被专题报告

技术指导：张志翔
调　　查：任保青　王刚狮　郝向春　崔文举　廉凯敏
　　　　　刘　璇　郭飞怡
执　　笔：任保青　王刚狮　廉凯敏　刘　璇

混沟地区为暖温带落叶阔叶林地带，植物以落叶木本和草本为主。本次调查收集图片资料达 6000 余张；涉及维管植物达 448 种，隶属于 92 科 275 属，其中蕨类植物 5 科 8 属 9 种，裸子植物 2 科 3 属 5 种，被子植物 85 科 264 属 434 种。草本植物 246 种，包括多年生草本 223 种、一年生草本 23 种；木本植物 202 种，包括乔木 99 种、灌木 86 种、木质藤本 17 种；蔷薇科 40 种，百合科 25 种，菊科 27 种，毛茛科 21 种，豆科 17 种，虎耳草科 17 种，伞形科 13 种，忍冬科 13 种，榆科 12 种，唇形科均为 12 种，卫矛科 10 种。

本次调查与 1984 年调查结果比较，物种增加 245 种，包含国家重点保护和省级重点保护物种 30 余种；发现山西新记录 7 种：海桐叶白英（茄科）、斑赤飑（葫芦科）、花点草（荨麻科）、细小景天（景天科）、腥臭卫矛（卫矛科），瓜子金（远志科），小药八旦子（罂粟科），其中前 3 种未曾公开发表；发现大规格的樱木（蔷薇科稠李属）、成片的川贝母（百合科）和还亮草（毛茛科），发现连香树（连香树科）的幼苗、暖木（清风藤科）的小规格植株以及铁木（桦木科）的幼苗，珍稀植物自然更新有所提升，自然保护区保护成效得到见证。

混沟植被可分为 3 个植被型组、7 个植被型、11 个群系、31 个群丛。该区的地带性植被是暖温带阔叶林，零星分布有亚热带成分的植物群落，面积虽小，但有重要的价值。

3.1 绪 言

3.1.1 调查背景

混沟位于中条山东段历山国家级自然保护区核心区内,属核心区的主体。这里沟谷深邃、山势陡峭,远离居民点,自然环境和森林生态系统基本上未受人为干预,因而保存着我国华北地区较为原始的暖温带森林(蒋世泽,1986)。正是因为自然条件的限制,以往对混沟地区植被的系统研究开展较少,仅在 20 世纪 80 年代山西省科研人员对混沟一带进行过简略的植被考察,并在随后出版的考察报告中对混沟地区的地理环境、植物区系、主要植被类型及其分布等做过描述性的研究(刘天慰等,1984;蒋世泽,1986;岳亮和李素清,1993)。

沟内植物生长茂盛,植被类型主要是暖温带落叶阔叶林,有栾树(*Koelreuteria paniculata*)林、鹅耳枥(*Carpinus turczaninowi*)林、元宝槭(*Acertrurtcatum*)林、栓皮栎(*Quercus variabilis*)林、辽东栎(*Q. wutaishanica*)林等。

3.1.1.1 调查区域地理位置

混沟位于中条山主峰舜王坪的西南方向,地理坐标 111°54′03″—111°56′29″E、35°20′07″—35°23′10″N。混沟东、南、北三面环山,西面为深崖峡谷,东部最高点皇姑幔海拔 2143 m,相对高差约 1200 m,区域范围涉及 33 km²。

3.1.1.2 自然地理概况

1) 地质概况、地貌的形成及特征

该地区支沟众多,沟底狭窄且多弯曲,谷坡陡峭,这种地貌格局为暖温带原始森林的残留创造了有利条件。

2) 气候

混沟地区的气候属于暖温带大陆性季风气候,年降水量 600~700 mm,多集中在 7—9 月,年均温 9.9~11.5 ℃。

3) 土壤

沟谷底部的地带性土壤类型为褐土(海拔<1200 m),沿谷坡向山上依次出现山地棕壤(海拔 1200~1900 m)和山地草甸土(海拔>1900 m)等土壤类型。

3.1.2 调查概况

3.1.2.1 调查目标

物种数据尤其是草本植物数据的更新、森林植被特征的调查、生态环境保护成效数据的收集。

3.1.2.2 调查时间、路线和方法

1) 调查时间和路线

5 月 6 日至 7 日,后河水库至红岩河;

5 月 8 日,皇姑幔至卧牛场;

5 月 9 日,卧牛场至转林沟大本营;

5月10日至11日，大本营至七道梁和混沟底；

5月12日，转林沟大本营至后河水库。

2）调查对象和方法

(1)调查对象。植物调查范围包括被子植物、裸子植物、蕨类等维管植物，以主要保护对象、原生古树、珍稀濒危及国家重点保护植物为调查重点。调查指标主要包括植物种类组成及分布位置、植物地理区系、植被类型等。生态系统类型依据《中国植被》，根据群落建群种来确定。

(2)调查方法。植物区系的确定采用专家咨询和资料检索相结合的方法。植被类型的划分采用群落优势种直接观测和资料检索相结合的方法。植物调查首先在地形图与植被分布图上选设调查路线，进行样线调查，记载所见的植物群落与珍稀濒危种，并对有代表性的群落刺点，然后作群落样地与样方的详细调查(表3-1)。样地和样方的设置根据不同生境(阴坡、阳坡)、海拔梯度(每200 m一个梯度)、调查对象(乔、灌、草)和生态系统类型灵活选择，但必须遵守典型性、完整性和代表性的原则，样地面积不能小于群落最小面积。

表3-1 植物多样性调查方法

调查指标	调查方法
植物地理区系	专家咨询和资料检索法
植被类型	优势种直接观测和资料检索法
种类组成	样地和样方法
盖度	样地和样方法
优势种/建群种	样地和样方法

3.1.2.3 取得的阶段性成果

混沟地区为落叶阔叶林的典型代表，本次调查收集图片资料达6000余张；涉及维管植物448种，隶属于92科275属，其中蕨类植物5科8属9种，裸子植物2科3属5种，被子植物85科264属434种。草本植物246种，包括多年生草本223种、一年生草本23种；木本植物202种，包括乔木99种、灌木86种、木质藤本17种；蔷薇科40种，菊科27种，百合科25种，毛茛科21种，豆科17种，虎耳草科17种，伞形科13种，忍冬科13种，榆科12种，唇形科12种，卫矛科10种。发现的山西新记录7种：海桐叶白英(茄科)、斑赤飑(葫芦科)、花点草(荨麻科)、细小景天(景天科)、腥臭卫矛(卫矛科)，瓜子金(远志科)，小药八旦子(罂粟科)，其中前3种未曾公开发表；发现大规格的椤木(蔷薇科稠李属)、成片的川贝母(百合科)和还亮草(毛茛科)，发现连香树(连香树科)的幼苗、暖木(清风藤科)的小规格植株以及铁木(桦木科)的幼苗，珍稀植物自然更新有所提升，自然保护区保护成效得到见证。

3.2 植物区系多样性

3.2.1 植物区系的基本组成

3.2.1.1 蕨类植物

本次调查的蕨类植物有9种，隶属于5科8属，详见表3-2。

表 3-2 蕨类植物名录

科名	属名	种名
水龙骨科 Polypodiaceae	石韦属	石韦 *Pyrrosia lingua*
水龙骨科 Polypodiaceae	瓦韦属	网眼瓦韦 *Lepisorus clathratus*
中国蕨科 Sinopteridaceae	粉背蕨属	银粉背蕨 *Aleuritopteris argentea*
卷柏科 Selaginellaceae	卷柏属	垫状卷柏 *Selaginella pulvinata*
铁角蕨科 Aspleniaceae	铁角蕨属	铁角蕨 *Asplenium trichomanes*
鳞毛蕨科 Dryopteridaceae	贯众属	反曲贯众 *Cyrtomium recurvum*
鳞毛蕨科 Dryopteridaceae	鳞毛蕨属	粗茎鳞毛蕨 *Dryopteris crassirhizoma*
鳞毛蕨科 Dryopteridaceae	鳞毛蕨属	半岛鳞毛蕨 *Dryopteris peninsulae*
鳞毛蕨科 Dryopteridaceae	耳蕨属	鞭叶耳蕨 *Polystichum craspedosorum*

3.2.1.2 裸子植物

本次调查的裸子植物有5种，隶属于2科3属，分别是松科的松属和落叶松属及柏科的侧柏属（表3-3），其中华北落叶松（*Larix gmelinii* var. *principis-rupprechtii*）为人工造林物种。

表 3-3 裸子植物名录

科名	属名	种名
松科 Pinaceae	松属	油松 *Pinus tabuliformis*
松科 Pinaceae	松属	华山松 *Pinus armandii*
松科 Pinaceae	松属	白皮松 *Pinus bungeana*
松科 Pinaceae	落叶松属	华北落叶松 *Larix gmelinii* var. *principis-rupprechtii*
柏科 Cupressaceaee	侧柏属	侧柏 *Platycladus orientalis*

3.2.1.3 被子植物

本次调查的被子植物有434种，隶属于85科264属。按属数统计，含10属以上的有6科，占总科数的7.06%，占总属数的33.3%；含5~9属的有6科，占总科数的7.06%，占总属数的18.9%；含2~4属的有34科，占总科数的40%，占总属数的36.9%；1科1属的有23科，占总科数的27.06%，占总属数的9%（表3-4）。按物种数统计，含10种以上的有11科，依次为蔷薇科40种，菊科27种，百合科25种，毛茛科21种，豆科17种，虎耳草科17种，伞形科13种，忍冬科13种，榆科12种，唇形科12种，卫矛科10种，这11科所含物种207种，占被子植物总种数的47.69%；含5~9种的有18科，所含物种

113 种，占总种数的 26.04%；以上 29 科共计物种 321 种，占总种数的 73.9%，是本区被子植物基本成分，壳斗科、榆科、槭树科、豆科、木犀科(木樨科)和蔷薇科等一些种类是组成混沟原始森林植被的优势种或建群种；含 2~4 种的有 33 科，共计 90 种，占被子植物总科数的 38.8%，总种数的 20.7%；1 科 1 种的有 23 科，占总科数的 27.1%，总种数的 5.30%。

表 3-4 混沟地区野生种子植物科所含属种数目统计

科数	科(属数：种数)
≥10 属的科	蔷薇科(18：40)、百合科(16：14)、菊科(20：26)、毛茛科(10：21)、豆科(12：17)、伞形科(12：13)
5~9 属的科	唇形科(9：12)、禾本科(9：9)、虎耳草科(7：17)、鼠李科(5：8)、忍冬科(5：13)、十字花科(5：9)、石竹科(5：6)、玄参科(5：6)
2~4 属的科	榆科(4：12)、罂粟科(4：8)、木犀科(4：7)、荨麻科(4：5)、漆树科(4：5)、马鞭草科(4：4)、小檗科(3：4)、桦木科(4：8)、五加科(4：5)、葡萄科(3：4)、大戟科(3：4)、紫草科(3：4)、桑科(3：4)、茜草科(3：6)、蓼科(4：7)、报春花科(3：3)、卫矛科(2：10)、杨柳科(2：5)、山茱萸科(2：4)、松科(2：4)、鸢尾科(2：3)、景天科(2：3)、椴树科(2：3)、樟科(2：2)、芸香科(2：2)、天南星科(2：4)、萝藦科(2：5)、楝科(2：2)、苦木科(2：2)、莎草科(2：3)、茄科(2：4)、兰科(2：2)、败酱科(2：2)
1 属的科	八角枫科(1：1)、柏科(1：1)、车前科(1：1)、堇菜科(1：5)、桔梗科(1：2)、藜科(1：1)、柳叶菜科(1：2)、旋花科(1：2)、远志科(1：2)、川续断科(1：1)、猕猴桃科(1：2)、连香树科(1：1)、防己科(1：1)、凤仙花科(1：2)、葫芦科(1：2)、马兜铃科(1：1)、柿科(1：1)、薯蓣科(1：2)、无患子科(1：1)、紫葳科(1：2)、桑寄生科(1：1)、商陆科(1：1)、苦苣苔科(1：1)、木通科(1：1)、省沽油科(1：1)、野茉莉科(1：1)、清风藤科(1：2)、槭树科(1：5)、芍药科(1：1)、五福花科(1：1)、灯心草科(1：1)、胡桃科(1：2)、胡颓子科(1：1)、金缕梅科(1：1)、壳斗科(1：4)、鹿蹄草科(1：1)、牻牛儿苗科(1：3)、透骨草科(1：1)、五味子科(1：1)、杜鹃花科(1：1)

表 3-5 属内种的组成

属内种数	属数	占总属数的比例(%)	种数	占总种数的比例(%)
6~9	5	1.89	33	7.60
2~5	85	32.20	227	52.30
1	174	65.71	174	40.09
合计	264	100	434	100

3.2.2 植物科、属分布区类型及特征

3.2.2.1 科的分布区类型

根据吴征镒(1980，2006)对中国种子植物区系地理成分的划分，本次调查区域 87 科种子植物分布区可划分为 15 个类型。

世界分布型有 31 科，占总科数的 35.63%，如蔷薇科、十字花科、豆科、兰科、菊科、唇形科、景天科等。

热带分布型有 24 科，如大戟科、凤仙花科、葫芦科、葡萄科、柿科等。

东亚热带南美间断分布型有 5 科，如苦苣苔科、木通科、野茉莉科、省沽油科和五加科。

旧世界热带分布型仅有八角枫科。

热带亚洲至热带非洲分布型仅有杜鹃花科。

热带亚洲分布型有木犀科和清风藤科。

北温带分布型有 18 科，占总科数的 20.69%，其中北温带广布型有 5 科，如槭树科、五福花科、忍冬科等；北温带南温带间断分布型有 12 科，如金缕梅科、桦木科、罂粟科等；欧亚南美洲间断分布型有小檗科。

东亚北美间断分布型有 2 科，分别是透骨草科和五味子科。

3.2.2.2 属的分布区类型

根据吴征镒（1980，2006）对中国种子植物区系地理成分的划分，本次调查区域种子植物属分布区可划分为 15 个类型（表 3-6）。

表 3-6 属、种的分布区类型

分布区类型	属数	占总属数的比例(%)	种数	占总种数的比例(%)
1 世界分布	28	10.49	3	0.68
2 泛热带分布	16	5.99	0	0.00
3 热带亚洲和热带美洲间断分布	5	1.87	1	0.23
4 旧世界热带分布	8	3.00	1	0.23
5 热带亚洲至热带大洋洲分布	6	2.25	3	0.68
6 热带亚洲至热带非洲分布	3	1.12	0	0.00
7 热带亚洲分布	6	2.25	8	1.82
8 北温带分布	89	33.30	18	4.10
9 东亚和北美洲间断分布	29	10.86	1	0.23
10 旧世界温带分布	39	14.61	22	5.01
11 温带亚洲分布	8	3.00	94	21.41
12 地中海区、西亚至中亚分布	2	0.75	0	0.00
13 中亚分布	0	0.00	0	0.00
14 东亚分布	22	8.24	110	25.06
15 中国特有分布	6	2.25	178	40.55
合计	267	100	439	100

世界分布型共有 28 属，如鼠李属（*Rhamnus*）、卫矛属（*Euonymus*）、悬钩子属（*Rubus*）、铁线莲属（*Clematis*）、薹草属（*Carex*）和碎米荠属（*Cardamine*）等，为林下灌木层和草本层的主要成分。

热带分布型（2~7）共有 44 属，占总属数的 16.48%。其中，泛热带分布型比重较大，共计 16 属，占总属数的 5.99%，如柿属（*Diospyros*）、薯蓣属（*Dioscorea*）、牡荆属（*Vitex*）、大青属（*Clerodendrum*）、菝葜属（*Smilax*）、艾麻属（*Laportea*）等，是常绿阔叶林和南暖温带落叶阔叶林的常见种类，说明本区系的组成受泛热带分布区类型的强烈影响。旧世界热带分布型有8属，如合欢属（*Albizia*）、八角枫属（*Alangium*）、扁担杆属（*Grewia*），本类型是旧世界热带森林及次生林中普遍古老的成分，由此证明本区系和热带地区有一定的历史联系。其他热带分布型共20属，如苦木属（*Picrasma*）、吴茱萸属（*Evodia*）、木姜子属（*Litsea*）、野茉莉属（*Styrax*）、构属（*Broussonetia*）等，虽然它们与本区有一定联系，但其影响十分有限。

温带分布型（8~11）共有165属，占总属数的61.80%，是混沟原始森林地区种子植物的主要地理成分。其中北温带分布型最多，有89属，占总属数的33.33%，主要乔木属有松属（*Pinus*）、胡桃属（*Juglans*）、桦木属（*Betula*）、槭属（*Acer*）、鹅耳枥属（*Carpinus*）、栎属（*Quercus*）、梾木属（*Swida*）、稠李属（*Padus*）、榆属（*Ulmus*）、椴属（*Tilia*）、桑属（*Morus*）等，是混沟地区森林植被的建群种或重要组成成分；灌木属主要有小檗属（*Berberis*）、胡枝子属（*Lespedeza*）、黄栌属（*Cotinus*）、茶藨子属（*Ribes*）、荚蒾属（*Viburnum*）、绣线菊属（*Spiraea*）、栒子属（*Cotoneaster*）、丁香属（*Syringa*）等，是混沟地区森林植被灌木层和山地落叶灌丛群落的主要优势成分或建群种；草本属有菊属（*Dendranthema*）、委陵菜属（*Potentilla*）、紫堇属（*Corydalis*）、唐松草属（*Thalictrum*）、耧斗菜属（*Aquilegia*）、乌头属（*Aconitum*）、景天属（*Sedum*）、山萮菜属（*Eutrema*）、糙苏属（*Phlomis*）、荨麻属（*Urtica*）、孩儿参属（*Pseudostellaria*）、蝇子草属（*Silene*）等，是混沟地区森林植被和山地落叶灌丛群落草本层的主要优势成分。旧世界温带分布型有39属，如梨属（*Pyrus*）、榉属（*Zelkova*）、贝母属（*Fritillaria*）、峨参属（*Anthriscus*）、萱草属（*Hemerocallis*）、沙参属（*Adenophora*）等。东亚和北美洲间断分布型有29属，如漆树属（*Toxicodendron*）、流苏树属（*Chionanthus*）、楤木属（*Aralia*）、溲疏属（*Deutzia*）、珍珠梅属（*Sorbaria*）、勾儿茶属（*Berchemia*）、蛇葡萄属（*Ampelopsis*）、落新妇属（*Astilbe*）、大丁草属（*Leibnitzia*）、头蕊兰属（*Cephalanthera*）等。温带亚洲分布型有8属，如白鹃梅属（*Exochorda*）、锦鸡儿属（*Caragana*）、大黄属（*Rheum*）、附地菜属（*Trigonotis*）、诸葛菜属（*Orychophragmus*）等。上述四类分布（8~11）对本区系的影响具有主要作用。

地中海、西亚至中亚分布型仅有2属，即黄连木属（*Pistacia*）和漏芦属（*Stemmacantha*）。

本区系东亚分布型有22属，占总属数的8.24%，其中不乏古老、孑遗成分，在混沟地区森林植被中具有重要地位，常见的有侧柏属（*Platycladus*）、连香树属（*Cercidiphyllum*）、枳椇属（*Hovenia*）、四照花属（*Dendrobenthamia*）、猕猴桃属（*Actinidia*）、帚菊属（*Pertya*）、大百合属（*Cardiocrinum*）、荷青花属（*Hylomecon*）等。

中国特有分布型有6属，占总属数的2.25%，主要有山白树属（*Sinowilsonia*）、青檀属（*Pteroceltis*）、栾树属（*Koelreuteria*）、五加属（*Acanthopanax*）、车前紫草属（*Sinojohnstonia*）等，多为起源古老的单型属。

3.2.3 植物种分布区类型及特征

按王荷生等关于华北地区种子植物种的区系地理划分方法，将混沟森林地区的439种种子植物划分为15个分布区类型（表3-6）。种数最多的地理成分是中国特有成分，其次是温带亚洲成分和东亚成分，这三类分布组成混沟地区森林植被乔灌草植物的主体。

各类热带分布型(2~7)共有 13 种，占总种数的 2.96%，常见的种有牛奶子(*Elaeagnus umbellata*)、盐肤木(*Rhus chinensis*)、鸡矢藤(*Paederia scandens*)、苦楝(*Melia azedarach*)。

各种温带分布型(8~11)共有 135 种，占总种数的 30.75%，是该植物区系中比较丰富的成分。其中，温带亚洲分布型最多，有 94 种，比较常见的有茶条槭(*Acer ginnala*)、五角枫(*A. pictum* subsp. *mono*)、暴马丁香(*Syringa reticulate* subsp. *amurensis*)、裂叶榆(*Ulmus laciniata*)、漆树(*Toxicodendron vernicifluum*)、刺五加(*Acanthopanax senticosus*)、山杏(*Armeniaca sibirica*)、灰栒子(*Cotoneaster acutifolius*)、三裂绣线菊(*Spiraea trilobata*)、鸡树条荚蒾(*Viburnum opulus* var. *calvescens*)、附地菜(*Trigonotis peduncularis*)、荷青花(*Hylomecon japonica*)、二月兰(*Orychophragmus violaceus*)、香薷(*Elsholtzia ciliata*)等。

东亚分布型共有 110 种，占总种数的 25.06%，是组成混沟地区森林植被的主要成分和建群种，如侧柏(*Platycladus orientalis*)、辽东栎、栓皮栎、鹅耳枥、白蜡(*Fraxinus chinensis*)、连香树(*Cercidiphyllum japonicum*)、黄连木(*Pistacia chinensis*)、小叶朴(*Celtis bungeana*)、南蛇藤(*Celastrus orbiculatus*)、软枣猕猴桃(*Actinidia arguta*)、大叶铁线莲(*Clematis heracleifolia*)等。东亚和北美洲间断分布型如蝙蝠葛(*Menispermum dauricum*)、五味子(*Schisandra chinensis*)等。

3.2.4 特有种与珍稀濒危植物

3.2.4.1 特有种

中国特有分布型有 178 种，占总种数的 40.55%，依据各植物种的地理分布，同时参考地貌气候因素，并分析分布亚区之间区系成分的联系，将中国特有种分布划分为 10 个亚型(表 3-7)，它们是本植物区系最主要的组成部分。

表 3-7 混沟地区中国特有种的分布亚型

分布亚型	种数	占总种数的比例(%)
15 中国广布	13	2.96
15-1 东北—华北	5	1.14
15-2 东北—华东	2	0.46
15-3 华北	18	4.10
15-4 西北—华北—东北	25	5.69
15-5 西南—西北—华北	26	5.92
15-6 西南—江南—华北	61	13.90
15-7 西南—西北、江南—华北	14	3.19
15-8 华中—华北	12	2.73
15-9 江南—华北	2	0.46

西南—江南—华北、西南—西北—华北、西北—华北—东北和华北 4 个分布亚型的种类比较丰富，共计 130 种，占混沟地区植被中国特有种总数的 73.03%，表明该区系在种水平上除具有华北暖温带山地种子植物区系的特征外，还表现出南北交错和东西汇集的过渡特征。

华北(15-3)分布亚型有 18 种，占中国特有种分布的 10.11%，常见的有白皮松(*Pinus bungeana*)、脱皮榆(*Ulmus lamellosa*)、细叶百合(*Lilium pumilum*)等。

东北—华北(15-1)类亚有 5 种,占中国特有种分布的 2.81%,如岩生报春(*Primula saxatilis*)、五味子(*Schisandra chinensis*)等。

西南—江南—华北(15-6)分布亚型有 61 种,占中国特有种分布的 34.27%,常见的有糙苏(*Phlomis umbrosa*)、青檀(*Pteroceltis tatarinowii*)、栾树、野芝麻(*Lamium barbatum*)、本氏木蓝(*Indigofera bungeana*)、接骨木(*Sambucus williamsii*)、桦叶荚蒾(*Viburnum betulifolium*)等。

西南—西北—华北(15-5)分布亚型有 26 种,占中国特有种分布的 14.61%,如东陵绣球(*Hydrangea bretschneideri*)、粘毛忍冬(*Lonicera fargesii*)、紫花碎米荠(*Cardamine tangutorum*)、勾儿茶(*Berchemia sinica*)等。

西北—华北—东北(15-4)分布亚型有 25 种,占中国特有种分布的 14.04%,如油松(*Pinus tabuliformis*)、大花溲疏(*Deutzia grandiflora*)、木香薷(*Elsholtzia stauntonii*)、华北珍珠梅(*Sorbaria kirilowii*)等。

江南—华北(15-9)分布亚型仅有梨属的两种,占中国特有种分布的 1.12%。

3.2.4.2 珍稀濒危植物

(1)国家重点保护植物。混沟地区分布的国家重点保护植物有连香树、软枣猕猴桃、荞麦叶大百合、川贝母(*Fritillaria cirrhosa*)。

(2)省级重点保护植物。混沟地区分布的山西省重点保护植物有脱皮榆、兴山榆(*Ulmus bergmanniana*)、裂叶榆、榉树(*Zelkova serrata*)、青檀、铁木、山白树、暖木(*Meliosma veitchiorum*)、枳椇、四照花、老鸹铃、太白杨(*Populus purdomii*)、流苏树、水榆花楸(*Sorbus alnifolia*)、漆树、楤木、山橿(*Lindera reflexa*)、刺五加、窄叶紫珠、海州常山、省沽油、照山白、穿龙薯蓣等近 30 种。

3.2.4.3 新记录物种

本次调查发现的新记录物种有 8 种:花点草(荨麻科)、斑赤瓟(葫芦科)、海桐叶白英(茄科)、细小景天(景天科)、腥臭卫矛(卫矛科)、瓜子金(远志科)、小药八旦子(罂粟科),其中前 3 种未曾公开发表;另外发现了蔷薇科稠李属大规格的椭木。

1)花点草(图 3-1)

Nanocnide japonica Bl. Mus. Bot. Lugd. -Bat. 2:155, t. 17. 1856;中国高等植物图鉴 1:506,图 1011. 1972;秦岭植物志 1(2):103,图 87. 1974;*N. dichotoma* Chien in Contr. Biol. Lab. Sci. Soc. China 9(2):142, f. 16. 1934.

图 3-1 花点草

多年生小草本。茎直立，自基部分枝，下部多少匍匐，高 10~25（~45）cm，常半透明，黄绿色，有时上部带紫色，被向上倾斜的微硬毛。叶三角状卵形或近扇形，先端钝圆，基部宽楔形、圆形或近截形，边缘每边具 4~7 枚圆齿或粗牙齿，茎下部的叶较小，扇形或三角形，基部截形或浅心形，上面翠绿色，疏生紧贴的小刺毛，下面浅绿色，有时带紫色，疏生短柔毛，钟乳体短杆状，两面均明显，基出脉 3~5 条，次级脉与细脉呈二叉状分枝；茎下部的叶柄较长；托叶膜质，宽卵形，具缘毛。雄花序为多回二歧聚伞花序，生于枝的顶部叶腋，疏松，具长梗，长过叶，花序梗被向上倾斜的毛；雌花序密集成团伞花序，具短梗。雄花具梗，紫红色；花被 5 深裂，裂片卵形，背面近中部有横向的鸡冠状突起物，其上缘生长毛；雄蕊 5 枚；退化雌蕊宽倒卵形。雌花花被绿色，不等 4 深裂，外面一对生于雌蕊的背腹面，较大，倒卵状船形，稍长于子房，具龙骨状突起，先端有 1~2 根透明长刺毛，背面和边缘疏生短毛；内面一对裂片，生于雌蕊的两侧，长倒卵形，较窄小，顶生一根透明长刺毛。瘦果卵形，黄褐色，有疣点状突起。花期 4—5 月，果期 6—7 月。

产于山西南部（中条山混沟）、台湾、福建、浙江、江苏、安徽、江西、湖北、湖南、贵州、云南东部、四川、陕西和甘肃。生于海拔 100~1600 m 的山谷林下和石缝阴湿处，日本和朝鲜也有分布。

标本采集信息：后河水库周边，2019 年 5 月 12 日，111°52′32.5239″E、35°21′55.9584″N，海拔 707 m。

2）斑赤瓟（图 3-2）

Thladiantha maculata Cogn. in Engl., Pflanzenr. 66（IV. 275. 1）: 49. 1916.

草质藤本；根块状。茎、枝细弱，有棱，疏被微柔毛或近无毛。叶柄细，疏被微柔毛；叶片膜质，宽卵状心形，先端短渐尖，基部心形，弯缺张开，半圆形，基部叶脉沿叶基弯缺向外展开，边缘有胼胝质小齿或有不等大的三角形小锯齿，叶面深绿色，被短刚毛后断裂成疣状突起，叶背色浅，疏生短柔毛。卷须纤细，单一，近无毛或有极稀疏短柔毛。雌雄异株。雄花序总状，一般仅具 3~6（~8）朵花，花序轴细柔，仅有稀疏短柔毛，长 3~4 cm。雄花：花梗纤细，光滑；花萼筒宽钟形，裂片窄三角状披针形，被微柔毛，在先端常有稀疏刚毛，先端渐尖，具 3 脉；花冠黄色，裂片卵形，先端急尖或短渐尖，上部和边缘多暗黄色的疣状腺点，具 5 脉；雄蕊 5，花丝稍粗，上部渐狭，有极短的柔毛；

图 3-2　斑赤瓟

退化蕊半球形。雌花：单生，花梗纤细，有短柔毛；花萼裂片线状钻形，有微柔毛和极稀疏刚毛；花冠裂片同雄花；子房长圆形或狭纺锤形，密被灰黄色柔毛，基部近截形，顶端喙状渐狭，花柱稍粗，在 3 mm 处分 3 叉，柱头膨大，圆肾形，2 裂。果梗稍粗壮，有微柔毛，后变近无毛；果实纺锤形，橘红色，基部渐狭，顶端渐尖，喙状，果皮较平滑，近无毛或有不明显的微柔毛。种子窄卵形，两面明显隆起，凸透镜状，平滑。花期 5—8 月，果期 10 月。

产于山西南部、湖北西部和河南。生于海拔 570~1800 m 的沟谷和林下。

标本采集信息：2019 年 5 月 11 日，转林沟，111°53′40.9084″E、35°13′13.3232″N，海拔 893 m。

3) 海桐叶白英 *Solanum pittosporifolium* Hemsl. (图 3-3)

直立草本或灌木状，茎具棱角，被白色具节弯卷的短柔毛至近于无毛。叶互生，卵形，叶不羽状分裂，少数边缘具不规则的齿裂。两面均疏被短柔毛，在中脉，侧脉及边缘上较密；叶柄被有与茎相似的毛被。二歧聚伞花序，顶生或腋外生，总花梗长约 1~2.5 cm，具微柔毛或近无毛，花梗纤细；萼小，杯状，外面被疏柔毛，5 裂，萼齿三角形；花冠青紫色，花冠筒隐于萼内，冠檐先端深 5 裂，裂片长圆形，开放时常向外反折；子房卵形，花柱丝状，柱头头状，绿色。浆果近球状，熟时红色；种子扁圆形。花期夏秋间，果熟期秋末冬初。

图 3-3　海桐叶白英

产于山西南部（中条山混沟）、河北、河南、山西、陕西、甘肃等地，海拔 620~900 m。

标本采集信息：2019 年 5 月 6 日，111°52′2.685″E、35°21′27.9082″N，海拔 679 m。

4) 椿木 (图 3-4)

Padus buergeriana (Miq.) Yu et Ku；*Prunus berergeriana* Miquel in Ann. Mus. Bot. Lugd. -Bat. 2：92. 1865.；*Laurocerasus buergeriana* Schneid. Ill. Handb. Laubh. 1：646. 1906.；*Prunus venosa* Koehne in Sarg. Pl. Wils. 1：60. 1911.；*Prunus buergeriana* Miquel var. *nudiuscula* Koehne in Sarg. Pl. Wils. 1：60. 1911. pro syn. nov.；*Prunus undulata* Ham. f. *venosa* Koehne in Engler, Bot. Jahrb. 52：285. 1915.

图 3-4　樱　木

　　落叶乔木，高 6~12 m，稀达 25 m；老枝黑褐色；小枝红褐色或灰褐色，通常无毛；冬芽卵圆形，通常无毛。叶片椭圆形或长圆椭圆形，稀倒卵椭圆形，长 4~10 cm，宽 2.5~5 cm，先端尾状渐尖或短渐尖，基部圆形、宽楔形，偶有楔形，边缘有贴生锐锯齿，上面深绿色，下面淡绿色，两面无毛；叶柄长 1~1.5 cm，通常无毛，无腺体，有时在叶片基部边缘两侧各有 1 个腺体；托叶膜质，线形，先端渐尖，边缘有腺齿，早落。总状花序具多花，通常 20~30 朵，基部无叶；花梗长约 2 mm，总花梗和花梗近无毛或被疏短柔毛；花萼筒钟状，与萼片近等长；萼片三角状卵形，萼筒和萼片外面近无毛或有稀疏短柔毛；花瓣白色，先端啮蚀状，基部楔形，有短爪，着生在萼筒边缘；雄蕊 10，着生在花盘边缘；子房无毛。核果近球形或卵球形，黑褐色，无毛；果梗无毛；萼片宿存。花期 4—6 月，果期 6—10 月。

　　产于山西南部、甘肃、陕西、河南、安徽、江苏、浙江、江西、广西、湖南、湖北、四川、贵州等地。生于海拔 890~2800 m 的高山密林中、山坡阳处疏林中、山谷斜坡或路旁空旷地。日本和朝鲜也有分布。

　　标本采集信息：转林沟，2019 年 5 月 10 日，111°54′51.3104″E、35°22′33.0155″N，海拔 1064 m；2019 年 5 月 11 日，111°53′38.6236″E、35°22′11.3647″N，海拔 899 m。

3.2.4.4　混沟作为华北地区分布北界的物种

　　连香树、榉树、兴山榆、樱木、暖木、山櫍、斑赤飑、还亮草(*Delphinium anthriscifolium*)(图 3-5)、川贝母(图 3-6)、细小景天(*Sedum subtile*)、花点草、短蕊车前草(*Sinojohnstonia moupinensis*)(图 3-7)、浙赣车前紫草(*Sinojohnstonia chekiangensis*)(图 3-8)，这些物种仅在山西南部中条山区域有分布，混沟是其分布范围的北界，建议进行有效的保护和合理利用。

图 3-5　还亮草

图 3-6　川贝母

图 3-7　短蕊车前草

图 3-8　浙赣车前紫草

3.2.5　植物生活型多样性及特征

一个地区的生活型谱可用以反映该地区的气候特征。研究生活型在不同条件下的变化，对引种工作也有意义。丹麦植物生态学家劳恩凯尔（C. Raunkiaer）将植物生活型分为高位芽植物、地上芽植物、地面芽植物、地下芽植物以及一年生植物等五大植物生活型类群。

本次调查的混沟地区维管植物种数达 448 种（表 3-8），有草本植物 246 种，其中多年生草本 223 种，一年生草本 23 种；木本植物有 202 种，其中灌木 86 种，乔木 99 种，木质藤本 17 种。

高位芽植物种数最多，有 209 种，均为木本植物，占总种数的 46.65%；其次为地下芽植物，有 200 种，占总种数的 44.64%；地上芽植物有 4 种，地面芽植物和一年生植物分别为 13 种和 22 种。

高位芽植物种数多、占比大，反映了混沟地区由于地质作用形成的封闭小环境温暖湿润，有利于高大植物生存发育。

3.2.6　植物生态类型多样性

根据植物对水分和光照强度的需求及其生存环境的特点，将混沟地区维管植物分为 5 种类型，即旱生植物、阴生植物、中生植物、湿生植物和水生植物等五大类。即混沟地区 448 种植物中，旱生植物种数最多，有 253 种，如辽东栎、酸枣等，集中分布在阳坡，占总种数的 56.47%；其次为中生植物，有 125 种，如五角枫、枳椇等，占总种数的 27.90%；阴生植物有 64 种，如紫花碎米荠、紫堇属植物等；湿生植物和水生植物分别为 5 种和 2 种。

3.2.7　植物物种多样性

本次调查发现连香树的幼苗（111°55′37.59″E、35°22′1.7106″N，海拔 1640 m，图 3-9）、

暖木的小规格植株以及铁木的幼苗，山白树等物种的自然更新有所提升，自然保护区保护成效得到见证。

图 3-9 连香树的幼苗

表 3-8 混沟地区维管植物名录

植物中文名	植物学名	备注
一、蕨类植物		
（一）卷柏科	Selaginellaceae	
1. 卷柏属	*Selaginella*	
（1）垫状卷柏	*Selaginella pulvinata*	
（二）鳞毛蕨科	Dryopteridaceae	
2. 贯众属	*Cyrtomium*	
（2）反曲贯众	*Cyrtomium recurvum*	
3. 鳞毛蕨属	*Dryopteris*	
（3）粗茎鳞毛蕨	*Dryopteris crassirhizoma*	
（4）半岛鳞毛蕨	*Dryopteris peninsulae*	
4. 耳蕨属	*Polystichum*	
（5）鞭叶耳蕨	*Polystichum craspedosorum*	
（三）水龙骨科	Polypodiaceae	
5. 石韦属	*Pyrrosia*	
（6）石韦	*Pyrrosia lingua*	
6. 瓦韦属	*Lepisorus*	
（7）网眼瓦韦	*Lepisorus clathratus*	
（四）铁角蕨科	Aspleniaceae	
7. 铁角蕨属	*Asplenium*	

（续）

植物中文名	植物学名	备注
（8）铁角蕨	*Asplenium trichomanes*	
（五）中国蕨科	Sinopteridaceae	
8. 粉背蕨属	*Aleuritopteris*	
（9）银粉背蕨	*Aleuritopteris argentea*	
二、裸子植物门 GYMNOSPERMAE		
（一）松科	Pinaceae	
1. 松属	*Pinus*	
（1）白皮松	*Pinus bungeana*	
（2）油松	*Pinus tabulaeformis*	
（3）华山松	*Pinus armandii*	
2. 落叶松属	*Larix*	
（4）华北落叶松	*Larix gmelinii* var. *principis-rupprechtii*	人工林
（二）柏科	Cupressaceae	
3. 侧柏属	*Platycladus*	
（5）侧柏	*Platycladus orientalis*	
三、被子植物门 ANGIOSPERMAE		
（一）杨柳科	Salicaceae	
1. 杨属	*Populus*	
（1）小叶杨	*Populus simonii*	
（2）太白杨	*Populus purdomii*	
2. 柳属	*Salix*	
（3）河北柳	*Salix taishanensis* var. *hebeinica*	
（4）皂柳	*Salix wallichiana*	
（5）中国黄花柳	*Salix sinica*	
（二）胡桃科	Juglandaceae	
3. 胡桃属	*Juglans*	
（6）胡桃楸	*Juglans mandshurica*	
（7）核桃	*Juglans regia*	
（三）桦木科	Betulaceae	
4. 桦木属	*Betula*	
（8）棘皮桦（黑桦）	*Betula dahurica*	
（9）白桦	*Betula platyphylla*	
（10）红桦	*Betula albosinensis*	
5. 铁木属	*Ostrya*	

(续)

植物中文名	植物学名	备注
（11）铁木	*Ostrya japonica*	
6. 鹅耳枥属	*Carpinus*	
（12）千金榆	*Carpinus cordata*	
（13）鹅耳枥	*Carpinus turczaninowii*	
（14）小叶鹅耳枥	*Carpinus stipulata*	
7. 虎榛子属	*Ostryopsis*	
（15）虎榛子	*Ostryopsis davidiana*	
（四）壳斗科	Fagaceae	
8. 栎属	*Quercus*	
（16）槲栎	*Quercus aliena*	
（17）尖齿槲栎	*Quercus aliena* var. *acuteserrata*	
（18）辽东栎	*Quercus wutaishanica*	
（19）栓皮栎	*Quercus variabilis*	
（五）榆科	Ulmaceae	
9. 朴属	*Celtis*	APG 系统为大麻科
（20）黑弹树	*Celtis bungeana*	
（21）大叶朴	*Celtis koraiensis*	
10. 榆属	*Ulmus*	
（22）春榆	*Ulmus japonica*	
（23）白榆	*Ulmus pumila*	
（24）大果榆	*Ulmus macrocarpa*	
（25）裂叶榆	*Ulmus laciniata*	
（26）黑榆	*Ulmus davidiana*	
（27）兴山榆	*Ulmus bergmanniana*	
（28）脱皮榆	*Ulmus lamellose*	
11. 榉属	*Zelkova*	
（29）大果榉	*Zelkova sinica*	
（30）榉树	*Zelkova serrata*	
12. 青檀属	*Pteroceltis*	APG 系统为大麻科
（31）青檀	*Pteroceltis tatarinowii*	
（六）桑科	Moraceae	
13. 构属	*Broussonetia*	
（32）构树	*Broussonetia papyrifera*	
14. 桑属	*Morus*	

(续)

植物中文名	植物学名	备注
（33）山桑	*Morus mongolica* var. *diabolica*	
（34）蒙桑	*Morus mongolica*	
15. 葎草属	*Humulus*	
（35）葎草	*Humulus scandens*	
（七）荨麻科	Urticaceae	
16. 荨麻属	*Urtica*	
（36）狭叶荨麻	*Urtica angustifolia*	
（37）宽叶荨麻	*Urtica laetevirens*	
17. 艾麻属	*Laportea*	
（38）艾麻	*Laportea cuspidata*	
18. 花点草属	*Nanocnide*	
（39）花点草	*Nanocnide japonica*	
19. 苎麻属	*Boehmeria*	
（40）序叶苎麻	*Boehmeria clidemioides* var. *diffusa*	
（八）桑寄生科	Loranthaceae	
20. 桑寄生属	*Loranthus*	
（41）北桑寄生	*Loranthus tanakae*	
（九）马兜铃科	Aristolochiaceae	
21. 马兜铃属	*Aristolochia*	
（42）关木通	*Aristolochia arborea*	
（十）蓼科	Polygonaceae	
22. 蓼属	*Polygonum*	
（43）拳蓼	*Polygonum bistorta*	
（44）支柱蓼	*Polygonum suffultum*	
（45）酸模叶蓼	*Polygonum lapathifolium*	
（46）尼泊尔蓼	*Polygonum nepalense*	
23. 大黄属	*Rheum*	
（47）华北大黄	*Rheum franzenbachii*	
24. 何首乌属	*Fallopia*	
（48）何首乌	*Fallopia multiflora*	
25. 酸模属	*Rumex*	
（49）酸模	*Rumex acetosa*	
（十一）藜科	Chenopodiaceae	APG 系统为苋科
26. 藜属	*Chenopodium*	

(续)

植物中文名	植物学名	备注
（50）藜	*Chenopodium album*	
（十二）商陆科	Phytolaccaceae	
27. 商陆属	*Phytolacca*	
（51）商陆	*Phytolacca acinosa*	
（十三）石竹科	Caryophyllaceae	
28. 孩儿参属	*Pseudostellaria*	
（52）蔓假繁缕	*Pseudostellaria davidii*	
29. 蝇子草属	*Silene*	
（53）旱麦瓶草	*Silene jenisseensis*	
（54）女娄菜	*Silene aprica*	
30. 石竹属	*Dianthus*	
（55）石竹	*Dianthus chinensis*	
31. 石头花属	*Gypsophia Gypsophila*	
（56）长蕊石头花（银柴胡）	*Gypsophia oldhamiana*	
32. 鹅肠菜属	*Myosoton*	
（57）牛繁缕	*Myosoton aquaticum*	
（十四）连香树科	Cercidiphyllaceae	
33. 连香树属	*Cercidiphyllum*	
（58）连香树	*Cercidiphyllum japonicum*	
（十五）毛茛科	Ranunculaceae	
34. 唐松草属	*Thalictrum*	
（59）贝加尔唐松草	*Thalictrum baicalense*	
（60）长喙唐松草	*Thalictrum macrorhynchum*	
（61）瓣蕊唐松草	*Thalictrum petaloideum*	
（62）唐松草	*Thalictrum aquilegiifolium* var. *sibiricum*	
35. 银莲花属	*Anemone*	
（63）九节菖蒲	*Anemone altaica*	
36. 升麻属	*Cimicifuga*	
（64）升麻	*Cimicifuga foetida*	
（65）小升麻	*Cimicifuga japonica*	
37. 乌头属	*Aconitum*	
（66）高乌头	*Aconitum sinomontanum*	
（67）牛扁	*Aconitum barbatum* var. *puberulum*	
（68）川鄂乌头	*Aconitum henryi*	

(续)

植物中文名	植物学名	备注
(79)北乌头	*Aconitum kusnezoffi*	
38. 铁线莲属	*Clematis*	
(70)粗齿铁线莲	*Clematis florida*	
(71)大叶铁线莲	*Clematis heracleifolia*	
(72)棉团铁线莲	*Clematis hexapetala*	
(73)太行铁线莲	*Clematis kirilowii*	
(74)长瓣铁线莲	*Clematis macropetala*	
39. 耧斗菜属	*Aquilegia*	
(75)华北耧斗菜	*Aquilegia yabeana*	
40. 白头翁属	*Pulsatilla*	
(76)白头翁	*Pulsatilla chinensis*	
41. 毛茛属	*Ranunculus*	
(77)茴茴蒜	*Ranunculus chinensis*	
42. 翠雀属	*Delphinium*	
(78)还亮草	*Delphinium anthriscifolium*	
43. 类叶升麻属	*Actaea*	
(79)类叶升麻	*Actaea asiatica*	
(十六)芍药科	Paeoniaceae	
44. 芍药属	*Paeonia*	
(80)山芍药(草芍药)	*Paeonia obovata*	
(81)毛叶芍药	*Paeonia obovata* var. *willmottiae*	
(十七)木通科	Lardizabalaceae	
45. 木通属	*Akebia*	
(82)三叶木通	*Akebia trifoliate*	
(十八)小檗科	Berberidaceae	
46. 淫羊藿属	*Epimedium*	
(83)淫羊藿	*Epimedium brevicornu*	
47. 小檗属	*Berberis*	
(84)黄芦木	*Berberis amurensis*	
(85)直穗小檗	*Berberis dasystachya*	
48. 类叶牡丹属	*Caulophyllum*	
(86)类叶牡丹	*Caulophyllum robustum*	
(十九)五味子科	Schisandraceae	
49. 五味子属	*Schisandra*	

(续)

植物中文名	植物学名	备注
(87)五味子	*Schisandra chinensis*	
(二十)樟科	Lauraceae	
50. 木姜子属	*Litsea*	
(88)木姜子	*Litsea pungens*	
51. 山胡椒属	*Lindera*	
(89)山橿	*Lindera reflexa*	
(二十一)防己科	Menispermaceae	
52. 蝙蝠葛属	*Menispermum*	
(90)蝙蝠葛	*Menispermum dauricum*	
(二十二)罂粟科	Papaveraceae	
53. 白屈菜属	*Chelidonium*	
(91)白屈菜	*Chelidonium majus*	
54. 紫堇属	*Corydalis*	
(92)紫堇	*Corydalis edulis*	
(93)刻叶紫堇	*Corydalis incise*	
(94)小药八旦子	*Corydalis caudate*	
(95)黄堇	*Corydalis pallida*	
(96)河北黄堇	*Corydalis speciosa*	
55. 荷青花属	*Hylomecon*	
(97)荷青花	*Hylomecon japonica*	
56. 博落回属	*Macleaya*	
(98)博落回	*Macleaya cordata*	
(二十三)十字花科	Cruciferae	
57. 山嵛菜属	*Eutrema*	
(99)山嵛菜(山葵)	*Eutrema yunnanense*	
58. 碎米荠属	*Cardamine*	
(100)白花碎米荠	*Cardamine tangutorum*	
(101)弹裂碎米荠	*Cardamine impatiens*	
(102)大叶碎米荠	*Cardamine macrophylla*	
(103)裸茎碎米荠	*Cardamine scaposa*	
(104)紫花碎米荠	*Cardamine tangutorum*	
59. 诸葛菜属	*Orychophragmus*	
(105)二月兰(诸葛菜)	*Orychophragmus violaceus*	
60. 南芥属	*Arabis*	

（续）

植物中文名	植物学名	备注
（106）硬毛南芥	Arabis hirsuta	
61. 葶苈属	Draba	
（107）葶苈	Draba nemorosa	
（二十四）景天科	Crassulaceae	
62. 景天属	Sedum	
（108）细小景天	Sedum subtile	
（109）三七景天	Sedum aizoon	
63. 八宝属	Hylotelephium	
（110）轮叶八宝	Hylotelephium verticillatum	
（二十五）虎耳草科	Saxifragaceae	
64. 虎耳草属	Saxifraga	
（111）球茎虎耳草	Saxifraga sibirica	
65. 山梅花属	Philadelphus	APG 系统为绣球科
（112）毛萼太平花	Philadelphus pekinensis var. dasycalyx	
（113）太平花	Philadelphus pekinensis	
（114）山梅花	Philadelphus incanus	
66. 绣球属	Hydrangea	APG 系统为绣球科
（115）东陵绣球(东陵八仙花)	Hydrangea bretschneideri	
67. 溲疏属	Deutzia	APG 系统为绣球科
（116）大花溲疏	Deutzia grandiflora	
（117）钩齿溲疏	Deutzia hamata	
（118）小花溲疏	Deutzia parviflora	
68. 落新妇属	Astilbe	
（119）落新妇	Astilbe chinensis	
69. 金腰属	Chrysosplenium	
（120）中华金腰	Chrysosplenium sinicum	
（121）柔毛金腰	Chrysosplenium pilosum var. valdepilosum	
70. 茶藨子属	Ribes	APG 系统为茶藨子科
（122）刺果茶藨子	Ribes burejense	
（123）东北茶藨子	Ribes mandshuricum	
（124）冰川茶藨子	Ribes glaciale	
（125）华茶藨子	Ribes fasciculatum var. chinense	
（126）腺毛茶藨子	Ribes giraldii	
（127）瘤糖茶藨子	Ribes himalense var. verruculosum	

(续)

植物中文名	植物学名	备注
(二十六)金缕梅科	Hamamelidaceae	
71. 山白树属	*Sinowilsonia*	
(128)山白树	*Sinowilsonia henryi*	
(二十七)蔷薇科	Rosaceae	
72. 绣线菊属	*Spiraea*	
(129)土庄绣线菊	*Spiraea pubescens*	
(130)绢毛绣线菊	*Spiraea sericea*	
(131)三裂绣线菊	*Spiraea trilobata*	
73. 枸子属	*Cotoneaster*	
(132)灰枸子	*Cotoneaster acutifolius*	
(133)水枸子	*Cotoneaster multiflorus*	
(134)毛叶水枸子	*Cotoneaster submultiflorus*	
74. 山楂属	*Crataegus*	
(135)甘肃山楂	*Crataegus kansuensis*	
(136)山楂	*Crataegus pinnatifida*	
75. 梨属	*Pyrus*	
(137)木梨	*Pyrus xerophila*	
(138)杜梨	*Pyrus betulifolia*	
(139)豆梨	*Pyrus calleryana*	
76. 苹果属	*Malus*	
(140)河南海棠	*Malus honanensis*	
(141)湖北海棠	*Malus hupehensis*	
77. 悬钩子属	*Rubus*	
(142)牛叠肚	*Rubus crataegifolius*	
(143)茅莓	*Rubus parvifolius*	
(144)喜阴悬钩子	*Rubus mesogaeus*	
(145)弓茎悬钩子	*Rubus flosculosus*	又名山挂牌条
(146)香莓	*Rubus pungens* var. *oldhamii*	
78. 委陵菜属	*Potentilla*	
(147)匍匐委陵菜	*Potentilla reptans*	
(148)莓叶委陵菜	*Potentilla fragarioides*	
(149)委陵菜	*Potentilla chinensis*	
79. 蛇莓属	*Duchesnea*	
(150)蛇莓	*Duchesnea indica*	

(续)

植物中文名	植物学名	备注
80. 蔷薇属	*Rosa*	
（151）美蔷薇	*Rosa bella*	
（152）钝叶蔷薇	*Rosa sertata*	
（153）野蔷薇	*Rosa multiflora*	
（154）黄刺玫	*Rosa xanthina*	
81. 樱属	*Cerasus*	
（155）微毛樱桃	*Cerasus clarofolia*	
（156）长腺樱桃	*Cerasus dolichadenia*	
（157）毛樱桃	*Cerasus tomentosa*	
82. 桃属	*Amygdalus*	
（158）山桃	*Amygdalus davidiana*	
83. 花楸属	*Sorbus*	
（159）北京花楸	*Sorbus discolor*	
（160）水榆花楸	*Sorbus alnifolia*	
（161）陕甘花楸	*Sorbus koehneana*	
84. 杏属	*Armeniaca*	
（162）山杏	*Armeniaca vulgaris* var. *ansu*	
85. 路边青属	*Geum*	
（163）水杨梅（路边青）	*Geum aleppicum*	
86. 龙牙花属	*Agrimonia*	
（164）仙鹤草	*Agrimonia pilosa*	
87. 稠李属	*Padus*	
（165）稠李	*Padus avium*	
（166）橉木	*Padus buergeriana*	
88. 白鹃梅属	*Exochorda*	
（167）红柄白鹃梅	*Exochorda giraldii*	
89. 珍珠梅属	*Sorbaria*	
（168）华北珍珠梅	*Sorbaria kirilowii*	
（二十八）豆科	Leguminosae	
90. 野豌豆属	*Vicia*	
（169）歪头菜	*Vicia unijuga*	
（170）大巢菜	*Vicia sativa*	
91. 槐属	*Sophora*	
（171）槐树	*Sophora japonica*	

(续)

植物中文名	植物学名	备注
92. 胡枝子属	*Lespedeza*	
（172）胡枝子	*Lespedeza bicolor*	
（173）绿叶胡枝子	*Lespedeza buergeri*	
（174）兴安胡枝子	*Lespedeza daurica*	
（175）多花胡枝子	*Lespedeza floribunda*	
93. 合欢属	*Albizia*	
（176）山合欢	*Albizia kalkora*	
94. 锦鸡儿属	*Caragana*	
（177）树锦鸡儿	*Caragana arborescens*	
95. 木蓝属	*Indigofera*	
（178）本氏木蓝（河北木蓝）	*Indigofera bungeana*	
（179）多花木蓝	*Indigofera amblyantha*	
96. 两型豆属	*Amphicarpaea*	
（180）三籽两型豆	*Amphicarpaea edgeworthii*	
97. 鸡眼草属	*Kummerowia*	
（181）鸡眼草	*Kummerowia striata*	
98. 香豌豆属	*Lathyrus*	
（182）矮香豌豆	*Lathyrus humilis*	
99. 杭子梢属	*Campylotropis*	
（183）杭子梢	*Campylotropis macrocarpa*	
100. 皂角属	*Gleditsia*	
（184）皂角	*Gleditsia sinensis*	
101. 葛属	*Pueraria*	
（185）葛	*Pueraria montana* var. *lobata*	
（二十九）牻牛儿苗科	Geraniaceae	
102. 老鹳草属	*Geranium*	
（186）毛蕊老鹳草	*Geranium eriostemon*	
（187）鼠掌老鹳草	*Geranium sibiricum*	
（188）老鹳草	*Geranium wilfordii*	
（三十）芸香科	Rutaceae	
103. 白鲜属	*Dictamnus*	
（189）白鲜	*Dictamnus dasycarpus*	
104. 吴茱萸属	*Evodia*	
（190）臭檀（臭檀吴萸）	*Evodia daniellii*	

(续)

植物中文名	植物学名	备注
(三十一)苦木科	Simaroubaceae	
105. 苦木属	*Picrasma*	
(191)苦木	*Picrasma quassioides*	
106. 臭椿属	*Ailanthus*	
(192)臭椿	*Ailanthus altissima*	
(三十二)楝科	Meliaceae	
107. 香椿属	*Toona*	
(193)香椿	*Toona sinensis*	
108. 楝属	*Melia*	
(194)苦楝	*Melia azedarach*	
(三十三)远志科	Polygalaceae	
109. 远志属	*Polygala*	
(195)瓜子金	*Polygala japonica*	
(196)远志	*Polygala sibirica*	
(三十四)大戟科	Euphorbiaceae	
110. 白饭树属	*Flueggea*	
(197)叶底珠	*Flueggea suffruticosa*	
111. 大戟属	*Euphorbia*	
(198)大戟	*Euphorbia pekinensis*	
(199)乳浆大戟	*Euphorbia esula*	
112. 雀儿舌头属	*Leptopus*	
(200)雀儿舌头(黑钩叶)	*Leptopus chinensis*	
(三十五)漆树科	Anacardiaceae	
113. 漆属	*Toxicodendron*	
(201)漆树	*Toxicodendron vernicifluum*	
114. 黄栌属	*Cotinus*	
(202)黄栌	*Cotinus coggygria*	
115. 黄连木属	*Pistacia*	
(203)黄连木	*Pistacia chinensis*	
116. 盐肤木属	*Rhus*	
(204)青麸杨	*Rhus potaninii*	
(205)盐肤木	*Rhus chinensis*	
(三十六)卫矛科	Celastraceae	
117. 南蛇藤属	*Celastrus*	

(续)

植物中文名	植物学名	备注
（206）南蛇藤	*Celastrus orbiculatus*	
（207）粉背南蛇藤	*Celastrus hypoleucus*	
（208）苦皮藤	*Celastrus angulatus*	
118. 卫矛属	*Euonymus*	
（209）卫矛	*Euonymus alatus*	
（210）栓翅卫矛	*Euonymus phellomana*	
（211）腥臭卫矛	*Euonymus sanguineus* var. *paedidus*	
（212）桃叶卫矛	*Euonymus maackii*	又名丝绵木、白杜
（213）纤齿卫矛	*Euonymus giraldii*	
（214）八宝茶	*Euonymus przewalskii*	
（215）紫花卫矛	*Euonymus porphyreus*	
（三十七）省沽油科	Staphyleaceae	
119. 省沽油属	*Staphylea*	
（216）省沽油	*Staphylea bumalda*	
（三十八）槭树科	Aceraceae	APG 系统为无患子科
120. 槭属	*Acer*	
（217）五角枫	*Acer pictum* subsp. *mono*	
（218）葛萝槭	*Acer grosseri*	
（219）茶条槭	*Acer ginnala*	
（220）元宝枫	*Acer truncatum*	
（221）建始槭	*Acer henryi*	
（三十九）无患子科	Sapindaceae	
121. 栾树属	*Koelreuteria*	
（222）栾树	*Koelreuteria paniculata*	
（四十）清风藤科	Sabiaceae	
122. 泡花树属	*Meliosma*	
（223）泡花树	*Meliosma cuneifolia*	
（224）暖木	*Meliosma veitchiorum*	
（四十一）凤仙花科	Balsaminaceae	
123. 凤仙花属	*Impatiens*	
（225）窄萼凤仙花	*Impatiens stenosepala*	
（226）水金凤	*Impatiens noli-tangere*	
（四十二）鼠李科	Rhamnaceae	
124. 鼠李属	*Rhamnus*	
（227）卵叶鼠李	*Rhamnus bungeana*	

(续)

植物中文名	植物学名	备注
（228）皱叶鼠李	*Rhamnus rugulosa*	
（229）冻绿	*Rhamnus utilis*	
（230）小叶鼠李	*Rhamnus parvifolia*	
125. 枣属	*Ziziphus*	
（231）酸枣	*Ziziphus jujube* var. *spinosa*	
126. 雀梅藤属	*Sageretia*	
（232）少脉雀梅藤	*Sageretia paucicostata*	
127. 枳椇属	*Hovenia*	
（233）枳椇（拐枣）	*Hovenia acerba*	
128. 勾儿茶属	*Berchemia*	
（234）勾儿茶	*Berchemia sinica*	
（四十三）葡萄科	Vitaceae	
129. 葡萄属	*Vitis*	
（235）山葡萄	*Vitis amurensis*	
（236）复叶葡萄	*Vitis piasezkii*	
（237）桑叶葡萄	*Vitis heyneana* subsp. *ficifolia*	
130. 蛇葡萄属	*Ampelopsis*	
（238）乌头叶蛇葡萄	*Ampelopsis aconitifolia*	
131. 爬山虎属	*Parthenocissus*	
（239）三叶地锦	*Parthenocissus semicordata*	
（四十四）椴树科	Tiliaceae	APG 系统为锦葵科
132. 扁担杆属	*Grewia*	
（240）扁担杆	*Grewia biloba*	
133. 椴属	*Tilia*	
（241）蒙椴	*Tilia mongolica*	
（242）少脉椴	*Tilia paucicostata*	
（四十五）猕猴桃科	Actinidaceae	
134. 猕猴桃属	*Actinidia*	
（243）软枣猕猴桃	*Actinidia arguta*	
（244）狗枣猕猴桃	*Actinidia kolomikta*	
（四十六）堇菜科	Violaceae	
135. 堇菜属	*Viola*	
（245）细距堇菜	*Viola tenuicornis*	
（246）斑叶堇菜	*Viola variegata*	
（247）紫花地丁	*Viola philippica*	

（续）

植物中文名	植物学名	备注
（248）深山堇菜	*Viola selkirkii*	
（249）双花堇菜	*Viola biflora*	
（四十七）胡颓子科	Elaeagnaceae	
136. 胡颓子属	*Elaeagnus*	
（250）牛奶子	*Elaeagnus umbellata*	
（四十八）八角枫科	Alangiaceae	APG系统为山茱萸科
137. 八角枫属	*Alangium*	
（251）八角枫	*Alangium chinense*	
（四十九）柳叶菜科	Onagraceae	
138. 露珠草属	*Circaea*	
（252）高山露珠草	*Circaea alpine*	
（253）牛泷草	*Circaea cordata*	
（五十）五加科	Araliaceae	
139. 楤木属	*Aralia*	
（254）楤木	*Aralia elata*	
140. 五加属	*Acanthopanax*	
（255）刺五加	*Acanthopanax senticosus*	
（256）离柱五加	*Acanthopanax eleutheristylus*	
141. 刺楸属	*Kalopanax*	
（257）刺楸	*Kalopanax septemlobus*	
142. 人参属	*Panax*	
（258）人参	*Panax ginseng*	历史有栽培
（五十一）伞形科	Umbelliferae	
143. 变豆菜属	*Sanicula*	
（259）变豆菜	*Sanicula chinensis*	
144. 峨参属	*Anthriscus*	
（260）峨参	*Anthriscus sylvestris*	
145. 独活属	*Heracleum*	
（261）山西独活	*Heracleum schansianum*	
146. 前胡属	*Peucedanum*	
（262）前胡	*Peucedanum praeruptorum*	
147. 藁本属	*Ligusticum*	
（263）岩茴香	*Ligusticum tachiroei*	
148. 柴胡属	*Bupleurum*	
（264）红柴胡	*Bupleurum scorzonerifolium*	

(续)

植物中文名	植物学名	备注
（265）黑柴胡	*Bupleurum smithii*	
149. 水芹属	*Oenanthe*	
（266）水芹	*Oenanthe javanica*	
150. 香根芹属	*Osmorhiza*	
（267）香根芹	*Osmorhiza aristata*	
151. 岩风属	*Libanotis*	
（268）条叶岩风	*Libanotis lancifolia*	
152. 山芹属	*Ostericum*	
（269）大齿山芹	*Ostericum grosseserrata*	
153. 茴芹属	*Pimpinella*	
（270）羊红膻	*Pimpinella thellungiana*	
154. 当归属	*Angelica*	
（271）白芷	*Angelica dahurica*	
（五十二）山茱萸科	Cornaceae	
155. 梾木属	*Swida*	
（272）沙梾	*Swida bretschneideri*	
（273）红椋子	*Swida hemsleyi*	
（274）黑椋子	*Swida poliophylla*	
156. 四照花属	*Dendrobenthamia*	
（275）四照花	*Dendrobenthamia japonica*	
（五十三）鹿蹄草科	Pyrolaceae	AGP 系统为杜鹃花科
157. 喜冬草属	*Chimaphila*	
（276）喜冬草	*Chimaphila japonica*	
（五十四）杜鹃花科	Ericaceae	
158. 杜鹃花属	*Rhododendron*	
（277）照山白	*Rhododendron micranthum*	
（五十五）报春花科	Primulaceae	
159. 珍珠菜属	*Lysimachia*	
（278）狭叶珍珠菜	*Lysimachia pentapetala*	
160. 点地梅属	*Androsace*	
（279）点地梅	*Androsace umbellata*	
161. 报春花属	*Primula*	
（280）岩生报春	*Primula saxatilis*	
（五十六）柿科	Ebenaceae	
162. 柿属	*Diospyros*	

(续)

植物中文名	植物学名	备注
（281）君迁子	*Diospyros lotus*	
（五十七）野茉莉科	Styracaceae	
163. 野茉莉属	*Styrax*	
（282）老鸹铃	*Styrax hemsleyanus*	
（五十八）木犀科	Oleaceae	
164. 连翘属	*Forsythia*	
（283）连翘	*Forsythia suspensa*	
165. 丁香属	*Syringa*	
（284）红丁香	*Syringa villosa*	
（285）小叶丁香	*Syringa pubescens*	
（286）暴马丁香	*Syringa reticulate* var. *amurensis*	
166. 流苏树属	*Chionanthus*	
（287）流苏树	*Chionanthus retusus*	
167. 白蜡属	*Fraxinus*	
（288）白蜡	*Fraxinus chinensis*	
（289）小叶白蜡	*Fraxinusbungeana*	
（五十九）萝藦科	Asclepiadaceae	
168. 杠柳属	*Periploca*	
（290）杠柳	*Periploca sepium*	
169. 鹅绒藤属	*Cynanchum*	
（291）牛皮消	*Cynanchum chinense*	
（292）竹灵消	*Cynanchum inamoenum*	
（293）白首乌	*Cynanchum bungei*	
（294）变色白前	*Cynanchum versicolor*	
（六十）旋花科	Convovulacee	
170. 打碗花属	*Calystegia*	
（295）打碗花	*Calystegia hederacea*	
（296）藤长苗	*Calystegia pellita*	
（六十一）紫草科	Boraginaceae	
171. 附地菜属	*Trigonotis*	
（297）附地菜	*Trigonotis peduncularis*	
172. 斑种草属	*Bothriospermum*	
（298）斑种草	*Bothriospermum chinense*	
173. 车前紫草属	*Sinojohnstonia*	
（299）短蕊车前紫草	*Sinojohnstonia moupinensis*	

(续)

植物中文名	植物学名	备注
（300）浙赣车前紫草	*Sinojohnstonia chekiangensis*	
（六十二）马鞭草科	Verbenaceae	
174. 牡荆属	*Vitex*	APG 系统为唇形科
（301）荆条	*Vitex negundo* var. *heterophylla*	
175. 大青属	*Clerodendrum*	APG 系统为唇形科
（302）海州常山	*Clerodendrum trichotomum*	
176. 莸属	*Caryopteris*	APG 系统为唇形科
（303）三花莸	*Caryopteris terniflora*	
177. 紫珠属	*Callicarpa*	APG 系统为唇形科
（304）窄叶紫珠	*Callicarpa membranacea*	
（六十三）玄参科	Scrophulariaceae	
178. 山罗花属	*Melampyrum*	APG 系统为列当科
（305）山罗花	*Melampyrum roseum*	
179. 地黄属	*Rehmannia*	APG 系统为列当科
（306）地黄	*Rehmannia glutinosa*	
180. 通泉草属	*Mazus*	APG 系统为通泉草科
（307）通泉草	*Mazus pumilus*	
181. 马先蒿属	*Pedicularis*	APG 系统为列当科
（308）藓生马先蒿	*Pedicularis muscicola*	
（309）短茎马先蒿	*Pedicularis artselaeri*	
182. 泡桐属	*Paulownia*	APG 系统为泡桐科
（310）泡桐	*Paulownia fortunei*	
（六十四）唇形科	Labiatae	
183. 香薷属	*Elsholzia*	
（311）香薷	*Elsholtzia ciliata*	
（312）木香薷	*Elsholtzia stauntonii*	
184. 糙苏属	*Phlomis*	
（313）糙苏	*Phlomis umbrosa*	
185. 香茶菜属	*Isodon*	
（314）蓝萼香茶菜	*Isodon amethystoides*	
（315）香茶菜	*Isodon amethystoides*	
186. 藿香属	*Agastache*	
（316）藿香	*Agastache rugosa*	
187. 野芝麻属	*Lamium*	
（317）野芝麻	*Lamium barbatum*	

(续)

植物中文名	植物学名	备注
188. 鼠尾草属	*Salvia*	
（318）荫生鼠尾草	*Salvia umbratica*	
（319）丹参	*Salvia miltiorrhiza*	
189. 活血丹属	*Glechoma*	
（320）活血丹	*Glechoma longituba*	
190. 筋骨草属	*Ajuga*	
（321）筋骨草	*Ajuga ciliate*	
191. 益母草属	*Leonurus*	
（322）錾菜	*Leonurus pseudomacranthus*	
（六十五）茄科	Solanaceae	
192. 泡囊草属	*Physochlaina*	
（323）漏斗泡囊草	*Physochlaina infundibularis*	
193. 茄属	*Solanum*	
（324）千年不烂心	*Solanum cathayanum*	
（325）单叶青杞	*Solanum septemlobum*	
（326）白英	*Solanum lyratum*	
（六十六）紫葳科	Bignoniaceae	
194. 梓属	*Catalpa*	
（327）楸树	*Catalpa bungei*	
（328）灰楸	*Catalpa fargesii*	
（六十七）苦苣苔科	Gesnariaceae	
195. 旋蒴苣苔属	*Boea*	
（329）旋蒴苣苔	*Boea hygrometrica*	
（六十八）透骨草科	Phrymaceae	
196. 透骨草属	*Phryma*	
（330）透骨草	*Phryma leptostachya* subsp. *asiatica*	
（六十九）车前科	Plantagaceae	
197. 车前属	*Plantago*	
（331）车前	*Plantago asiatica*	
（七十）茜草科	Rubiaceae	
198. 拉拉藤属	*Galium*	
（332）硬毛四叶律	*Galium bungei* var. *hispidum*	
（333）北方拉拉藤	*Galium boreale*	
（334）林地拉拉藤	*Galium paradoxum*	
（335）蓬子菜	*Galium verum*	

(续)

植物中文名	植物学名	备注
199. 茜草属	*Rubia*	
（336）茜草	*Rubia schugnanica*	
200. 鸡矢藤属	*Paederia*	
（337）鸡矢藤	*Paederia scandens*	
（七十一）忍冬科	Caprifoliaceae	
201. 忍冬属	*Lonicera*	
（338）金花忍冬	*Lonicera chrysantha*	
（339）粘毛忍冬	*Lonicera fargessi*	
（340）盘叶忍冬	*Lonicera tragophylla*	
（341）刚毛忍冬	*Lonicera hispida*	
（342）唐古特忍冬（陇塞忍冬）	*Lonicera tangutica*	
（343）金银忍冬	*Lonicera maackii*	
（344）北京忍冬（苦糖果、四月红）	*Lonicera elisae*	
202. 接骨木属	*Sambucus*	APG 系统为五福花科
（345）接骨木	*Sambucus williamsii*	
203. 荚蒾属	*Viburnum*	APG 系统为五福花科
（346）桦叶荚蒾	*Viburnum betulifolium*	
（347）鸡树条荚蒾	*Viburnum opulus* var. *calvescens*	
（348）陕西荚蒾	*Viburnum schensianum*	
204. 莛子藨属	*Triosteum*	
（349）羽裂叶莛子藨	*Triosteum pinnatifidum*	
205. 六道木属	*Abelia*	
（350）六道木	*Abelia biflora*	
（七十二）五福花科	Adoxaceae	
206. 五福花属	*Adoxa*	
（351）五福花	*Adoxa moschatellina*	
（七十三）败酱科	Valerianaceae	APG 系统为忍冬科
207. 败酱属	*Patrinia*	
（352）异叶败酱	*Patrinia heterophylla*	
208. 缬草属	*Valeriana*	
（353）缬草	*Valeriana officinalis*	
（七十四）川续断科	Dipsacaceae	APG 系统为忍冬科
209. 川续断属	*Dipsacus*	
（354）川续断	*Dipsacus asper*	
（七十五）葫芦科	Cucurbitaceae	

（续）

植物中文名	植物学名	备注
210. 赤瓟属	*Thladiantha*	
（355）赤瓟	*Thladiantha dubia*	
（356）斑赤瓟	*Thladiantha maculate*	
（七十六）桔梗科	Campanulaceae	
211. 沙参属	*Adenophora*	
（357）细叶沙参	*Adenophora capillaria* subsp. *paniculata*	
（358）杏叶沙参	*Adenophora petiolata* subsp. *hunanensis*	
（七十七）菊科	Compositae	
212. 紫菀属	*Aster*	
（359）三脉紫菀	*Aster ageratoides*	
213. 天名精属	*Carpesium*	
（360）烟管头草	*Carpesium cernuum*	
214. 蒿属	*Artemisia*	
（361）铁杆蒿（白莲蒿）	*Artemisia sacrorum*	
（362）野艾蒿	*Artemisia lavandulaefolia*	
（363）牛尾蒿	*Artemisia dubia*	
（364）大籽蒿	*Artemisia sieversiana*	
（365）歧茎蒿	*Artemisia igniaria*	
215. 白酒草属	*Conyza*	
（366）小白酒草	*Conyza canadensis*	
216. 牛蒡属	*Arctium*	
（367）牛蒡子	*Arctium lappa*	
217. 和尚菜属	*Adenocaulon*	
（368）和尚菜	*Adenocaulon himalaicum*	
218. 蓝刺头属	*Echinops*	
（369）蓝刺头	*Echinops sphaerocephalus*	
219. 泥糊菜属	*Hemisteptia*	
（370）泥糊菜	*Hemisteptia lyrata*	
220. 橐吾属	*Ligularia*	
（371）齿叶橐吾	*Ligularia dentata*	
221. 福王草属	*Prenanthes*	
（372）福王草	*Prenanthes tatarinowii*	
（373）多裂福王草	*Prenanthes macrophylla*	
222. 风毛菊属	*Saussurea*	
（374）风毛菊	*Saussurea japonica*	

(续)

植物中文名	植物学名	备注
(375) 银背风毛菊	*Saussurea nivea*	
(376) 云木香	*Saussurea costus*	栽培种
223. 菊属	*Chrysanthemum*	
(377) 委陵菊	*Chrysanthemum potentilloides*	
224. 千里光属	*Sinosenecio*	
(378) 蒲儿根	*Sinosenecio oldhamianus*	
225. 帚菊属	*Pertya*	
(379) 华帚菊	*Pertya sinensis*	
226. 漏芦属	*Stemmacantha*	
(380) 漏芦	*Stemmacantha uniflora*	
227. 鸦葱属	*Scorzonera*	
(381) 桃叶鸦葱	*Scorzonera sinensis*	
228. 小苦荬菜属	*Ixeridium*	
(382) 抱茎小苦荬	*Ixeridium sonchifolium*	
229. 香青属	*Anaphalis*	
(383) 疏叶香青	*Anaphalis hancockii*	
230. 大丁草属	*Gerbera*	
(384) 大丁草	*Gerbera anandria*	
231. 苍术属	*Atractylodes*	
(385) 苍术	*Atractylodes lancea*	
(七十八) 禾本科	Gramineae	
232. 野青茅属	*Deyeuxia*	
(386) 野青茅	*Deyeuxia arundinacea*	
233. 野古草属	*Achnatherum*	
(387) 野古草	*Arundinella anomala*	
234. 披碱草属	*Elymus*	
(388) 鹅观草	*Elymus kamoji*	
235. 大油芒属	*Spodiopogon*	
(389) 大油芒	*Spodiopogon sibiricus*	
236. 荩草属	*Arthraxon*	
(390) 荩草	*Arthraxon hispidus*	
237. 菅草属	*Themeda*	
(391) 黄背草	*Themeda japonica*	
238. 臭草属	*Melica*	
(392) 臭草	*Melica scabrosa*	

(续)

植物中文名	植物学名	备注
239. 燕麦属	*Avena*	
（393）野燕麦	*Avena fatua*	
240. 早熟禾属	*Poa*	
（394）硬质早熟禾	*Poa sphondylodes*	
（七十九）莎草科	Cyperaceae	
241. 薹草属	*Carex*	
（395）大披针叶薹草	*Carex lanceolata*	
（396）宽叶薹草	*Carex siderosticta*	
242. 藨草属	*Scirpus*	
（397）扁秆藨草	*Scirpus planiculmis*	
（八十）百合科	Liliaceae	
243. 菝葜属	*Smilax*	APG 系统为菝葜科
（398）鞘柄菝葜	*Smilax stans*	
（399）短梗菝葜	*Smilax scobinicaulis*	
（400）黑果菝葜	*Smilax glaucochina*	
244. 黄精属	*Polygonatum*	APG 系统为天门冬科
（401）玉竹	*Polygonatum odoratum*	
（402）二苞黄精	*Polygonatum involucratum*	
（403）黄精	*Polygonatum sibiricum*	
（404）小玉竹	*Polygonatum humile*	
（405）湖北黄精	*Polygonatum zanlanscianense*	
（406）轮叶黄精	*Polygonatum verticillatum*	
245. 百合属	*Lilium*	
（407）细叶百合	*Lilium pumilum*	
246. 贝母属	*Fritillaria*	
（408）川贝母	*Fritillaria cirrhosa*	
247. 重楼属	*Paris*	APG 系统为藜芦科
（409）北重楼	*Paris verticillata*	
248. 大百合属	*Cardiocrinum*	
（410）荞麦叶大百合	*Cardiocrinum cathayanum*	
249. 鹿药属	*Smilacina*	APG 系统为天门冬科
（411）鹿药	*Smilacina japonicum*	
（412）管花鹿药	*Smilacina henryi*	
250. 萱草属	*Hemerocallis*	APG 系统为阿福花科
（413）北萱草	*Hemerocallis esculenta*	

(续)

植物中文名	植物学名	备注
251. 舞鹤草属	*Maianthemum*	APG 系统为天门冬科
（414）舞鹤草	*Maianthemum bifolium*	
252. 铃兰属	*Convallaria*	APG 系统为天门冬科
（415）铃兰	*Convallaria majalis*	
253. 藜芦属	*Veratrum*	APG 系统为藜芦科
（416）藜芦	*Veratrum nigrum*	
254. 葱属	*Allium*	APG 系统为石蒜科
（417）野韭	*Allium ramosum*	
（418）天蒜	*Allium paepalanthoides*	
（419）茖葱	*Allium victorialis*	
255. 天门冬属	*Asparagus*	APG 系统为天门冬科
（420）龙须菜	*Asparagus schoberioides*	
256. 山麦冬属	*Liriope*	APG 系统为天门冬科
（421）山麦冬	*Liriope spicata*	
（422）禾叶山麦冬	*Liriope graminifolia*	
（八十一）薯蓣科	Dioscoreaceae	
257. 薯蓣属	*Dioscorea*	
（423）穿龙薯蓣	*Dioscorea nipponica*	
（424）山药	*Dioscorea polystachya*	
（八十二）鸢尾科	Iridaceae	
258. 鸢尾属	*Iris*	
（425）矮紫苞鸢尾	*Iris ruthenica*	
（426）马蔺	*Iris lactea* var. *chinensis*	
259. 射干属	*Belamcanda*	
（427）射干	*Belamcanda chinensis*	
（八十三）灯心草科	Juncaceae	
260. 灯心草属	*Juncus*	
（428）灯心草	*Juncus effusus*	
（八十四）天南星科	Araceae	
261. 天南星属	*Arisaema*	
（429）一把伞南星	*Arisaema erubescens*	
（430）东北南星	*Arisaema amurense*	
262. 半夏属	*Pinellia*	
（431）半夏	*Pinellia ternata*	
（432）虎掌	*Pinellia pedatisecta*	

(续)

植物中文名	植物学名	备注
（八十五）兰科	Orchidaceae	
263. 舌唇兰属	*Platanthera*	
（433）二叶舌唇兰	*Platanthera chlorantha*	
264. 头蕊兰属	*Cephalanthera*	
（434）长叶头蕊兰	*Cephalanthera longifolia*	

3.3 植物资源

植物资源是在社会经济技术条件下人类可以利用与可能利用的植物，包括陆地、湖泊、海洋中的一般植物和一些珍稀濒危植物。

3.3.1 植物资源分类概述

1983年，中国学者吴征镒、周俊、裴盛基等对植物资源提出一个分类体系，首先区分为栽培与野生植物资源两大类，其下再区分为5大类26小类。为了便于叙述，将植物资源按植物系统区分为微生物、藻类、地衣、真菌、蕨类和种子植物。在种子植物中按用途区分为8大类，包括食用植物资源，工业用植物资源，药用植物资源，保护和改造环境植物资源，有毒植物资源，牧草及饲用植物资源，种质资源，栽培植物资源。

资源植物的特点之一是多宜性，即某种植物的果实可食，而花则可用于观赏，或者是优良的防风固沙植物。因此，任何资源植物的分类均是相对的，在利用时必须权衡得失，综合利用。当资源植物一旦成为商品，即变为经济植物。因此，资源植物的种类、分布和蕴藏量就决定了经济植物的种类、价值及开发强度，与民众的收入息息相关，对混沟与社区共建共管具有重要影响，也与混沟生物多样性的保护与管理密不可分。因此，掌握混沟资源植物的种类、数量和分布状况，对于合理利用和保护混沟的植物资源，实现混沟的生物多样性保护与管理目标具有非常重要的作用。

3.3.2 主要植物资源介绍

本次报告依据植物本身的主要用途，将混沟地区的植物分为材用植物、食用植物、药用植物、观赏植物、油脂植物和有毒植物等，并对主要的资源植物作分布与生境、价值方面的简要介绍。

3.3.2.1 材用植物

混沟有野生材用植物87种，隶属46属28科。主要的材用植物有：

1）华山松 *Pinus armandii*

松科 Pinaceae   松属 *Pinus* L.

分布与生境：生长在混沟山坡上部及山顶，生于海拔1700~1850 m地带。

经济价值：可作为建筑、家具及木纤维工业原料等用材。树干可割取树脂；树皮可提取栲胶；针叶可提炼芳香油；种子可食用也可榨油。

2) 油松 *Pinus tabulaeformis*

松科 Pinaceae　松属 *Pinus* L.

分布与生境：混沟广泛分布，生于海拔 1600~2100 m 的山坡。

经济价值：木材适作建筑、家具等。树干可割取松脂；树皮可提取栲胶；松节、针叶及花粉可入药。

3) 侧柏 *Platycladus orientalis*

松科 Pinaceae　侧柏属 *Platycladus* Spach

分布与生境：分布于混沟西部梁王脚附近，生于海拔 700~1300 m 的山地阳坡。

经济价值：木材可作为建筑和家具等用材，也是常见的庭园绿化树种。叶和枝入药，可收敛止血、利尿健胃、解毒散瘀；种子有安神、滋补强壮之效。

4) 白桦 *Betula platyphylla*

桦木科 Betulaceae　桦木属 *Betula* L.

分布与生境：皇姑幔附近零星散布，生于海拔 1350~2100 m 地带。

经济价值：木材可制木器。树汁有抗疲劳、止咳等功效；树皮可提取栲胶、桦皮油；叶可作染料；种子可用于化妆品生产。白桦树干修直，洁白雅致，可做城市风景林的绿化树种。

5) 红桦 *Betula albo-sinensis*

桦木科 Betulaceae　桦木属 *Betula* L.

分布与生境：主要分布在卧牛场，生于海拔 2000 m 左右地带。

经济价值：木材坚硬，为细木工、家具等优良用材。

6) 辽东栎 *Quercus wutaishanica*

壳斗科 Fagaceae　栎属 *Quercus* L.

分布与生境：广布于混沟地区，生于海拔 1200~1950 m 地带。

经济价值：木材可供建筑和家具等用。果实是野猪等动物的重要食源。

7) 栓皮栎 *Quercus variabilis*

壳斗科 Fagaceae　栎属 *Quercus* L.

分布与生境：分布后转林沟、红岩河，生于海拔 780~1470 m 地带。

经济价值：木材供建筑、车辆等用；栓皮为软木工业原料。种子含淀粉，可酿酒或作饲料；壳斗含鞣质，可作染料或提取栲胶

8) 漆树 *Toxicodendron vernicifluum*

漆树科 Anacardiaceae　漆树属 *Toxicodendron* (Tourn) MilL.

分布与生境：广泛分布于垣曲七十二混沟，生于海拔 1100~1600 m 地带。

经济价值：木材可用于建筑、家具等。树干割下的生漆是优良的涂料，广泛用于房屋建筑、家具、船舶、机械设备，还可用于绝缘材料及化工设备防腐涂料。

9) 五角枫 *Acer mono*

槭树科 Aceraceae　槭属 *Acer* L.

分布与生境：多分布在沟底、坡麓，生于海拔 1050~1800 m 地带。

经济价值：木材供制家具、器具、细工雕刻、车船等用，亦可作为造纸原料。树皮、

叶、果实均可作栲胶原料；种子可榨油。

10）兴山榆 *Ulmus bergmanniana*

榆科 Ulmaceae　榆属 *Ulmus* L.

分布与生境：分布于混沟主沟，生于海拔 1500~1700 m 的山坡及溪边的阔叶林中。

经济价值：木材坚实，重硬适中，纹理直，结构略粗，有光泽，耐久用，可作家具、器具、车辆及室内装修等用材。

11）榉树 *Zelkova serrata*

榆科 Ulmaceae　榉属 *Zelkova* Spach

分布与生境：混沟广泛分布，主要生于海拔 1500~1700 m 的山坡及溪边的阔叶林中。

经济价值：木材纹理细，质坚，能耐水，可作桥梁、家具用材。茎皮纤维可制人造棉和绳索。榉树高大雄伟，可作为生态树种和景观树种。

3.3.2.2　食用植物

混沟有野生食用植物 49 种，隶属 32 属 29 科，重要的食用植物有：

1）君迁子 *Diospyros lotus*

柿科 Ebenaceae　柿属 *Diospyros* Linn.

分布与生境：分布于红岩河、混沟等地，生于海拔 600~1250 m 的山坡、沟谷。

食用价值：果实可食。

2）春榆 *Ulmus davidiana* var. *japonica*

榆科 Ulmaceae　榆属 *Ulmus* L.

分布与生境：分布于皇姑幔，生于海拔 1250~1600 m 的干旱阳坡。

食用价值：果可食用；树皮可磨制榆皮面；叶可作饲料。

3）蒙桑 *Morus mongolica*

桑科 Moraceae　桑属 *Morus* L.

分布与生境：分布于红岩河、前转林沟，生于海拔 600~1600 m 的沟谷、阳坡。

食用价值：桑葚除食用外，可供酿酒。

4）山荆子 *Malus baccata*

蔷薇科 Roscaeae　苹果属 *Malus* Mill.

分布与生境：零星分布，生于海拔 680~2200 m 的阳坡。

食用价值：营养成分高于苹果。其中有机酸的含量超过苹果的 1 倍以上，适用于加工果脯、蜜饯和清凉饮料，也可用于酿酒和调制纯绿色饮品。

5）杜梨 *Pyrus betulaefolia*

蔷薇科 Roscaeae　梨属 *Pyrus* L.

分布与生境：广泛分布，生于海拔 1150~1450 m 向阳山坡及谷地的杂木林中。

食用价值：果实可食用，但口感欠佳，可用于酿酒、制糖。

6）枳椇 *Hovenia acerba*

鼠李科 Rhamnaceae　枳椇属 *Hovenia* Thunb.

分布与生境：分布于转林沟、红岩河，生于海拔 650~1200 m 的沟边和山坡。

食用价值：肥大的果梗含糖，可生食，也可用于酿酒。

7) 四照花 *Dendrobenthamia japonica* var. *chinensis*

山茱萸科 Cornaceae　四照花属 *Dendrobenthamia* Hutch.

分布与生境：混沟零星分布，生于海拔 1000~1700 m 的沟谷杂木林。

食用价值：果味甜，可生食，也可作酿酒原料。

8) 牛叠肚 *Rubus cratagifolius*

蔷薇科 Roscaeae　悬钩子属 *Rubus* L.

分布与生境：广泛分布，生于海拔 600~1100 m 的山坡、灌丛。

食用价值：果酸甜，可鲜食，也可制果酱或酿酒。

9) 三叶木通 *Akebia trifoliate*

木通科 Lardizabalaceae 木通属 *Akebia* Deche

分布与生境：分布于红岩河、南天门沟、皇姑幔，生于海拔 600~1800 m 的林下、沟谷。

食用价值：果实 8—9 月成熟后沿腹缝线开裂，味甜可食，也可用于酿酒。

10) 山葡萄 *Vitis amurensis*

葡萄科 Vitaceae　葡萄属 *Vitis* L.

分布与生境：广泛分布，生于海拔 1100~1900 m 的落叶阔叶林和沟谷底部。

食用价值：果可生食或供酿酒。

11) 软枣猕猴桃 *Actinidia arguta*

猕猴桃科 Actinidaceae　猕猴桃属 *Actinidia* Lindl.

分布与生境：分布于红岩河、大青石沟，生于海拔 1100~1620 m 的杂木林。

食用价值：果实可食用，营养价值很高，含大量维生素 C、淀粉、果胶质等，可加工成果酱、果汁、果脯、罐头，也可用于酿酒或制作糕点、糖果等。

12) 茗葱 *Allium victorialis*

百合科 Liliaceae　葱属 *Allium* L.

分布与生境：广泛分布，生于海拔 1200~2000 m 的阴湿山坡、林下和沟边。

食用价值：嫩叶可食用。

3.3.2.3　药用植物

混沟有野生药用植物 222 种，隶属 152 属 63 科。重要药用植物有：

1) 臭檀 *Evodia daniellii*

芸香科 Rutaceae　吴茱萸属 *Evodia* Forst.

分布与生境：分布于红岩河、混沟等地，生于海拔 800~1500 m 的山坡、沟边。

入药部位：果实入药。

性味功能：辛、甘、温。温中散寒，行气止痛。

2) 蝙蝠葛 *Menispermum dauricum*

防己科 Menispermaceae　蝙蝠葛属 *Menispermum* L.

分布与生境：分布于红岩河，生于海拔 600~1800 m 的山坡、沟边。

入药部位：根茎入药。

性味功能：苦、寒。祛风，利尿，解热，镇痛。

3) 五味子 *Schisandra chinensis*

五味子科 Schisandraceae　五味子属 *Schisandra* Michx.

分布与生境：分布于红岩河、混沟、皇姑幔等地，生于海拔 1000～200 m 的较湿润林下。

入药部位：果实入药。

性味功能：温、酸。收敛，滋补，生津，止泻。

4) 刺五加 *Acanthopanax senticosus*

五加科 Araliaceae　五加属 *Acanthopanax* Miq.

分布与生境：分布于卧牛场、皇姑幔等地，生于海拔 1300～1800 m 的林下或灌丛。

入药部位：根、根茎或茎叶入药。

性味功能：辛、微苦、温。补肾强腰，益气安神，活血通络。

5) 连翘 *Forsythia suspense*

木犀科 Oleaceae　连翘属 *Forsythia* Vahl.

分布与生境：广泛分布于海拔 1000～2000 m 的灌丛、山坡。

入药部位：果实入药。

性味功能：苦、微寒。清热解毒，凉血止疼，消散结块，疮疡湿疹。

6) 接骨木 *Sambucus williamsii*

忍冬科 Caprifoliaceae　接骨木属 *Sambucus* L.

分布与生境：广布于海拔 800～1900 m 的沟谷、林缘。

入药部位：带叶茎枝和根入药。

性味功能：甘、苦、平。活血祛瘀，祛风湿，接骨，止痛。

7) 鞘柄菝葜 *Smilax stans*

百合科 Liliaceae　菝葜属 *Smilax* L.

分布与生境：分布于混沟、皇姑幔等地，生于海拔 1000～1800 m 的山坡、林下、灌丛。

入药部位：块茎及根入药。

性味功能：辛咸，温。祛风除湿，活血顺气，止痛。

8) 华北大黄 *Rheum franzenbachii*

蓼科 Polygonaceae　大黄属 *Rheum* L.

分布与生境：分布于皇姑幔、卧牛场，生于海拔 1600～2300 m 的草甸或林缘。

入药部位：根入药。

性味功能：苦、寒。泻热通便，行瘀破滞。

9) 北乌头 *Aconitum kusnezoffii*

毛茛科 Ranunculaceae　乌头属 *Aconitum* L.

分布与生境：生于海拔 1100～2300 m 的草地、沟谷。

入药部位：块根入药。

性味功能：辛、温，有大毒。祛风散寒，止痛。

10) 阿尔泰银莲花 *Anemone altaica*

毛茛科 Ranunculaceae　银莲花属 *Anemone* L.

分布与生境：分布于卧牛场、皇姑幔等地，生于海拔 1600~2100 m 的林下。

入药部位：根状茎入药。

性味功能：辛、苦、温。开窍化痰，和中去湿。

11) 淫羊藿 *Epimedium brevicornum*

小檗科 Berberidaceae　淫羊藿属 *Epimedium* L.

分布与生境：生于海拔 700~1800 m 的灌丛、林下。

入药部位：全草入药。

性味功能：辛、温。补肾强筋，助阳益精，祛风除湿。

12) 远志 *Polygala tenuifolia*

远志科 Polygalaceae　远志属 *Polygala* L.

分布与生境：生于海拔 600~1800 m 的草地、沟旁、岩石。

入药部位：根皮及地上全草入药。

性味功能：辛、苦、温。祛痰开窍，安神养心。

13) 白芷 *Angelica dahurica*

伞形科 Umbelliferae　当归属 *Angelica* L.

分布与生境：分布于卧牛场、红岩河等地，生于海拔 1600~2000 m 的山坡、林缘、山谷、草地、溪边。

入药部位：根入药。

性味功能：辛、温。发表祛风，消肿止痛。

14) 北柴胡 *Bupleurum chinense*

伞形科 Umbelliferae　柴胡属 *Bupleurum* L.

分布与生境：生于海拔 600~2300 m 的山坡、山顶、山谷、草丛。

入药部位：根入药。

性味功能：苦、微寒。和解退热，疏肝止痛。

15) 藿香 *Agastache rugosa*

唇形科 Labiatae　藿香属 *Agastache* Clayt.

分布与生境：分布于后转林沟等地，生于海拔 1500~2000 m 的草地、沟谷。

入药部位：全草入药。

性味功能：辛、温。去暑化湿，开胃止吐。

16) 透骨草 *Phryma leptostachya* subsp. *asiatica*

透骨草科 Phrymaceae　透骨草属 *Phryma* L.

分布与生境：零星分布于海拔 600~1500 m 的灌丛、草丛。

入药部位：全草入药。

性味功能：涩、凉。清热解毒，活血消肿。

17) 苍术 *Atractylodes chinensis*

菊科 Compositae　苍术属 *Atractylodes* DC.

分布与生境：零星分布，生于海拔 1000~1800 m 的灌丛、山坡草地、林下及石缝。

入药部位：根茎入药。

性味功能：苦、辛、温。健胃燥湿，祛风湿。

18）牛蒡 *Arctium lappa*

菊科 Compositae　牛蒡属 *Arctium* L.

分布与生境：分布于卧牛场，生于海拔 1200~1700 m 的路旁、山谷阴处。

入药部位：果实入药。

性味功能：辛、苦、寒。散风，解毒，利咽，透疹。

19）黄精 *Polygonatum sibiricum*

百合科 Liliaceae　黄精属 *Polygonatum* Mill.

分布与生境：广泛分布于海拔 600~2100 m 的林下、灌丛。

入药部位：根状茎入药。

性味功能：甘、平。补脾润肺，生津止渴。

20）藜芦 *Veratrum nigrum*

百合科 Liliaceae　藜芦属 *Veratrum* L.

分布与生境：广布混沟各地，生于海拔 800~1900 m 的林下或草丛。

入药部位：根及根茎入药。

性味功能：苦、辛、寒。涌吐风痰，清热解毒，杀虫。

21）川贝母 *Fritillaria cirrhosa*

百合科 Liliaceae　贝母属 *Fritillaria* L.

分布与生境：分布于皇姑幔，常生于林中、山谷等湿地或岩缝中。

入药部位：根入药。

性味功能：苦、甘，微寒。清热化痰，润肺止咳，散结消肿。

3.3.2.4　观赏植物

混沟有野生观赏植物 225 种，隶属 126 属 62 科。重要的野生观赏植物有：

1）连香树 *Cercidiphyllum japonicum*

连香树科 Cercidiphyllaceae　连香树属 *Cercidiphyllum* Siebold & Zucc.

分布与生境：分布于混沟、皇姑幔、二道腰，生于海拔 800~1700 m 的沟谷滩、山谷边缘或林中开阔地的杂木林中。

观赏价值：树体高大，树姿优美，叶形奇特，极具观赏性，是园林绿化、景观配置的优良树种。

2）白皮松 *Pinus bungeana*

松科 Pinaceae　松属 *Pinus* L.

分布与生境：生于海拔 800~1500 m 的山地阳坡。

观赏价值：树形多姿，苍翠挺拔，别具特色，为华北地区城市绿化和庭园绿化的优良树种。

3）青檀 *Pteroceltis tatarinowii*

榆科 Ulmaceae　青檀属 *Pteroceltis* Maxim.

分布与生境：主要分布于红岩河、后转林沟，生于海拔 1000~1500 m 的山谷溪流两岸。

观赏价值：树形美观，树冠球形，秋叶金黄，可用作园景树、庭荫树、行道树。

4）北京花楸 *Sorbus discolor*

蔷薇科 Rosaceae　花楸属 *Sorbus* L.

分布与生境：零星分布，生于海拔 1200~2200 m 的山坡杂木林。

观赏价值：花叶美丽，入秋红果累累，是优美的庭园风景树。

5）山合欢 *Albizia kalkora*

豆科 Leguminoae　合欢属 *Albizia* Durazz.

分布与生境：分布于后河水库附近，生于海拔 500~1200 m 的山坡杂木林、荒坡、溪边。

观赏价值：叶硕大且浓绿，花浅黄色至白色，可作行道树。

6）茶条槭 *Acer ginnala*

槭树科 Aceraceae　槭属 *Acer* L.

分布与生境：分布于红岩河、后河水库附近，生于海拔 900~1700 m 的杂木林中。

观赏价值：树干直，花有清香，夏季果翅红色，美丽别致，秋叶鲜红，是良好的庭园观赏树种。

7）水枸子 *Cotoneaster multiflora*

蔷薇科 Rosaceae　枸子属 *Cotoneaster* B. Ehrhart.

分布与生境：广泛分布，生于海拔 1000~1400 m 的杂木林。

观赏价值：枝条婀娜，在夏季开放密集的白色小花，秋季结成累累成束的红色果实，可作为观赏灌木或剪成绿篱。

8）西北枸子 *Cotoneaster zabelii*

蔷薇科 Rosaceae　枸子属 *Cotoneaster* B. Ehrhart.

分布与生境：广泛分布，生于海拔 1500~1800 m 的山坡、沟谷。

观赏价值：可于草坪中孤植欣赏，也可几株丛植于草坪边缘或园林转角，或者与其他树种搭配混植构造小景观。

9）美蔷薇 *Rosa bella*

蔷薇科 Rosaceae　蔷薇属 *Rosa* L.

分布与生境：广泛分布，多生于海拔 1300~1800 m 的混交林、林缘及灌丛。

观赏价值：初夏开花，花繁叶茂，鲜艳夺目，芳香清幽，可用于垂直绿化。

10）黄刺玫 *Rosa xanthina*

蔷薇科 Rosaceae　蔷薇属 *Rosa* L.

分布与生境：广泛分布，生于海拔 700~2000 m 的向阳山坡及灌丛。

观赏价值：北方春末夏初的重要观赏花木，开花时一片金黄，鲜艳夺目，且花期较长，适合庭园观赏，可丛植或作花篱。

11）土庄绣线菊 *Spiraea pubescens*

蔷薇科 Rosaceae　绣线菊属 *Spiraea* L.

分布与生境：广泛分布，生于海拔 1000~2200 m 的灌丛。

观赏价值：枝繁叶茂，小花密集，花色洁白，娇美艳丽，是良好的园林观赏植物。

12) 三裂绣线菊 *Spiraea trilobata*

蔷薇科 Rosaceae　绣线菊属 *Spiraea* L.

分布与生境：广泛分布，生于海拔 600~2100 m 的山坡、沟谷或灌丛。

观赏价值：枝繁叶茂，小花密集，花期长，娇美艳丽，是良好的园林观赏植物。

13) 多花胡枝子 *Lespedeza floribunda*

豆科 Leguminosae　胡枝子属 *Lespedeza* Michx.

分布与生境：分布于红岩河，生于海拔 1300 m 以下的山坡。

观赏价值：株型低矮，花色鲜艳、美丽，适宜作观花灌木或背景材料。

14) 黄栌 *Cotinus coggygris*

漆树科 Anacardiaceae　黄栌属 *Cotinus* Mill.

分布与生境：分布于红岩河、后河水库附近，生于海拔 940~1500 m 的山坡及半阳坡。

观赏价值：春季花形及花色极为奇特美丽，秋季叶夜色变红或橘红色，异常鲜艳，属于美丽的秋相兼观花树种。

15) 照山白 *Rhododendron micranthum*

杜鹃花科 Ericaceae　杜鹃花属 *Rhododendron* L.

分布与生境：分布于红岩河、南沟、梁王脚，生于海拔 1300~2300 m 的山坡、林下及灌丛。

观赏价值：株型紧凑、圆满，花色艳丽，适宜花坛布置或作盆栽观赏。

16) 海州常山 *Clerodendrum trichotomum*

马鞭草科 Verbenaceae　大青属 *Clerodendrum* L.

分布与生境：分布于红岩河，生于海拔 750~1600 m 的沟谷。

观赏价值：花果鲜艳，叶片翠绿，株型整齐，适宜单植、群植于绿地。

17) 金花忍冬 *Lonicera chrysantha*

忍冬科 Caprifoliaceae　忍冬属 *Lonicera* L.

分布与生境：广泛分布，生于海拔 1250~2500 m 的山坡灌丛、沟谷、林下。

观赏价值：果实鲜红，孤植效果最好，也可丛植或片植。

18) 金银忍冬 *Lonicera maakii*

忍冬科 Caprifoliaceae　忍冬属 *Lonicera* L.

分布与生境：广泛分布，生于海拔 980~1760 m 的沟谷、林下、山坡灌丛。

观赏价值：著名的庭院花卉，春天可赏花闻香，秋冬可观红果累累，适合庭院、水滨、草坪栽培观赏。

19) 桦叶荚蒾 *Viburnum hupehense* ssp. *septentrionale* Hsu

忍冬科 Caprifoliaceae　荚蒾属 *Viburnum* L.

分布与生境：分布于皇姑幔等地，生于海拔 560~1800 m 的林下及灌丛中。

观赏价值：夏季团团白花布满枝头，秋季累累红果令人赏心悦目，可植于庭院、草地、林缘，也可用作花墙。

20) 陕西荚蒾 *Viburnum schensianum*

忍冬科 Caprifoliaceae　荚蒾属 *Viburnum* L.

观赏价值：春末夏初开花，白色的花序着生于小枝侧顶，果实先为红色，随着成熟逐渐变成蓝紫色至黑色，在夏末初秋时节光亮诱人，可供绿化观赏，也是水土保持树种。

分布与生境：广泛分布，生于海拔 1020~1770 m 的山坡灌丛。

21）石竹 *Dianthus chinensis*

石竹科 Caryophyllaceae　石竹属 *Dianthus* L.

观赏价值：株型整齐，花色艳丽，花期较长，属于观花地被材料，也可盆栽。

分布与生境：零星分布，生于海拔 600~1300 m 的山坡草地、林缘。

22）紫堇 *Corydalis edulis*

罂粟科 Papaveraceae　紫堇属 *Corydalis* Vevt.

观赏价值：花色鲜艳，适宜作花坛布置或盆栽应用，更适合作耐阴地被。

分布与生境：广泛分布，生于海拔 500~1600 m 的山沟石缝、村边路旁。

3.3.2.5 油脂植物

混沟有野生油脂植物 75 种，隶属 46 属 29 科。重要的油脂植物有：

1）黄连木 *Pistacia chinensis*

漆树科 Anacardiaceae　黄连木属 *Pistacia* L.

分布与生境：零星分布于红岩河，生于海拔 600~1500 m 的阳坡及半阳坡。

油料价值：种子含油达 35%，油可制润滑油、肥皂并可食用；鲜叶可提取芳香油。

2）盐肤木 *Rhus chinensis*

漆树科 Anacardiaceae　盐肤木属 *Rhus* L.

分布与生境：分布于前转林沟，生于海拔 750~1500 m 的山坡、杂木林及灌丛中。

油料价值：果实含油 12.9%~20.8%，种子含油 7.4%~16.1%，可制肥皂及润滑油。

3）青麸杨 *Rhus potaninii*

漆树科 Anacardiaceae　盐肤木属 *Rhus* L.

分布与生境：分布于前转林沟、红岩河，生于海拔 1140~1780 m 的阳坡及半阳坡。

油料价值：果实含油 27.2%，可制肥皂及润滑油。

4）刺楸 *Kalopanax septemlobus*

五加科 Araliaceae　刺楸属 *Kalopanax* L.

分布与生境：分布于皇姑幔，生于海拔 1275~1960 m 的林缘。

油料价值：种子含油 31.1%，可供工业用。

5）黑椋子 *Swida walteri*

山茱萸科 Cornaceae　梾木属 *Swida* Opiz.

分布与生境：零星分布于混沟多地，生于海拔 650~1750 m 的山沟、沟谷。

油料价值：果实含油 24%~33%，种子含油 12.4%~35.7%，果榨油可作食用油或工业用油。

6）南蛇藤 *Celastrus articulatus*

卫矛科 Celastraceae　南蛇藤属 *Celastrus* L.

分布与生境：广布混沟各地，生于海拔 800~1800 m 的山坡、沟谷、溪流旁的林缘或林下。

油料价值：种子含油51.2%，可作工业用油。

7）巧玲花 *Syringa pubescens*

木犀科 Oleaceae 丁香属 *Syringa* L.

分布与生境：广布混沟各地，生于海拔800~1900 m沟谷等地的林下、林缘。

油料价值：花可提取芳香油。

8）暴马丁香 *Syringa reticulata* var. *amurensis*

木犀科 Oleaceae 丁香属 *Syringa* L.

分布与生境：分布于红岩河、转林沟、南天门等地，生于海拔1300~1800 m的沟谷、山坡。

油料价值：种子含油28.6%，供工业用油；花可提取芳香油，供制化妆品。

3.3.2.6 有毒植物

混沟有野生有毒植物65种，隶属43属30科，重要的有毒植物有：

1）叶底珠 *Fleuggea suffruticosa*

大戟科 Euphorbiaceae 白饭树属 *Flueggea* Willd.

分布与生境：红岩河，生于海拔600~1500 m的山地、灌丛。

毒性：全株有毒，新鲜的较干燥的毒性大，树液有刺激作用，中毒症状为强直性抽搐、惊厥，直至呼吸停止。

2）苦皮藤 *Celastrus angulata*

卫矛科 Celastraceae 南蛇藤属 *Celastrus* L.

分布与生境：分布于后转林沟、红岩河，生于海拔600~1850 m的山谷、山坡、山沟及灌丛。

毒性：有小毒。根皮和茎皮可作农业杀虫剂。

3）杠柳 *Periploca sepium*

萝藦科 Asclepiadaceae 杠柳属 *Periploca* Linn.

分布与生境：分布于后河水库附近，生于海拔800~1700 m的低山丘陵、道旁及荒坡。

毒性：皮有毒。

4）蝎子草 *Girardinia cuspidata*

荨麻科 Urticaceae 蝎子草属 *Girardinia* Gaud.

分布与生境：广泛分布，生于海拔600~1700 m的林下或沟边阴处。

毒性：刺毛有毒，刺入皮肤后会引起烧痛、红肿。

5）牛扁 *Aconitum barbatum* var. *puberulum*

毛茛科 Ranunculaceae 乌头属 *Aconitum* L.

分布与生境：分布于皇姑幔、卧牛场等地，生于海拔1000~1900 m的山地疏林下及阴湿坡地。

毒性：全草有毒，茎叶干枯后毒性更强。

6）高乌头 *Aconitum sinomontanum*

毛茛科 Ranunculaceae 乌头属 *Aconitum* L.

分布与生境：混沟零星分布，生于海拔1800~2300 m的亚高山草甸、林缘边或灌丛。

毒性：块根含冉乌头碱、刺乌头碱和高乌头乙碱、丙碱等有毒成分。

7）乳浆大戟 *Euphorbia esula*

大戟科 Euphorbiaceae　大戟属 *Euphorbia* L.

分布与生境：分布于后河水库附近，常生于海拔 600~1500 m 的山地及沟谷。

毒性：全草有毒，误食能腐蚀肠胃黏膜，表现为呕吐、腹泻；可作为杀虫剂原料。

8）大戟 *Euphorbia pekinensis*

大戟科 Euphorbiaceae　大戟属 *Euphorbia* L.

分布与生境：混沟零星分布，生于海拔 1000~1600 m 的山坡、路旁、荒地、草丛、林缘及林下。

毒性：根有毒，其乳汁对人皮肤有刺激作用，可引起红肿等皮炎；根的水提液能致泻、呕吐，还有杀虫作用。

9）一把伞南星 *Arisaema erubescens*

天南星科 Araceae　天南星属 *Arisaema* Mart.

分布与生境：分布于混沟、皇姑幔等地，生于海拔 600~1500 m 的林下。

毒性：全株有毒，块茎毒性较大，食 25g 即可引起中毒。

10）半夏 *Pinellia ternata*

天南星科 Araceae　半夏属 *Pinellia* Tenore

分布与生境：零星分布，生于海拔 2100 m 以下的林下、沟谷。

毒性：全株有毒，块茎毒性较大，食 0.1~1.8 g 即可引起中毒。

3.4　植被类型与分布

3.4.1　植被类型分类系统

在对野外样地调查结果和重要值计算分析的基础上，根据混沟地区的植被特点，确定植物种类成分、群落的外貌与结构特征、生态地理特征，作为划分群落类型的重要指标。参照《中国植被》和《山西植被》分类系统，将混沟植被分为 3 个植被型组、7 个植被型、11 个群系、31 个群丛。该区的地带性植被是暖温带阔叶林，零星分布有亚热带成分的植物群落，虽面积很小，但有重要的学术价值（详见表 3-9）。

表 3-9　混沟植被组成

植被型组	植被型	群系	群丛
针叶林	寒温性针叶林	落叶松林	华北落叶松林
	温性针叶林	油松林	油松林
	暖温性针叶林	侧柏林	侧柏林
			白皮松+侧柏林
		华山松林	华山松林

(续)

植被型组	植被型	群系	群丛
针阔叶混交林	寒温性针阔叶混交林	落叶松阔叶林	华北落叶松+红桦林
			华北落叶松+白桦林
	温性针阔叶混交林	油松阔叶林	油松+辽东栎林
			油松+白桦林
	暖温性针阔叶混交林	华山松阔叶林	华山松+辽东栎林
			华山松+山杨+白桦林
阔叶林	落叶阔叶林	山地落叶阔叶林	五角枫林
			山白树林
			鹅耳枥林
			建始槭林
		山地栎林	辽东栎林
			栓皮栎林
			槲栎林
			辽东栎+槲栎林
			辽东栎+栓皮栎林
			辽东栎+槲栎林
		山地落叶阔叶杂木林	鹅耳枥+大果榉林
			枳椇+槭杂木林
			山白树+槭杂木林
			连香树+鹅耳枥林
			连香树+五角枫林
	落叶阔叶林	山地杨桦林	鹅耳枥+槭+椴杂木林
			大果榉+槭+榆杂木林
			白桦林
			红桦林
			山杨+白桦林

3.4.2 群落分布与特点

多条"U"形槽谷和悬沟造成了混沟地区十分奇特的闭塞性地形，由于为数百米高峭壁所围，不能从卧牛场沟口直接进入沟内，只能从转林沟七道腰凹处进入，因而行人难以到达，保存了部分植被的原始性。由于海拔、坡向、水湿条件的不同，植被类型的差异较大，植被带由低到高依次为落叶阔叶林带、温性针叶林(或针阔叶混交林)带、针叶林带。落叶阔叶林主要分布在海拔 700~1500 m，温性常绿针叶林主要建群种分布在海拔 1300 m 以上，海拔 1300~1500 m 是两类植被交替地段，没有明显垂直分布上的差异。

海拔 1800~2100 m 的卧牛场，人工栽培了约 15 hm² 华北落叶松，目前已形成华北落叶松、红桦、白桦组成的针阔叶混交林；海拔 500~1800 m 的阴坡、半阳坡分布着以油松、华山松等为优势种的温性针叶林纯林和针阔叶混交林,其中华山松林和华山松+栎类混交林成为南暖温带针叶林和针阔叶林混交林标志群落;在土壤瘠薄、干旱的地方为油松、侧松、白皮松组成的低、中山针叶林或针阔叶混交林。由于暖温带半湿润气候特征明显,典型落叶阔叶林是混沟地区的地带性森林植被。山地栎林在海拔700~1600 m的山坡和山麓地段分布最为集中,组成以辽东栎、槲栎、栓皮栎等多种栎属树种为优势种的纯林或混交林,海拔分布范围最广,面积最大。在海拔700~1000 m的阴坡、半阴坡则为落叶阔叶林,主要以栎类、槭类、鹅耳枥为主。在沟谷地带,一些暖温带和亚热带成分的树种在森林群落中大量存在,白蜡属、槭属、榆属、鹅耳枥属树木以及连香树、黄连木、山白树等组成片状纯林或落叶阔叶混交林,伴生灌木以木姜子、海州常山、窄叶紫珠、叶底珠、扁担杆、南蛇藤、勾儿茶、狗枣猕猴桃等亚热带成分灌木为主,反映了森林植被分布由暖温带向亚热带过渡性特点。在土壤干瘠的向阳坡,片状分布的侧柏林形成温性针叶树种地带性群落特征,伴生灌木以荆条、黄栌、连翘、胡枝子、陕西荚蒾等为主。

混沟地区偶见成片灌丛或灌草丛植被,灌草植物主要作为伴生物种散生于乔木林分中。

3.4.3 植被类型及其分布

3.4.3.1 针叶林

针叶林是以针叶树为建群种组成的各类森林植物群落的总称。混沟区域以寒温性针叶林(华北落叶松人工林)、温性常绿针叶林(油松林)、暖温性针叶林(侧柏林、白皮松+侧柏林、华山松林)等为主,多为天然次生林或人工林。

1)寒温性针叶林

华北落叶松人工林。华北落叶松喜光,耐寒冷,适生于湿润凉爽的气候。天然分布在北部的恒山(北纬39°)、管涔山、五台山、关帝山及中部的太岳山(36°30′N)等山地。混沟现有华北落叶松林是人工林,于20世纪70年代栽植。林下土壤为淋溶褐土和棕色森林土,土层较厚、湿润、肥沃、排水良好,腐殖质厚5~10 cm。群落外貌整齐,呈浅绿色。华北落叶松高15~25 m,胸径20~30 cm。乔木层郁闭度0.6~0.8,林下灌木稀疏。草本层以薹草和细叶鸢尾为主,其次还有黄精、蛇莓、糙苏、玉竹、舞鹤草、藜芦等。

2)温性针叶林

油松林。油松为我国特有树种。油松林是华北地区温性针叶林的代表类型,在山西省从南到北广泛分布,占全省林地总面积的32.6%。凡海拔800~1800 m的低、中山地均能良好生长,多分布于海拔1200~1600 m。人工油松林分布的下限可降到海拔650 m或更低。混沟油松林为人工油松林,分布于海拔700 m,平均株高5 m左右,目前发育良好。土壤多为山地褐色土、淋溶褐土和棕色森林土。油松林群落外貌较整齐,层次分明,郁闭度0.5~0.7,常与华山松、辽东栎、栓皮栎、山杨、白桦组成针阔叶混交林。油松林草本层植物种类多样,以菊科、莎草科、毛茛科、唇形科及禾本科植物为多。

3)暖温性针叶林

(1)侧柏林。侧柏林主要分布于后河水库至转林沟岩石裸露、土层瘠薄的中性或微碱性的石质山坡,大部分为山地粗骨性褐土,多分布于海拔700~1400 m的阳坡。乔木层郁闭度多为 0.3~0.5。乔木层中多伴生有油松、辽东栎、栓皮栎、白皮松、鹅耳枥和榆树等。林下灌木常见有荆条、黄栌、黄刺玫、虎榛子、三裂绣线菊、小叶鼠李、小叶丁香等。草本植物中薹草占优势，其次还有铁杆蒿、兴安胡枝子、鸦葱、柴胡、远志等。

（2）白皮松+侧柏林。白皮松+侧柏林分布于后河水库至转林沟海拔 700~1300 m 的山地阳坡，枯枝落叶层 1~2 cm。气候温暖、土壤干旱瘠薄，地表基岩裸露或为砂岩及其风化物，土壤为山地粗骨性褐土。乔木层郁闭度 0.5~0.6；侧柏高 3~5 m，胸径 5~7 m；白皮松高 3~5 m，胸径 8~10 cm。其他树种有鹅耳枥、辽东栎、橿子栎、油松等。灌木层盖度为 40%，主要有荆条、黄刺玫、黄栌、虎榛子、山桃等。草本层盖度 30%，主要有铁杆蒿、薹草、鸡眼草等。

（3）华山松林。华山松林是暖温带山地的重要针叶林，主要分布于混沟海拔 1400~1900 m 的阴坡、半阴坡、半阳坡或山梁，海拔 1700 m 以上的阴向沟坡有小片分布。土壤为山地淋溶褐土和山地棕壤。枯枝落叶层较厚。乔木层郁闭度 0.7 以上，华山松高 10~15 m，胸径 10~18 cm。通常混生有油松、白桦、山杨、辽东栎、鹅耳枥等。灌木层盖度 30%~40%，主要种类有胡枝子、杭子梢、陕西荚蒾、桦叶荚蒾、黄刺玫等。草本层主要有薹草、老鹳草、天南星等。阴湿处有藓类。华山松林属亚热带植物区系，山西省中条山为其自然分布的北界。山西的华山松林虽然稀少，只有一些小面积的纯林或者混交林，但它是山西省稀有珍贵的森林植被类型。

3.4.3.2 针阔叶混交林

混沟区域以华北落叶松、白桦、红桦为主要建群种的寒温性针阔叶混交林集中分布于海拔较高的卧牛场山地，其中华北落叶松为人工栽培。

1）寒温性针阔叶混交林

（1）华北落叶松+红桦林。本类型主要分布于卧牛场海拔 2200 m 左右的阴坡、半阴坡，林下土壤为淋溶褐土和棕色森林土，土层较厚、湿润、肥沃、排水良好，腐殖质厚 10~15 cm。乔木层郁闭度 0.7~0.8，林下灌木稀疏。草木层以薹草和细叶鸢尾为主，其次还有黄精、蛇莓、糙苏、玉竹、舞鹤草、藜芦等。

（2）华北落叶松+白桦林。本类型主要分布于混沟海拔 1900~2200 m 的阳坡、半阳坡，面积不大。林下土壤为棕色森林土，土层深厚，枯枝落叶层厚 5~8 cm，水湿条件较好。乔木层中除华北落叶松、白桦外，还混有山杨、辽东栎、红桦等。郁闭度 0.6~0.7。华北落叶松高达 12~15 m，胸径 15~20 cm。白桦高 4~6 m，胸径 6~10 cm，生长良好。林下灌木种类较多，主要种类有水枸子、山梅花、虎榛子、土庄绣线菊、东北茶藨子、美蔷薇等。草木层以薹草为主，其次有藜芦、紫斑风铃草、歪头菜、玉竹、蛇莓等。

2）温性针阔叶混交林

（1）油松+辽东栎林。本类型分布在混沟海拔 1200~2000 m 的山坡，土壤主要为山地褐色土。乔木层伴生树种有五角枫、花楸、山杨、白桦、茶条槭等。郁闭度 0.6~0.7。油松高 9~11 m，胸径 15~21 cm；辽东栎高 7~9 m，胸径 13~20 cm。林下灌木种类主要有土庄绣线菊、美蔷薇、三裂绣线菊、六道木、虎榛子、桦叶荚蒾、照山白、金花忍冬等。草本植物中薹草占优势，其次有白羊草、柴胡、苍术、铁杆蒿、白头翁、防风、野艾蒿等。

(2)油松+白桦林。油松、白桦林分布于混沟海拔 1200~2000 m 的山地阴坡、半阴坡。土壤为棕色森林土，或山地褐色土。土层较厚、枯枝落叶层厚 4~10 cm。郁闭度 0.6~0.8。乔木层中混生有山杨、辽东栎、五角枫、红桦等。林下灌木主要有胡枝子、土庄绣线菊、虎榛子、黄刺玫、照山白、丁香等。草本植物以细叶薹草为主，另有牛扁、铁杆蒿、黄精、玉竹、柴胡、苍术、秦艽、歪头菜、马先蒿等。

(3)华山松+辽东栎林。本类型分布在混沟海拔 1200~2000 m 的山地半阳坡、半阴坡。土壤为山地淋溶褐土和山地棕壤。郁闭度 0.7 以上。华山松高 10~15 m，胸径 10~18 cm；辽东栎高 9~11 m，胸径 18~22 cm。通常混生有油松、白桦、山杨、鹅耳枥、茶条槭等。灌木层盖度 30%~40%，主要种类有土庄绣线菊、美蔷薇、杭子梢、陕西荚蒾、桦叶荚蒾、黄刺玫等。草本层主要有薹草、老鹳草、天南星等。

(4)华山松+山杨+白桦林。主要分布于混沟海拔 1500~2000 m 的山地阴坡、半阴坡。土壤为棕色森林土，或山地褐色土。土层较厚、枯枝落叶层厚 5~15 cm。郁闭度 0.7~0.8。乔木层中混生有辽东栎、五角枫、红桦等。林下灌木主要有胡枝子、土庄绣线菊、虎榛子、黄刺玫、照山白、丁香等。草本植物以大皮针叶薹草为主，另有牛扁、铁杆蒿、黄精、玉竹、柴胡、苍术、秦艽、歪头菜、马先蒿等。

3.4.3.3 落叶阔叶林

阔叶林是以阔叶树种为建群种所组成的各种植物群落的总称，在混沟森林植被中占据主要的位置。群落的乔木层是温性、暖温性落叶阔叶树种，其林下灌木也是落叶种类，草本植物冬季枯死或以种子越冬。落叶阔叶林季相变化特别明显。冬季植物群落处于休眠状态；次年春季，随着气候变暖，植物萌发、返青；夏季则是群落生长的旺盛时期，呈现葱绿景观；秋季气候逐渐变冷，群落外貌变黄，乔灌树种进入落叶期，草本植物枯萎，向越冬期过渡。落叶阔叶林树种组成以栎类、榆属、鹅耳枥属树木以及连香树、黄连木、山白树、胡桃楸等为主。

(1)辽东栎林。辽东栎林是温带落叶阔叶林区域典型地带性植被类型之一，广布于混沟海拔 800~2200 m 的山坡，土壤为山地褐土、淋溶褐土和山地棕壤土。常与栓皮栎、华山松、黄连木、鹅耳枥、槲栎、白桦、山杨、油松等混交，组成阔叶混交林或针阔混交林。乔木层郁闭度 0.5~0.8。树高 10~16 m，胸径 15~25 cm。灌木层有陕西荚蒾、山合欢、盐肤木、毛黄栌等；藤本植物有五味子、蛇葡萄、南蛇藤等。

(2)栓皮栎林。栓皮栎林是暖温带地带性主要植被类型之一，在混沟主要分布于海拔 500~1300 m 的阳坡、半阳坡或者半阴坡。常与槲栎、辽东栎、橿子栎、油松混交组成针阔叶混交林或阔叶混交林。乔木层郁闭度 0.4~0.8。平均树高 13~20 m，胸径 15~30 cm。灌木层高 0.5~3 m，常见种类有连翘、多花胡枝子、杭子梢、孩儿拳头、荆条、牛奶子、黄刺玫等。草本层主要有薹草、黄背草、柴胡等。藤本植物有大瓣铁线莲、短梗菝葜、五味子、三叶木通、山葡萄、茜草等。

(3)槲栎林。槲栎林是典型的落叶阔叶林，分布于混沟海拔 1000~1700 m 的阴坡、半阴坡和半阳坡。郁闭度一般为 0.6~0.8，常混生有辽东栎、槲栎、漆树、五角枫、栾树、鹅耳枥、白桦、油松等。林下灌木有胡枝子、黄栌、荆条、三裂绣线菊、山桃等。草本植物有薹草、野古草等。

(4)鹅耳枥+槭+榆杂木林。以鹅耳枥属、槭属、榆属为主要树种所组成的杂木林，伴生有多种落叶阔叶树种。主要分布于混沟海拔1000~1600 m的阴坡、半阴坡。群落郁闭度0.6~0.8，树高8~l0 m。伴生树种有野核桃、裂叶榆、千金榆、茶条槭、柳等。群落组成复杂，变异大，大多为复层结构。林下灌木主要有土庄绣线菊、灰栒子、陕西荚蒾、金花忍冬、甘肃山楂、栓翅卫矛、小花溲疏、山梅花等。草本植物常见有糙苏、升麻、藜芦、华北耧斗菜等。

(5)白桦林。白桦林是山西省山地分布较广的天然次生落叶阔叶林，分布于混沟海拔2000 m左右的阴坡，土壤为棕色森林土。常和山杨混交成山杨+白桦林。树高达15~20 m，胸径20~40 cm。伴生树种有山杨、红桦、辽东栎、油松、蒙椴等。灌木有土庄绣线菊、三裂绣线菊、金花忍冬、陕西荚蒾、灰栒子等。草本植物有薹草、风毛菊、北柴胡等。

(6)红桦林。红桦林主要分布于混沟海拔2000~2500 m的山地，土层肥厚，为棕色森林土和亚高山草甸土。常与华北落叶松、白桦、山杨混交。树高10~14 m，胸径30~50 cm。林下灌木有北京花楸、小叶丁香、胡枝子、黄刺玫等。草本植物有九节菖蒲、披针叶薹草、委陵菜等。

7)山杨+白桦林。山杨+白桦林是山西省山地广泛分布的次生落叶阔叶林，在混沟零散分布于海拔1200~2100 m的阳坡、半阴坡。土壤为山地褐土或棕壤。山杨高达10~18 m，胸径10~40 cm；白桦高达15~20 m，胸径15~25 cm。树干通直、林相整齐。常有华山松、红桦伴生。林下灌木有三裂绣线菊、灰栒子、黄刺玫、沙棘、虎榛子等。草本植物有披针叶薹草、蒲儿根、唐松草、齿叶橐吾、马先蒿等。

第4章
脊椎动物专题报告

技术指导：胡德夫
调　　查：胡德夫　李春旺　盖　强　史荣耀　杨向明
　　　　　薛红忠　樊恩宇　李大卫　张宝峰
执　　笔：胡德夫　李春旺　史荣耀　杨向明

混沟区域位于历山国家级自然保护区的核心区，隶属动物地理的古北界东北亚界华北区黄土高原亚区晋南—渭河—伏牛山省，位居华北区中南部，与毗邻的动物地理华中区相望。该区域地处中条山东端，地形切割剧烈，沟谷相连，水热条件良好，植被生长繁茂，垂直带明显，是华北区具有代表性的暖温带山地森林生态系统类型。

本次调查结果显示，混沟区域有陆栖脊椎动物68种，其中，两栖类3种，爬行类5种，鸟类47种，兽类13种。区系成分两栖类以广布种为主，占比为57.1%；爬行类以广布种为主，占比为60%；鸟类以古北种为主，占比48.1%；兽类以广布种为主，占比为48.1%，区系成分呈现以古北种和广布种为主体、东洋界成分渗入明显的区系特征，也表明该区域具有南北生态地理动物群的边缘效应特征。

混沟区域两栖类、爬行类、鸟类和兽类分别占历山国家级自然保护区的23.1%、35.7%、32%、33.3%，平均为31.5%。相较于混沟仅占保护区面积的13.31%，这一物种比例表明，混沟区域是历山国家级自然保护区陆栖脊椎动物物种多样性富集区。

混沟区域动物栖息地类型可划分为地带性的疏林灌丛、山地森林及非地带性的湿地。依据动物体型、食性、栖息地、生态习性等划分的摄食集团数量为12个，三个栖息地类型分别有8个、10个和4个，表明疏林灌丛是陆栖脊椎动物更为丰富的栖息地类型。鸟类群落Shannon-Wiener多样性指数（H）分别为2.38、2.05和1.02，反映疏林灌丛属于物种丰富度较高的环境。

从栖息地、数量等级和食物资源角度分析，鸟类是最为敏感的动物类群；从食物、水源和隐蔽条件三大生存要素分析，水源是相对脆弱的生态因子；从动物生活史角度分析，春季4—5月是动物保护的关键时期。从动物分布而言，是东洋界6种国家重点保护物种分布区北缘，应予以更多关注。

历山国家级自然保护区保护等级较高的动物基本都出现于混沟区域，表明该区域具有很好的代表性和保护价值。华北区大多区域已消失的华北豹、原麝、黑鹳见于混沟，表明该区域在濒危物种保护上具有很高的价值，甚至可成为这些濒危物种未来扩散的种源库。

4.1 绪 言

4.1.1 调查区域

本次调查区域位于历山国家级自然保护区西南部的混沟区域,属保护区的核心区,地理位置111°54′03″—111°56′29″E、35°20′07″—35°23′10″N,面积约33 km²。区域内东面的皇姑幔海拔最高2143 m,南面锯齿山海拔为1833 m,北面的南天门海拔1692 m。混沟区域主沟深幽,有狭谷瀑布多处,流向曲折,谷底呈阶梯状"之"字形,阶梯之间多有山涧溪流。混沟区域是典型的褐色土地带,由于地形、气候、海拔的不同和植物群落的差异,呈现出垂直分布特征,从高海拔至低海拔依次为山地棕壤土和山地褐土。混沟区域属暖温带大陆性季风气候区。据垣曲县华峰气象站资料记载,海拔500 m处年平均气温13.3 ℃,1月为-1~2 ℃,7月为27~28 ℃,极端最高温度达38.8 ℃;无霜期228 d;年平均降水量667 mm,最高达1200 mm,降水多集中在7—9月,占全年降水量70%左右。混沟区域在中国植被划分上属暖温带落叶阔叶林地带,森林茂密,生物区系复杂,植被垂直带谱明显,栎类植物群落是本区的地带性原生植被类型。

本次除对混沟区域调查外,还选定混沟外围历山镇疏林灌丛地带作为补充调查区域。

4.1.2 调查方法

4.1.2.1 两栖类

采取样线法调查,样线长3 km、宽50 m,沿两栖动物主要栖息地河流岸边步行调查。调查者沿样线的步行速度为1~2 km/h。发现动物时,记录动物名称、数量、痕迹类型、痕迹数量及距离样线中线的垂直距离、地理位置、影像等信息,同时使用GPS记录样线调查的行进航迹。根据调查实际情况以及调查人员能力,可选择不定宽样线法。

4.1.2.2 爬行类

采取样线法调查,样线长5 km、宽50 m,沿爬行动物主要栖息地山地森林、河流岸边等处步行调查。调查技术要求参照两栖类样线法。

4.1.2.3 鸟 类

1)样线法

样线法适宜于开阔地带的鸟类调查,例如疏林地、林缘、灌丛、农田等生境。根据GIS判读结果,结合实际情况,在地图上合适生境中设置20条样线,样线长3~5 km、宽25~50 m。

调查应在晴朗、风力不大(三级以下风力)的天气条件下进行,调查时间宜选取某种鸟类日活动节律的高峰期,即上午7:00~10:00,下午15:00~18:00。

沿预设样线进行调查时,采用步行的方式,使用GPS等工具,进行过程中通过鸟类鸣叫辨别,或用双筒望远镜观测、记录样线两侧25~50 m范围内发现的鸟类及其活动痕迹,用相机采集影像数据,同时记录物种的数量、距离样线中线的垂直距离、地理位置、海拔、栖息地类型及干扰情况等信息。

2) 样点法

样点法适宜在林木茂密、视野不开阔的地带或者在地形复杂不适宜采用样线法的区域使用，主要针对小型鸣禽调查。根据 GIS 判读结果，结合实际情况，在地图上合适生境中随机预设 10 条样带，样带长度 5~6 km，在每条样带上较为均匀布设 20 个样点，样点半径 25~50 m，样点间距不少于 200 m。

到达样点后，宜安静休息 5 min 后，以调查人员所在地为样点中心，观察并记录四周发现的动物名称、数量、距离样点中心距离、影像等信息。每个样点的计数时间为 10 min。每只鸟类只记录一次，飞出又飞回的鸟不进行计数。

3) 直接计数法

直接计数法适用于集群觅食、繁殖或栖息的鸟类调查，尤其是游禽和涉禽。因此，该方法主要应用于湿地生境（如河流、水库等）的鸟类调查。首先通过访问调查、历史资料等确定鸟类集群时间、地点、范围等信息，并在地图上标出。调查时记录鸟类的种类、数量、集群位置、影像等信息。

4) 红外相机拍摄法

红外相机拍摄法适用于一些难以观察到的地栖性鸟类调查，如陆禽。根据 GIS 判读结果，结合实际情况，在地图上随机选择 10 处鸟类水源地布设红外触发式相机 10 台，连续采集鸟类影像数据，对监测不理想的点位及时调整，确保监测效果。调查时记录像机放置时间、拍摄到的鸟类种类和数量、拍摄时间及地点等信息。

红外相机应固定在树干等自然物体上，确保相机不能非人为脱落，不易被非工作人员发现和取走。根据地形，相机高度宜设定为 0.3~1.0 m，镜头宜与地面平行，并避免阳光直射镜头。相机宜选择全天拍摄模式，并反复测试，确保相机正常工作，测试完毕后，应对现场进行清理，还原其自然环境。

4.1.2.4 兽类

采取访问法、样线法、铗夜法和红外相机拍摄法进行调查。铗夜法主要是对夜间活动的鼠类进行调查，采用单线法布铗，铗间距 5 m，每天下午 16:00 布铗，布铗数量不低于 100 个。样线法和红外相机拍摄法参照鸟类调查中的方法进行。

4.1.2.5 栖息地

结合野生种群数量调查，进行栖息地调查。发现野生动物实体或活动痕迹时，记录动物或活动痕迹所在地的地貌、坡度、坡位、坡向、植被类型等栖息地因子及干扰状况和保护状况。

4.2 动物种类及区系组成

4.2.1 物种组成

本次调查共发现混沟区域有陆栖脊椎动物 68 种。按动物类群分为，两栖类 3 种，占历山保护区两栖类物种记录的 23.1%；爬行类 5 种，占历山保护区爬行类物种记录的 35.7%；鸟类 47 种，占历山保护区鸟类物种记录的 32%；兽类 13 种，占历山保护区兽类物种记录的 33.3%。总体而言，混沟区域的陆栖脊椎动物的种数占历山国家级自然保护区的 31.5%。历山混沟科学考察野生脊椎动物名录见表 4-1。

混沟区域为起伏剧烈的山体和沟谷组成，相对高差达 1000 m，形成了明显的植被垂直带谱。混沟面积约为 33 km^2，仅占历山保护区面积 248 km^2 的 13.3%，而物种数占比却高达 30.6%，表明混沟区域是历山国家级自然保护区内陆栖脊椎动物物种多样性富集区。调查中还发现，区域内保护等级较高的陆栖脊椎动物基本都出现于混沟区域，进一步说明该区域具有很好的代表性和保护价值。

在一定地理范围内，物种数与面积呈正相关。基于混沟区域的面积有限，并受食物、水源和隐蔽条件等生存要素的制约，许多出现于历山国家级自然保护区的陆栖脊椎动物不可能都生存于有限的混沟区域，这也是混沟区域陆栖脊椎动物占整个保护区 1/3 的重要原因。

混沟区域处于保护区核心地带，山体相对高大，山体和沟谷的海拔均在 1000 m 以上，海拔较高，气温明显低于中低海拔带。两栖类和爬行类是变温动物类群，随着海拔升高，生存条件必然较之中低海拔带变差，导致这两类动物物种数减少。

再者，本次调查时间为春末，一些迁徙物种可能尚未回归，这应该也是 1984 年调查记录到的物种本次未在混沟区域记录到的原因之一。

本次调查布设了大量的红外自动相机，试图记录诸如食肉类等夜行性和警戒性高的物种，因为部分相机尚未收回，部分资料尚待进一步整理分析。若完整归纳红外自动相机的数据，相信混沟区域的物种数还会有所增加。

表 4-1 山西历山混沟科学考察野生脊椎动物名录

动物种类	本次调查		1984 年调查	数量级	分布型	区系成分	居留型	保护级别
	混沟区域	混沟周边	历山地区					
一、两栖纲 AMPHIBIA								
（一）无尾目 ANURA								
1. 蟾蜍科 Bufonidae								
（1）花背蟾蜍 Bufo raddei	A		√	+	X	古北		
（△）中华大蟾蜍 Bufo gargarizans		D	√	+	E	广布		
（*）西藏蟾蜍 Bufo tibetanus			√		H	广布		
2. 蛙科 Ranidae								
（*）金线侧褶蛙 Pelophylax plancyi			√		E	广布		
（△）黑斑侧褶蛙 Pelophylax nigromaculata	A		√	++	E	广布		
（2）中国林蛙 Rana chensinensis	A		√	+	X	广布		
（3）隆肛蛙 Rana quadranus	A		√	+++	S	东洋		
（*）无指盘臭蛙 Odorrana grahami			√		H	东洋		
*. 姬蛙科 Microhylidae								
（*）北方狭口蛙 Kaloula borealis			√		X	广布		
（*）饰纹姬蛙 Microhyla ornata			√		W	东洋		

(续)

动物种类	本次调查		1984年调查 历山地区	数量级	分布型	区系成分	居留型	保护级别
	混沟区域	混沟周边						
*. 树蛙科 Rhacophoridaae								
（*）树蛙 *Rhacophorus* sp.			√		W	东洋		
*. 锄足蟾科 Pelobatidae								
（*）角蟾 *Megophrys* sp.			√		W	东洋		
（二）有尾目 CAUDATA								
隐鳃鲵科 Cryptobrachidae								
（△）大鲵 *Andrias davidianus*	B		√	+	E	广布		Ⅱ
二、爬行纲 REPTILIA								
（一）龟鳖目 TESTUDINES								
*. 鳖科 Trionychidae								
（*）鳖 *Pelodiscus sinensis*			√		E	广布		
（二）有鳞目 SQUAMATA								
蜥蜴亚目 LACERTILIA								
1. 壁虎科 Gekkonidae（Sauria）								
（*）大壁虎 *Gekko gekko*			√		W	东洋		Ⅱ
（*）多疣壁虎 *Gekko japonicus*			√		S	东洋		
（1）无蹼壁虎 *Gekko swinhonis*	A		√	+	B	广布		
2. 蜥蜴科 Lacertidae								
（*）丽斑麻蜥 *Eremias argus*			√		X	古北		
（2）山地麻蜥 *Eremias brenchleyi*	A		√	+++	X	古北		
3. 鬣蜥科 Agamidae								
（3）草绿龙蜥 *Japalura flaviceps*	AD			++	H	东洋		
4. 石龙子科 Scincidae								
（4）蓝尾石龙子 *Eumeces elegans*	A			+	S	广布		
（5）铜蜓蜥 *Spenomorphus indicus*	A			+	W	广布		
（三）蛇目 SERPENTES								
*. 蝰科 Viperidae								
（*）中介蝮 *Agkistrodon intermedius*			√		D	古北		
（*）菜花原矛头蝮 *Protobothrops jerdonii*			√		H	东洋		
*. 游蛇科 Colubridae			√					
（*）锈链游蛇 *Natrix craspedogaster*			√		S	东洋		
（*）红点锦蛇 *Elaphe rufodorsata*			√		E	广布		
（*）黄脊游蛇 *Coluber spinalis*			√		U	古北		
（*）赤链蛇 *Dindon rufozonatum*			√		E	广布		

(续)

动物种类	本次调查		1984年调查历山地区	数量级	分布型	区系成分	居留型	保护级别
	混沟区域	混沟周边						
（*）黑眉锦蛇 Orthriophis taeniuru			√		W	广布		
三、鸟纲 AVES								
（一）鹳形目 CICONIIFORMES								
1. 鹭科 Ardeidae								
（*）苍鹭 Ardea cinerea			√		U	广布	夏	省
（*）草鹭 Ardea purpurea			√		U	广布	旅	
（1）大白鹭 Egretta alba	D	D		+	O	广布	夏	
2. 鹳科 Ciconiidae								
（2）黑鹳 Ciconia nigra	D	D	√	+	U	古北	夏	I
*. 鹮科 Threskiorothidae								
（*）朱鹮 Nipponia nippon			?					I
（二）雁形目 ANSERIFORMES								
3. 鸭科 Anatidae								
（*）灰雁 Anser anser			√		U	古北	旅	
（*）鸿雁 Anser cygnoides			√		M	古北	旅	II
（*）花脸鸭 Anas formosa			√		M	古北	旅	II
（*）绿头鸭 Anas platyrhynchos			√		C	古北	冬	
（3）斑嘴鸭 Anas poecilorhyncha	A			+	W	古北	夏	
（4）鸳鸯 Aix galericulata	D		√	+	E	广布	旅	II
（三）隼形目 FALCONIFORMES			√					
4. 鹰科 Accipitridae			√					
（*）鸢 Milyus korschun			√		U	广布	留	II
（*）雀鹰 Accipiter nisus			√		U	古北	留	II
（*）金雕 Aquila chrysaetos			√		C	古北	留	I
（*）秃鹫 Aegypius monachus			√		O	古北	留	II
（5）大鵟 Buteo bemilasius	D		√	+	D	古北	冬	II
（*）白尾海雕 Haliaeetus albicilla			√		U	古北	旅	I
（*）蜂鹰 Pernis ptilorhynchus			√		W	古北	夏	II
5. 隼科 Falconidae								
（*）猎隼 Falco cherrug			√		C	古北	旅	II
（*）燕隼 Falco subbuteo			√		U	古北	夏	II
（*）灰背隼 Falco columbarius			√		C	古北	旅	II
（△）阿穆尔隼 Falco amurensis		A	√	++	C	古北	夏	II
（6）红隼 Falco tinnunculus	A		√	++	O	广布	留	II

(续)

动物种类	本次调查		1984年调查	数量级	分布型	区系成分	居留型	保护级别
	混沟区域	混沟周边	历山地区					
（四）鸡形目 GALLIFORMES								
6. 雉科 Phasianidae								
（＊）石鸡 Alectoris graeca			√		D	古北	留	
（＊）斑翅山鹑 Perdix dauuricae			√		D	古北	冬	
（＊）鹌鹑 Coturnix coturnix			√		O	古北	冬	
（7）勺鸡 Tetrao urogallus	A		√	++	S	古北	留	Ⅱ
（8）环颈雉 Phasianus colchicus	A	A	√	++	O	古北	留	
（＊）白冠长尾雉 Syrmaticus reevesii			?					Ⅱ
（9）红腹锦鸡 Chrysolophus pictus	A	D		+	W	东洋界	留	Ⅱ
（五）鹤形目 GRUIFORMES								
＊. 鹤科 Gruidae								
（＊）灰鹤 Grus grus			√		U	广布	冬	Ⅱ
7. 秧鸡科 Rallidae								
（10）白胸苦恶鸟 Amaurornis phoenicurus	A			+	W	东洋	夏	
（＊）黑水鸡 Gallinula chloropus			√		O	广布	旅	
（＊）白骨顶 Fulica atra			√		O	广布	旅	
（六）鸻形目 CHARADRIIFORMES								
＊. 鸻科 Charadriidae								
（＊）剑鸻 Charadrius hiaticula			√		C	广布	冬	
（＊）金眶鸻 Charadrius dubius			√		O	广布	夏	
＊. 丘鹬科 Scolopacidae								
（＊）丘鹬 Scolopax rusticola			√		U	广布	旅	
（＊）小杓鹬 Numenius minutus			√		M	广布	旅	Ⅱ
（＊）青脚鹬 Tringa nebularia			√		U	东洋	旅	
8. 反嘴鹬科 Recurvirostridea								
（＊）黑翅长脚鹬 Himantopus himantopus			√		O	古北	夏	
（△）鹮嘴鹬 Ibidorhyncha struthersii		D	√	+	P	古北	旅	Ⅱ
（七）鸽形目 COLUMBIFORMES								
9. 鸠鸽科 Columbidae								
（11）岩鸽 Columba rupestris	A	A	√	+	O	古北	留	
（12）山斑鸠 Streptopelia orientali	A		√	++	E	广布	夏	
（＊）灰斑鸠 Streptopelia decaocto			√		W	广布	留	
（△）珠颈斑鸠 Streptopelia chinensis		A	√	++	W	东洋	留	
（＊）火斑鸠 Streptopelia tranquebarica			√		W	东洋	留	

（续）

动物种类	本次调查		1984年调查 历山地区	数量级	分布型	区系成分	居留型	保护级别
	混沟区域	混沟周边						
（八）鹃形目 CUCULIFORMES								
10. 杜鹃科 Cuculidae								
（13）鹰鹃 *Cuculus sparverioides*	A	A		+	W	广布	夏	
（△）四声杜鹃 *Cuculus micropterus*		A	√	+	W	东洋	夏	省
（△）大杜鹃 *Cuculus canorus*		D	√	+	O	广布	夏	
（14）中杜鹃 *Cuculus saturatus*	A			++	M	广布	夏	
（*）小杜鹃 *Cuculus poliocephalus*			√		W	东洋	夏	省
（△）噪鹃 *Eudynamys scolopacea*		A		+	W	东洋	留	
（九）鸮形目 STRIGIFORMES								
11. 鸱鸮科 Strigidae								
（15）雕鸮 *Bubo bubo*	A		√	+	U	古北	留	II
（16）纵纹腹小鸮 *Athene noctua*	A		√	+	U	古北	留	II
（*）长耳鸮 *Asio otus*			√		C	古北	冬	II
（十）夜鹰目 CAPRIMULGIF								
12. 夜鹰科 Caprimulgidae								
（17）普通夜鹰 *Caprimulgus indicus*	A		√	+	W	广布	夏	省
（十一）雨燕目 APODIFORMES								
*. 雨燕科 Apodidae								
（*）白腰雨燕 *Apus pacificus*			√		M	古北	夏	
（十二）佛法僧目 CORACIIFORMES								
13. 翠鸟科 Alcedinidae								
（18）普通翠鸟 *Alcedo atthis*	A		√	+	O	广布	夏	
（△）蓝翡翠 *Halcyon pileata*		A	√	+	W	东洋	夏	省
14. 戴胜科 Upupiddae								
（19）戴胜 *Upupa epops*	A		√	+	O	广布	留	
（十三）䴕形目 PICIFORMES								
15. 啄木鸟科 Picidae								
（20）灰头绿啄木鸟 *Picus canus*	A	A	√	+	U	广布	留	
（21）黑啄木鸟 *Dryocopus martius*	A		√	+	U	广布	留	II
（22）大斑啄木鸟 *Dendrocops major*	A		√	++	U	古北	留	
（△）星头啄木鸟 *Dendrocops canicapillus*		A	√	+	W	东洋	留	省
（十四）雀形目 PASSERIFORMES								
16. 百灵科 Alaudidae								
（△）凤头百灵 *Calerida cristata*		A	√	+	O	古北	留	

（续）

动物种类	本次调查 混沟区域	本次调查 混沟周边	1984年调查 历山地区	数量级	分布型	区系成分	居留型	保护级别
（*）云雀 Alauda arvensis			√		U	古北		Ⅱ
17. 燕科 Hirundinidae								
（△）家燕 Hinundo rustica	A		√	+++	C	广布	夏	
（*）金腰燕 Hinundo daurica			√		O	广布	夏	
（*）岩燕 Ptyonoprogne rupestris			√		O	广布	夏	
（*）毛脚燕 Delichon urbica			√		U	东洋	夏	
18. 鹡鸰科 Motacillidae								
（*）树鹨 Anthus hodgsoni			√		M	古北	夏	
（*）山鹡鸰 Dendronanthus indicus			√		M	古北	夏	
（△）白鹡鸰 Motacilla alba		A	√	+	O	古北	夏	
（23）灰鹡鸰 Motacilla cinerea	A		√	+	O	古北	夏	
（△）黄鹡鸰 Motacilla flava		A	√	+	U	古北	旅	
（△）黄头鹡鸰 Motacilla citreola		A	√	+	U	古北	旅	
*. 山椒鸟科 Campephagidae								
（*）暗灰鹃鵙 Coracina melaschistos			√		W	东洋	旅	
（*）长尾山椒鸟 Pericrocotus ethologus			√		H	东洋	冬	
19. 鹎科 Pycnonotidae								
（△）白头鹎 Pycnonotus sinensis		A	√	++	S	东洋	旅	
（△）领雀嘴鹎 Spizixos semitorques		A	√	+	S	东洋	留	
*. 伯劳科 Laniidae								
（*）红尾伯劳 Lanius cristatus			√		X	古北	夏	
（*）楔尾伯劳 Lanius sphenocercus			√		M	古北	旅	省
（*）虎纹伯劳 Lanius tigrinus			√		X	古北	夏	
20. 黄鹂科 Oriolidea								
（△）黑枕黄鹂 Oriolus chinensis		A	√	+	W	东洋	夏	省
21. 卷尾科 Dicruridae								
（△）黑卷尾 Dicrurus macrocercus		A	√	+	W	东洋	夏	
（△）发冠卷尾 Dicrurus hottentottus		A	√	++	W	东洋	夏	省
22. 椋鸟科 Sturnidae								
（*）北椋鸟 Sturnus sturninus			√		X	古北	夏	省
（△）灰椋鸟 Sturnus cineraceus		A	√	++	X	古北	夏	
23. 鸦科 Corvidae								
（24）松鸦 Garrulus glandarius	A		√	+	U	古北	留	
（25）红嘴蓝鹊 Urocissa erythrorhyncha	A	A	√	++	W	东洋	留	

(续)

动物种类	本次调查		1984年调查 历山地区	数量级	分布型	区系成分	居留型	保护级别
	混沟区域	混沟周边						
（26）灰喜鹊 *Cyanopica cyanus*	A	A	√	++	U	古北	留	
（△）喜鹊 *Pica pica*		A	√	++	C	广布	留	
（27）星鸦 *Nucifraga caryocatactes*	A		√	++	U	古北	留	
（*）凸鼻乌鸦 *Corvus frugilegus*			√		U	古北	留	
（*）寒鸦 *Corvus monedula*			√		U	广布	留	
（28）大嘴乌鸦 *Corvus macrorhynchos*	A	A	√	++	E	广布	留	
（*）白颈鸦 *Corvus pectoralis*			√		S	广布	留	
（*）红嘴山鸦 *Pyrrhocorax pyrrhocorax*			√		O	古北	留	
24. 河乌科 Cinclidae								
（△）褐河乌 *Cinclus pallasii*	A		√	+	W	广布	夏	省
25. 鹪鹩科 Troglodytidea								
（29）鹪鹩 *Torglodytes troglodytes*	A		√	+	C	古北	留	
26. 鹟科 Muscicapidae								
（△）蓝喉歌鸲 *Luscinia svecica*	A			+	U	古北	旅	Ⅱ
（*）蓝歌鸲 *Luscinia cyane*			√		M	古北	旅	
（*）红胁蓝尾鸲 *Tarsiger cyanurus*			√		M	古北	夏	
（△）北红尾鸲 *Phoenicurus auroerus*	A		√	++	M	古北	夏	
（30）红尾水鸲 *Rhyacornis fuliginosus*	A		√	++	W	广布	夏	
（31）白额燕尾 *Enicurus leschenaultia*	A		√	++	W	广布	留	
（△）黑喉石䳭 *Saxicola torquata*	A		√	+	O	古北	夏	
（*）白顶䳭 *Oenanthe pleschanka*			√		D	古北	夏	
（*）白喉矶鸫 *Monticola gularis*			√		D	古北	夏	
（*）蓝矶鸫 *Monticola solitarius*			√		O	东洋	夏	
（32）紫啸鸫 *Myophonus caeruleus*	A		√	++	W	东洋	夏	
（*）白眉姬鹟 *Ficedula zanthopygia*			√		M	古北	夏	
（*）黄眉姬鹟 *Ficedula narcissina*			√		B	古北	夏	
（*）乌鹟 *Muscicapa sibirica*			√		M	广布	旅	
（*）北灰鹟 *Muscicapa dauurica*			√		M	广布	旅	
（33）蓝喉仙鹟 *Cyornis rubeculoides*	A			+	W	广布	夏	
27. 鸫科 Turdidae								
（*）白腹鸫 *Turdus pallidus*			√		M	广布	旅	
（*）斑鸫 *Turdus naumanni*			√		M	广布	冬	
（*）宝兴歌鸫 *Turdus mupinensis*			√		H	东洋	旅	
28. 林鹛科 Timaliidae								

(续)

动物种类	本次调查 混沟区域	本次调查 混沟周边	1984年调查 历山地区	数量级	分布型	区系成分	居留型	保护级别
（△）锈脸钩嘴鹛 *Pomatorhinus erythrogenys*	D		√	++	S	东洋	留	
29. 鸦雀科 Paradoxornithidae								
（△）棕头鸦雀 *Paradoxornis webbianus*	A		√	++	W	古北	留	
（＊）山鹛 *Rhopophilus pekinensis*								
30. 噪鹛科 Leiothrichidae								
（＊）黑脸噪鹛 *Garrulax perspicillatus*								
（△）山噪鹛 *Garrulax davidi*	A		√	++	B	古北	留	
（34）橙翅噪鹛 *Garrulax elliotii*	A		√	+	H	广布	留	Ⅱ
31. 树莺科 Scotocercidae								
（△）短翅树莺 *Horornis*	A		√	++	M	广布	夏	
（＊）异色树莺 *Horornis flavolivaceus*			√		H	广布	夏	
32. 苇莺科 Acrocephalidae								
（＊）芦莺 *Phragamalicola aedon*			√		M	古北	夏	
33. 柳莺科 Phylloscopidae								
（＊）褐柳莺 *Phylloscopus fuscatus*			√		M	古北	夏	
（△）棕眉柳莺 *Phylloscopus armandii*	A		√	+	H	古北	夏	
（＊）巨嘴柳莺 *Phylloscopus schwarzi*			√		M	古北	夏	
（35）黄眉柳莺 *Phylloscopus inornatus*	A			+++	U	古北	夏	
（＊）黄腰柳莺 *Phylloscopus proregulus*			√		U	古北	夏	
（36）四川柳莺 *Phylloscopus sichuanensis*	A			++	W	东洋	夏	
（37）极北柳莺 *Phylloscopus borealis*	A		√	+++	U	古北	旅	
（＊）暗绿柳莺 *Phylloscopus trochiloide*			√		U	古北	旅	
（38）冕柳莺 *Phylloscopus coronatus*	A			+	M	古北	旅	
（＊）冠纹柳莺 *Phylloscopus reguloides*			√		W	东洋	旅	
34. 蝗莺科 Locustellidae								
（39）矛斑蝗莺 *Locustella lanceolata*	A			+	M	广布	旅	
35. 王鹟科 Monarchidae								
（＊）紫寿带 *Terpsiphone atrocaudata*			√		M	东洋	夏	
36. 山雀科 Paridae								
（40）大山雀 *Parus major*	A	A	√	++	O	广布	留	
（41）黄腹山雀 *Parus venustulus*	A		√	+++	S	广布	夏	
（42）煤山雀 *Parus ater*	A		√	+	U	古北	留	
（△）沼泽山雀 *Parus palustris*		A	√	+	U	古北	留	
（43）褐头山雀 *Parus montanus*	A		√	+	C	古北	留	

（续）

动物种类	本次调查		1984年调查 历山地区	数量级	分布型	区系成分	居留型	保护级别
	混沟区域	混沟周边						
37. 卡尾山雀科 Aegithalidae								
（44）银喉长尾山雀 Aegithalos caudatus	A		√	+	U	古北	留	
（45）银脸长尾山雀 Aegithalos fuliginosus	A	A		++	P	古北	留	
（△）红头长尾山雀 Aegithalos concinnus		A		+	W	东洋	留	
38. 䴓科 Sittidae								
（46）普通䴓 Sitta europaea	A		√	++	U	古北	留	
（*）黑头䴓 Sitta villosa			√		C	古北	留	
39. 旋木雀科 Certhiidae								
（*）普通旋木雀 Certhia familiaris			√		C	古北	留	
40. 绣眼鸟科 Zosteropidae			√					
（*）暗绿绣眼鸟 Zosterops japonicus			√		S	东洋	旅	
（*）红胁绣眼鸟 Zosterops erythropleurus			√		M	古北	旅	
41. 燕雀科 Fringillidae								
（△）金翅雀 Carduelis sinica	A		√	++	M	广布	留	
（*）红眉朱雀 Carpodacus pulcherrimus			√		H	古北	冬	
（*）普通朱雀 Carpodacus erythrinus			√		U	古北	留	
（*）北朱雀 Carpodacus roseus			√		M	古北	夏	
（*）长尾雀 Uragus sibiricus			√		M	古北	留	
（△）灰头灰雀 Pyrrhula erythaca	D		√	+	H	古北	留	
（*）燕雀 Fringilla montifringilla			√		U	广布	冬	
（*）锡嘴雀 Coccothraustes coccothraustes			√		U	古北	冬	
（*）黑尾蜡嘴雀 Eophona migratori			√		K	古北	冬	
42. 鹀科 Emberizidae								
（△）灰眉岩鹀 Emberiza godlewskii		A	√	+	O	广布	留	
（47）小鹀 Emberiza pusilla	A		√	+	U	东洋	冬	
（△）三道眉草鹀 Emberiza cioodas		A	√	+	M	古北	留	
43. 雀科 Passeridae								
（△）麻雀 Passer montanus		A	√	+++	U	广布	留	
（△）山麻雀 Passer rutilans		A	√	+	S	东洋	夏	

(续)

动物种类	本次调查 混沟区域	本次调查 混沟周边	1984年调查 历山地区	数量级	分布型	区系成分	居留型	保护级别
四、哺乳纲 MAMMALIA								
（一）食虫目 INSECTIVORA								
1. 猬科 Erinaceidae								
（△）普通刺猬 *Erinaceus europaeus*	D		√	+	O	广布		省
（*）林猬 *Hemiechinus hughi*			√		U	古北		
*. 鼹科 Talpidae								
（*）麝鼹 *Scaptochirus moschatus*			√		B	东洋		
*. 鼩鼱科 Soricidae								
（*）大水鼩鼱 *Chimarragale platycephala*			√		C	古北		
（二）翼手目 CHIROPTERA								
2. 蝙蝠科 Vespertilionidae								
（1）普通伏翼 *Pipistrellus abramus*	A		√	+	E	广布		
（*）晚棕蝠 *Eptesicus scrotinus*			√		O	广布		
（*）普通蝙蝠 *Vespertilio murinus*			√		U	古北		
（*）大鼠耳蝠 *Myotis myotis*			√		O	广布		
（三）灵长目 PRIMATES								
3. 猴科 Cercopithecidae								
（2）猕猴 *Macaca mulatta*	BD		√	+	W	东洋		Ⅱ
（四）食肉目 CARNIVORA								
4. 犬科 Canidae								
（*）狼 *Canis lupus*			√		C	广布		Ⅱ
（*）豺 *Cuon alpinus*			√		W	广布		Ⅰ
（△）赤狐 *Vulpes vulpes*	D		√	+	C	广布		Ⅱ
5. 鼬科 Mustelidae								
（3）黄喉貂（青鼬）*Martes flavigula*	C		√	+	W	广布		Ⅱ
（*）黄鼬 *Mustela sibirica*			√		U	广布		
（*）艾鼬 *Mustela eversmanii*			√		U	古北		
（*）香鼬 *Mustela altaica*			√		O	广布		
（4）狗獾 *Meles meles*	B		√	++	U	广布		
（5）猪獾 *Arctonyx collaris*	B		√	+	W	广布		
（*）水獭 *Lutra lutra*			√		U	广布		Ⅱ
6. 灵猫科 Viverridae								
（6）果子狸 *Paguma larvata*	C		√	+	W	东洋		
7. 猫科 Felidae								

（续）

动物种类	本次调查		1984年调查	数量级	分布型	区系成分	居留型	保护级别
	混沟区域	混沟周边	历山地区					
（7）豹猫 Prionailurus bengalensis	D		√	+	W	广布		II
（8）华北豹 Panthera pardus japonensis	B		√	+	O	广布		I
（*）虎 Panthera tigris			?		W	广布		I
（*）云豹 Neofelis nebulosa			?		W	东洋		I
（*）猞猁 Lynx lynx			?		C	广布		II
8. 熊科 Ursidae								
（*）黑熊 Ursus thibetanus			?		E	广布		II
（五）偶蹄目 ARTIODACTYLA								
9. 猪科 Suidae								
（9）野猪 Sus scrofa	B		√	++	U	广布		
10. 麝科 Moschidae								
（10）原麝 Moschus moschiferus	D		√	+	M	古北		I
11. 鹿科 Cervidae								
（*）梅花鹿 Cervus nippon			?		E	广布		I
（*）麂 Muntiacus sp.			?		S	东洋		
（11）西伯利亚狍 Capreolus pygargus	B		√	+	U	古北		
（六）兔形目 LAGOMORPHA								
12. 兔科 Leporidae								
（△）草兔 Lepus capensis		A	√	+	O	广布		
（七）啮齿目 RODENTIA								
13. 松鼠科 Sciuridae								
（12）岩松鼠 Sciurotamias davidianus		A	√	+++	E	广布		
（*）花鼠 Eutamias sibiricus			√		U	古北		
（13）隐纹花松鼠 Tamiops swinhoei		A	√	++	W	广布		省
（*）达乌尔黄鼠 Spermophilus dauricus			√		D	古北		
14. 鼯鼠科 Treromyidea								
（△）复齿鼯鼠 Trogopterus xanthipes	D		√	+	H	广布		省
15. 仓鼠科 Cricetidae								
（*）大仓鼠 Cricetulus triton			√		X	古北		
（*）长尾仓鼠 Cricetulus longicaudatus			√		D	古北		
（*）苛岚绒鼠 Eothenomys inez			√		B	古北		
（*）中华鼢鼠 Myospalax fontanieri			√		B	古北		
16. 鼠科 Muridae								
（*）大林姬鼠 Apodemus peninsulae			√		X	广布		

(续)

动物种类	本次调查		1984年调查 历山地区	数量级	分布型	区系成分	居留型	保护级别
	混沟区域	混沟周边						
(*)黑线姬鼠 *Apodemus agrarius*			√		U	广布		
(*)褐家鼠 *Rattus norvegicus*			√		U	广布		
(*)社鼠 *Rattus niviventer*			√		W	广布		
(*)小家鼠 *Mus musculus*			√		U	广布		

注：1. 动物种类

仅对本次调查发现物种和类群排序；

*：1984—1985年调查发现种类；

△：仅在混沟周边发现种类。

2. 本次调查(数据来源)

A：调查发现实体(含鸣声)；

B：发现足迹(足印、羽毛、兽发、粪便等)；

C：红外相机拍摄到实体；

D：历山保护区技术人员和其他专业人员在近1年内发现实体。

3. 1984—1985年调查(资料情况)

√：1984—1985年调查资料有记载；

?：1984—1985年调查资料记载为存疑种。

4. 数量级

+++：常见；

++：一般；

+：偶见。

5. 保护级别

Ⅰ：国家一级重点保护野生动物；

Ⅱ：国家二级重点保护野生动物；

省：山西省级重点保护野生动物。

6. 分布型

C：全北型；

U：古北型；

M：东北型(我国东北地区及其附近地区)；

K：东北型(东部为主)；

B：华北型(主要分布于华北区)；

X 东北—华北型；

E：季风区型(东部湿润地区为主)；

D：中亚型(中亚温带干旱区分布)；

P：高地型；

H：喜马拉雅—横断山区型；

S：南中国型；

W：东洋型；

O：不易归类的分布，其中不少为分布比较广泛的种。

注：分布型依照《中国动物地理》(张荣祖，2011)。

优势物种(数量等级+++和++)系指种群数量较大的物种，在生物群落内具有较强的功能，也可反映特定区域的物种结构特征。从表4-2可见，历山地区的优势物种在混沟区域所占的比例较高，其中，爬行类达66.7%，兽类为50%。由此表明，混沟区域具有陆栖脊椎动物的良好栖息条件，可为较大的种群数量提供生存资源。

表 4-2 混沟区域与历山地区的优势物种数的比较

动物类群	优势物种		比例(混沟/历山)
	混沟区域	历山地区	
两栖类	1	3	33.3%
爬行类	2	3	66.7%
鸟类	20	50	40%
兽类	4	8	50%
合计	27	64	42.2%

表 4-3 显示，混沟（包括混沟周边）区域的物种区系成分为古北种、东洋种和广布种。两栖类以广布种为主，占比为 57.1%；爬行类以广布种为主，占比为 60%；鸟类以古北种为主，占比 48.1%；兽类以广布种为主，占比为 48.1%。混沟区域与历山保护区的整体比较可知，混沟区域能够很好反映历山保护区的区系构成，同时，古北界动物成分的占比较之保护区整体提升，反映混沟区域具有更为明显的古北界动物区系组成。

4.2.2 保护物种

本次调查表明，混沟区域有国家一级保护野生动物 3 种，国家二级保护野生动物 11 种，省级保护野生动物 10 种，分别占历山国家级自然保护区保护野生动物的 37.5%、47.8%、71.4%，表明混沟区域在历山国家级自然保护区珍稀濒危物种保护上的意义。尤其值得一提的是，华北大多区域已消失的华北豹、原麝、黑鹳出现于混沟，使该区域在濒危物种保护上具有很高的价值，甚至可成为这些濒危物种未来扩散的种源库。

4.3 栖息地类型及其代表性动物

混沟区域位于历山国家级自然保护区核心区，因地形地势复杂、山体陡峭，通行极为困难，罕有人员进入，历史上未曾进行农牧业开发活动，森林景观保存完好，仍为林型完好的原始森林。按地形、地势、植被、气候等生态因子，可将混沟区域的动物栖息地划分为三个类型，即疏林灌丛带、山地森林带和湿地。其中，疏林灌丛带和山地森林带属于山地垂直地带，湿地属于非地带性的水域环境。

4.3.1 疏林灌丛带

分布于山麓灌丛与山地森林带之间，南坡海拔为 800~1100 m，北坡为 1000~1500 m。地形多为山地坡麓、沟谷，较之高海拔区，坡度相对平缓。地表径流汇集于山麓逐渐成溪流，通常在谷底形成小河。该栖息地实际上是低海拔灌草带向山地森林带过渡的类型，但低海拔灌草带已遭到农林经济活动的毁坏。植被中乔木以鹅耳枥为优势种，灌木中卫矛、连翘、忍冬等较为常见。

该栖息地代表性爬行类有无蹼壁虎、草绿龙蜥、蓝尾石龙子等，代表性鸟类有大鵟、红隼、雕鸮、纵纹腹小鸮、橙翅噪鹛等，代表性兽类有狗獾、猪獾、野猪、岩松鼠、隐纹花松鼠等。

4.3.1.1 爬行类

1) 无蹼壁虎 *Gekko swinhonis*

形态特征：无蹼壁虎全长 105~132 mm，身体扁平，头体长为尾长的 0.72~1.04 倍。头吻呈三角形。吻鳞呈长方形。鼻孔近吻端，位于吻鳞、第一上唇鳞、上鼻鳞及后鼻鳞间。无活动眼睑，耳孔小，卵圆形。上下颌具有细齿，舌长。四肢具五指（趾），指（趾）端膨大，指（趾）间无蹼，膨大处具 5~9 个攀瓣。四肢背面被颗粒状小鳞。腹面的鳞片覆瓦状排列。尾略侧扁，基部每侧有肛疣 2~3 个，雄性较大。尾背腹均被覆瓦状鳞，腹面的覆瓦状鳞较大，中央一列扩展成鳞板。雄性具 6~10 个肛前窝。无蹼壁虎身体背面一般呈灰棕色，其深浅程度与生活环境及个体大小有关。头、颈、躯干、尾及四肢均有深或浅色斑，在颈及躯干背面形成 6~7 条横斑，尾背面形成 11~14 条横斑。身体腹面淡肉色。

地理分布：中国特有种，分布于安徽、甘肃、河北、河南、江苏、辽宁、宁夏、陕西、山东、山西、浙江等地。

栖息地：栖息场所广泛，几乎所有建筑物的缝隙及树木、岩缝等处均有分布，栖息海拔为 600~1300 m。

生态习性：无蹼壁虎是夜行性蜥蜴。白天藏身在阴暗的树洞、石下或房屋的墙壁缝隙中。因其趾下有瓣，能爬行于墙壁或天花板上。夜间常活动于厕所或其他有灯光处（昆虫较多），其能快步追赶并伸出舌头粘捕小型昆虫。无蹼壁虎一般在 18:00 至次日 7:00 以前活动，少数个体中午亦偶有活动，有些个体有固定的捕食场所。遇敌时，急速爬行逃避或自附着处落于地面，落下时，尾部易自断，但能在短期内重新长出。断尾的肌肉还能强烈收缩一段时间，使断尾在地面跳动，以混淆敌害视线，这是一种保护性适应。

2) 草绿龙蜥 *Japalura flaviceps*

形态特征：体侧扁，头体长 75 mm 左右，尾长约为头体长的 2 倍。吻短而钝圆，约为眼径的 1.5 倍，鼻孔位于 1 枚较大的鼻鳞中央，开口向两侧，吻棱显著。鼻鳞与吻鳞间相隔 2 枚小鳞；鼓膜凹陷，外被小鳞。头背鳞片大小不一，均具棱；颞部鳞片稍大，其上方有数枚分散的锥状鳞。有喉褶，背鬣仅为锯齿状脊，其两侧各有 1 列大棱鳞，平行排列。体侧鳞大小不等，起棱；躯干腹面、四肢上方及外侧方鳞显著起棱。后肢前伸达眼或眼后角，指、趾较细长；尾略侧扁，尾鳞较大，具棱。雄体在生殖季节有喉囊，鬣鳞发达。体色常有变异，多为草绿色或棕绿色，躯干部有 4~5 条深色横斑；头背有 4 条深色横斑，眼周具辐射状黑色纹；四肢背面有明显的深色横纹，尾具 15~21 个深浅相间的横纹；体腹面白色。

地理分布：分布于陕西、甘肃、西藏、四川、云南、湖北等地。

栖息地：栖息于山坡、路边、田边、荒地乱石间，多于中午活动，遇惊则钻入石缝中。

生态习性：约在 8 月或更晚产卵，每次产 4~7 枚。卵白色，10 月入蛰，翌年 4 月出蛰。以蝗虫、蜂、蝶类幼虫、天牛等昆虫及节肢动物为食。

3) 蓝尾石龙子 *Eumeces elegans*

形态特征：头体长 70~90 mm，尾长 130~160 mm。吻钝圆；上鼻鳞 1 对，左右相接；

前额鳞1对，彼此分隔；顶鳞之间有顶间鳞；耳孔前缘有2~3枚锥状鳞；后颏鳞1枚。体覆光滑圆鳞，环体中段21~28行；肛前鳞2枚；股后缘有1簇大鳞。背面深黑色，有5条黄色纵纹，沿体背正中及两侧直达尾部，隐失于蓝色的尾端。雄蜥在腹侧及肛区有隐约散布的紫红色小点，雌体呈青白色。

地理分布：分布于河南、河北、四川、云南、贵州、湖北、安徽、江苏、浙江、江西、福建、台湾、广西、广东等地。

栖息地：栖息于低山山林及山间道旁的石块下，喜在干燥而温度较高的阳坡活动，但在茂密的草丛或平原地区比较少见。

生态习性：春季捕食蝗虫、蓑蛾（避债虫）和鞘翅目昆虫等；夏季食物更为广泛，主要为叩头虫幼虫、蚂蚁等。3月下旬或4月初出蛰。每年繁殖1次，6—7月产卵5~9枚，卵乳白色而略泛红。

4.3.1.2 鸟 类

1) 大鵟 *Buteo hemilasius*

形态特征：大鵟体长57~71 cm，体重1320~2100 g。体色变化较大，分暗型、淡型两种色型。暗型上体暗褐色，肩和翼上覆羽缘淡褐色，头和颈部羽色稍淡，羽缘棕黄色，眉纹黑色，尾淡褐色，具6条淡褐色和白色横斑，羽干及羽缘白色，翅暗褐色，飞羽内翈基部白色，次级飞羽及内侧覆羽具暗色横斑，内翈边缘白色并具暗色点斑，翅下飞羽基部白色，形成白斑；下体淡棕色，具暗色羽干纹及横纹；覆腿羽暗褐色。淡型头顶、后颈几为纯白色，具暗色羽干纹；眼先灰黑色，耳羽暗褐，背、肩、腹暗褐色，具棕白色纵纹的羽缘；尾羽淡褐色，羽干纹及外侧尾羽内翈近白色，具8~9条暗褐色横斑，尾上覆羽淡棕色，具暗褐色横斑，飞羽的斑纹与暗型的相似，但羽色较暗型为淡；下体白色至淡棕色，胸侧、下腹及两胁具褐色斑，尾下腹羽白色，覆腿羽暗褐色。大鵟虹膜黄褐色，嘴黑褐色，蜡膜绿黄色，跗跖和趾黄褐色，爪黑色。

地理分布：在黑龙江、吉林、辽宁、内蒙古、西藏、新疆、青海、甘肃等地为留鸟，在北京、河北、山西、山东、上海、浙江、广西、四川、陕西等地为旅鸟、冬候鸟。

栖息地：栖息于山地、山脚平原和草原等地区，也出现在高山林缘和开阔的山地草原与荒漠地带，垂直分布高度可以达到海拔4000 m以上。喜停息在高树上或高凸物上。

生态习性：春季多于3月末至4月初到达繁殖地，秋季多在10月末至11月中旬离开繁殖地。在中国的繁殖种群主要为留鸟，部分迁往繁殖地南部越冬。大鵟平时白天活动。常单独或小群活动，飞翔时两翼鼓动较慢，常在天气暖和的时候在空中作圈状翱翔。此外还有上飞、下飞、斜垂飞、直线飞、低飞而转斜垂上树飞、树间飞、短距离跳跃飞、长距离滑翔飞、空中驱赶飞、追逐嬉戏、捕猎飞，以及各种打斗时的飞行等方式，花样繁多。性凶猛、也十分机警。多栖于地上、山顶、树梢或其他突出物体上。主要以啮齿类、蛙、蜥蜴、野兔、蛇、鼠兔、旱獭、雉鸡、石鸡、昆虫等动物性食物为食。

2) 红隼 *Falco tinnunculus*

形态特征：红隼雄鸟头顶、头侧、后颈、颈侧蓝灰色，具纤细的黑色羽干纹；前额、眼先和细窄的眉纹棕白色。背、肩和翅上覆羽砖红色，具近似三角形的黑色斑点；腰和尾上覆羽蓝灰色，具纤细的暗灰褐色羽干纹。尾蓝灰色，具宽阔的黑色次端斑和窄的白色端斑。初级覆羽和飞羽黑褐色，具淡灰褐色端缘；初级飞羽内翈具白色横斑，并微缀褐色斑纹；三级飞羽砖红色，眼下有一宽的黑色纵纹沿口角垂直向下。颏、喉乳白色或棕白色，胸、腹和两胁棕黄色或乳黄色，胸和上腹缀黑褐色细纵纹，下腹和两胁具黑褐色矢状或滴状斑，覆腿羽和尾下覆羽浅棕色或棕白色，尾羽下面银灰色，翅下覆羽和腋羽皮黄白色或淡黄褐色，具褐色点状横斑，飞羽下面白色，密被黑色横斑。

地理分布：广布于中国除沙漠腹地以外的几乎所有地域。

栖息地：栖息于山地森林、森林苔原、低山丘陵、草原、旷野、灌丛草地、林缘、林间空地、疏林地、河谷和农田地区。

生态习性：中国北部繁殖种群为夏候鸟，南部繁殖种群为留鸟。春季3月中旬至4月中旬陆续迁到北方繁殖地，10月初至10月末迁离繁殖地。迁徙时常集成小群，特别是秋季。飞翔时两翅快速扇动，偶尔进行短暂的滑翔。多栖于空旷地区孤立的高树梢上或电线杆上。平常喜欢单独活动，尤以傍晚时最为活跃。飞翔力强，喜逆风飞翔，可快速振翅停于空中。视觉敏锐，经常在空中盘旋或低空飞行，搜寻地面上的老鼠、雀形目鸟类、蛙、蜥蜴、松鼠、蛇等小型脊椎动物，也吃蝗虫、蚱蜢、蟋蟀等昆虫，可扇动两翅在空中作短暂停留观察猎物，一旦锁定目标，则收拢双翅俯冲而下直扑猎物，然后再从地面突然飞起，迅速升上高空。也可在空中捕取小型鸟类和蜻蜓等。有时则站立于悬崖岩石的高处，或站在树顶和电线杆上等候等猎物出现。

3）雕鸮 *Bubo bubo*

形态特征：雕鸮面盘显著，淡棕黄色，杂以褐色细斑；眼先和眼前缘密被白色刚毛状羽，各羽均具黑色端斑；眼的上方有一大形黑斑，面盘余部淡棕白色或栗棕色，满杂以褐色细斑。皱领黑褐色，两翈羽缘棕色，头顶黑褐色，羽缘棕白色，并杂以黑色波状细斑；耳羽特别发达，显著突出于头顶两侧，长达 55~97 mm，其外侧黑色，内侧棕色。后颈和上背棕色，各羽具粗著的黑褐色羽干纹，端部两翈缀以黑褐色细斑点；肩、下背和翅上覆羽棕色至灰棕色，杂以黑色和黑褐色斑纹或横斑，并具粗阔的黑色羽干纹；羽端大都呈黑褐色块斑状。腰及尾上覆羽棕色至灰棕色，具黑褐色波状细斑；中央尾羽暗褐色，具6道不规整的棕色横斑；外侧尾羽棕色，具暗褐色横斑和黑褐色斑点；飞羽棕色，具宽阔的黑褐色横斑和褐色斑点。颏白色，喉除皱领外亦白，胸棕色，具粗著的黑褐色羽干纹，两翈具黑褐色波状细斑，上腹和两胁的羽干纹变细，但两翈黑褐色波状横斑增多而显著。下腹中央几乎纯白色，覆腿羽和尾下覆羽微杂褐色细横斑；腋羽白色或棕色，具褐色横斑。虹膜金黄色，嘴和爪铅灰黑色。

地理分布：遍布欧亚非地区。广泛分布于我国各地。

栖息地：栖息于山地森林、平原、荒野、林缘灌丛、疏林，以及裸露的高山和峭壁等各类环境中。在新疆和西藏地区，栖息地海拔可达 3000~4500 m。

生态习性：通常远离人群，活动在人迹罕至的偏僻之地。除繁殖期外常单独活动。夜行性，白天多躲藏在密林中栖息，缩颈闭目栖于树上，一动不动。但它的听觉甚为敏锐，稍有声响，立即伸颈睁眼，转动身体，观察四周动静，如发现人立即飞走。飞行慢而无声，通常贴地低空飞行。听觉和视觉在夜间异常敏锐。

4）纵纹腹小鸮 *Athene noctua*

形态特征：体小(23 cm)，无耳羽簇。头顶平，眼亮黄而长凝不动。浅色平眉及白色宽髭纹使其形狰狞。上体褐色，具白纵纹及点斑。下体白色，具褐色杂斑及纵纹，肩上有2道白色或皮黄色横斑。虹膜亮黄色，嘴角质黄色，脚白色、被羽，爪黑褐色。

地理分布：分布于新疆、四川、西藏、甘肃、青海、北京、河北、山西、内蒙古、辽宁、吉林、黑龙江、江苏、山东、河南、广西、贵州、陕西、宁夏等地。

栖息地：栖息于低山丘陵、林缘灌丛和平原森林地带，也出现在农田、荒漠和村庄附近的丛林中。

生态习性：常见留鸟，广布于中国北方及西部的大多数地区，高可至海拔 4600 m。常立于篱笆及电线上，会神经质地点头或转动，有时以长腿高高站起，或快速振翅作波状飞行。好日夜发出占域叫声，拖长而上扬，音多样。在岩洞或树洞中营巢。通常夜晚出来活动，在追捕猎物的时候，不仅同其他猛禽一样从空中袭击，而且还会利用一双善于奔跑的双腿去追击。以昆虫和鼠类为食，也吃小鸟、蜥蜴、蛙类等小动物。繁殖期为 5—7 月。每窝产卵 2~8 枚，通常为 3~5 枚。卵的颜色为白色。孵卵由雌鸟承担。孵化期为 28~29 d。雏鸟为晚成性，孵出后双目紧闭，勉强抬头，侧身横躺，全身具有黄白色的绒羽，头大、颈细，嘴峰为肉青色，需要亲鸟喂养 45~50 d 才能飞翔。

5）橙翅噪鹛 *Garrulax elliotii*

形态特征：橙翅噪鹛雌雄羽色相似。额、头顶至后颈深葡萄灰色或沙褐色，额部较浅、近沙黄色，其余上体包括两翅覆羽橄榄褐色或灰橄榄褐色，有的近似黄褐色。飞羽暗褐色，外侧飞羽外翈淡蓝灰色或银灰色，基部橙黄色，从外向内逐渐扩大，形成翅斑，内侧飞羽外翈与背相似，内翈暗褐色。中央尾羽灰褐色或金黄绿色，外侧尾羽内翈暗灰色，外翈绿色而缘以橙黄色，所有尾羽均具白色端斑，且越往外侧尾羽白色端斑越大。眼先黑色，颊、耳羽橄榄褐色或灰褐色，也有的耳羽呈暗栗色或黑褐色，羽端微具白色狭缘。颏、喉、胸淡棕褐色或浅灰褐色，上腹和两胁橄榄褐色，下腹和尾下覆羽栗红或砖红色。

地理分布：分布于中国中部至西藏东南部及印度东北部。

栖息地：主要栖息于海拔 1500~3400 m 的山地和高原森林与灌丛中，在西藏地区甚至分布到海拔 4200 m 的山地灌丛间，也栖息于林缘疏林灌丛、竹灌丛、农田及溪边等开阔地区的柳灌丛、忍冬灌丛、杜鹃灌丛和方枝柏灌丛中。

生态习性：常见留鸟，栖息于混交林、针叶林及林间的密集灌丛。杂食性，繁殖期以捕食昆虫为主，冬季也吃果实和植物种子。

4.3.1.3 兽 类

1）狗獾 *Meles meles*

形态特征：狗獾是鼬科中体型较大的种类，体重 5~10 kg，大者达 15 kg，体长在 500~700 mm，体型肥壮，吻鼻长，鼻端粗钝，具软骨质的鼻垫，鼻垫与上唇之间被毛，耳壳短圆，眼小。颈部粗短，四肢短健，前后足的趾均具粗而长的黑棕色爪，前足的爪比后足的爪长，尾短。肛门附近具腺囊，能分泌臭液。狗獾体背褐色与白色或乳黄色混杂，从头顶至尾部遍被以粗硬的针毛，背部针毛基部 3/4 为灰白色或白色，中段为黑褐色或淡黑褐色，毛尖白色或乳黄色。体侧针毛黑褐色部分显然减少，而白色或乳黄色部分逐渐增多，有的个体针毛黑褐色逐渐消失，几乎呈现乳白色。绒毛白色或灰白色。头部针毛较短，约为体背针毛长度的 1/4。在颜面两侧从口角经耳基到头后各有一条白色或乳黄色纵纹，中间一条从吻部到额部，在3条纵纹中有2条黑褐色纵纹相间，从吻部两侧向后延伸，穿过眼部到头后与颈背部深色区相连。耳背及后缘黑褐色，耳上缘白色或乳黄色，耳内缘乳黄色。从下颌直至尾基及四肢内侧黑棕色或淡棕色。尾背与体背同色，但白色或乳黄色毛尖略有增加。

地理分布：我国从内蒙古、东北、华北地区直至江苏、浙江、福建、广东、广西、云南、四川、湖北、陕西、贵州和甘肃等地均有分布。

栖息地：栖息于森林中或山坡灌丛、田野、坟地、沙丘草丛及湖泊、河溪旁边等各种生境中。

生态习性：狗獾活动以春、秋两季最盛，一般以夜间 20:00~21:00 后出洞，至拂晓 4:00 左右回洞。出洞时头慢慢试伸出洞，四方窥视，若无音迹，则缓缓而出，在田野中行走甚速，而在回洞之际则行走较慢，进洞前，先在洞口略为憩息，清洁头爪后方入洞。在出洞后，若发现音迹，就暂不回原洞，而搬至临时洞穴居住。活动范围小而固定，为 2~3 km，往返都沿一定路径。狗獾有冬眠习性，挖洞而居，洞道长几米至十余米不等，其间支道纵横。冬洞复杂，是多年居住的洞穴，每年整修挖掘而成，有 2~3 个进出口，内有主道、侧道及盲端，主道四壁光滑整齐，无杂物及粪便，末端以干草、树枝、树叶筑窝。春、秋季节在农田附近的土岗和灌丛处筑临时洞穴，白天入洞休息，夜间出来寻食，这类洞穴短而直，洞道粗糙，窝小，草垫薄，仅一个出口。窝距洞口 3~5 m，直径为 40~60 cm，有狗獾居住的洞穴洞口光滑，泥土疏松，其上留有足迹，松土延伸远达 20 m 左右，在松土尽端的两侧有卵圆形粪坑。狗獾性情凶猛，但不主动攻击家畜和人，当被人或猎犬紧逼时，常发出短促的"哺、哺"声，同时能挺起前半身以锐利的爪和犬齿回击。狗獾为杂食性，以植物的根、茎、果实和蛙、蚯蚓、小鱼、沙蜥、昆虫（幼虫及蛹）和小型哺乳类等为食，在草原地带喜食狼吃剩的食物，在作物播种期和成熟期危害刚播下的种子和即将成熟的玉米、花生、马铃薯、白薯、豆类及瓜类等。

2）猪獾 *Arctonyx collaris*

形态特征：猪獾体型粗壮，四肢粗短。吻鼻部裸露突出似猪拱嘴，故名猪獾。头大颈粗，耳小眼也小。尾短，一般长不超过 200 mm。前后肢 5 指（趾），爪发达。猪獾整个身体呈现黑白两色混杂。头部正中从吻鼻部裸露区向后至颈后部有一条白色条纹，宽约等于或略大于吻鼻部宽；前部毛白色而明显，向后至颈部渐有黑褐色毛混入，呈花白色，并向两侧扩展至耳壳后两侧肩部。吻鼻部两侧至耳壳、穿过眼为一黑褐色宽带，向后渐宽，但在眼下方有一明显的白色区域，其后部黑褐色带渐浅。耳下部为白色长毛，并向两侧伸开。下颌及颏部白色。下颌口缘后方略有黑褐色，与脸颊的黑褐色相接。背毛黑褐色为主，毛基白色，中段黑色，毛尖黄白色；向背后方，黄白色毛尖部分加长，使背毛呈黑白二色，特别是背后部和臀部。胸、腹部两侧颜色同背色，中间为黑褐色。四肢色同腹色。尾毛长，白色。

地理分布：遍布我国各地，尤其以南方更多。

栖息地：猪獾栖息于高、中低山区阔叶林、针阔混交林、灌草丛、平原、丘陵等环境中，一般选择天然岩石裂缝、树洞作为栖息位点。

生态习性：猪獾喜欢穴居，在荒丘、路旁、田埂等处挖掘洞穴，也侵占其他兽类的洞穴。洞穴的结构比较简单，洞口一般有 1~2 个，多设在阳坡山势陡峭或茅草繁密之处。洞内 1 m 深处常为直洞，也有长达 8~9 m 的直洞。整个洞穴显得清洁干燥。卧处常铺以干草。猪獾为夜行性。性情凶猛。当受到敌害时，常将前肢低俯，发出凶残的吼声，吼声似猪，同时能挺立前半身以牙和利爪作猛烈的回击。能在水中游泳。视觉弱，但嗅觉灵敏，找寻食物时常抬头以鼻嗅闻，或以鼻翻掘泥土。猪獾有冬眠习性。通常在 10 月下旬开始冬眠，冬眠之前大量进食，使体内脂肪增加。入蛰后有时也在中午气温较高时出洞口晒太阳。次年 3 月开始出洞活动。猪獾为杂食性，主要以蚯蚓、青蛙、蜥蜴、泥鳅、黄鳝、甲壳动物、昆虫、蜈蚣、小鸟和鼠类等动物为食，也吃玉米、小麦、土豆、花生等农作物。

3) 野猪 *Sus scrofa*

形态特征：野猪平均体长为 1.5~2 m（不包括尾长），肩高 90 cm 左右，体重 90~200 kg，不同地区生存个体大小不同，有些地区野猪的体重可达 200 kg 以上，中国东北南部与俄罗斯远东地区产的野猪体重甚至达到将近 400 kg。毛色呈深褐色或黑色，年老的背上会长白毛，但也有地区性差异，在中亚地区曾有白色的野猪出现。幼猪的毛色为浅棕色，有黑色条纹。背上有长而硬的鬃毛。毛粗而稀，冬天的毛会长得较密。雄性野猪有两对不断生长的犬齿，可以用来作为武器或挖掘工具，犬齿平均长 6 cm，其中 3 cm 露出嘴外；雌性野猪的犬齿较短，不露出嘴外，但也具有一定的杀伤力。野猪体躯健壮，四肢粗短，头较长，耳小并直立，吻部突出似圆锥体，其顶端为裸露的软骨垫（也就是拱鼻）；每脚有 4 趾，且为硬蹄，仅中间 2 趾着地；尾巴细短；犬齿发达，雄性上犬齿外露，并向上翻转，呈獠牙状；野猪耳披有刚硬而稀疏针毛，背脊鬃毛较长而硬；整个体色棕褐或灰黑色，地域间略有差异。

地理分布：广布于我国除青藏高原与戈壁沙漠外的几乎所有地区，主要集中在东北三省、云贵地区、福建、广东地区。

栖息地：野猪栖息于山地、丘陵、荒漠、森林、草地和林丛间，环境适应性极强。野猪栖息环境跨越温带与热带，从半干旱气候至热带雨林、温带林地、草原等都有其踪迹，但未发现其在极干旱、海拔极高与极寒冷的地区出没。

生态习性：野猪白天通常不出来走动。一般早晨和黄昏时分活动觅食，中午时分进入密林中躲避阳光，大多集群活动，常见 4~10 头一群，喜欢在泥水中洗浴。雄兽还要花好多时间在树桩、岩石和坚硬的河岸上摩擦身体两侧，以把皮肤磨成坚硬的保护层，避免在发情期的搏斗中受到重伤。野猪身上的鬃毛具有保暖性。到了夏天，它们就把一部分鬃毛脱掉以降温。活动范围一般 8~12 km^2，大多数时间在其熟悉的地段活动，会在领地中央的固定地点排泄，粪便的高度可达 1.1 m。每群的领地大约 10 km^2，在与其他群体发生冲突时，公猪负责守卫群体。公猪打斗时，互相从 20~30 m 远的距离开始突袭，胜利者用打磨牙齿来庆祝，并通过排尿来划分领地，失败者则翘起尾巴逃走，打斗时会造成头骨骨折或者死亡。

4) 岩松鼠 *Sciurotamias davidianus*

形态特征：岩松鼠体型中等，体长约 210 mm。尾长短于体长，但超过体长之半。尾毛蓬松而较背毛稀疏。前足具掌垫 2 枚，趾垫 3 枚；后足被毛，不具跖垫，趾垫 4 枚。雌性乳头3对，胸部1对，鼠鼷部2对。口腔内具颊囊。前足第2~5趾发达；第1趾退化，仅保留一甲状突起。后足5趾。爪均正常。岩松鼠全身由头至尾基及尾梢均为灰黑黄色。背毛基灰色，毛尖浅黄色，中间混有一定数量的全黑色针毛。腹毛较背毛稀、软，毛基亦灰色。毛尖黄白色。眼周毛白色，形成细的白眼圈。耳后毛白色，下颌毛白色，须黑色。吻端至耳郭(耳廓)毛色带黄，隐约如一条黄纹。头部其他部分较背毛色深。尾毛色似背毛，白而较长且蓬松。尾毛尖白色，尾上卷时，形成两道白边，很易识别。

地理分布：是我国特有物种，分布于安徽、北京、重庆、甘肃、贵州、河北、河南、湖北、辽宁、宁夏、陕西、山西、四川、天津、云南等地。

栖息地：岩松鼠是半树栖和半地栖的松鼠，多栖息于山地、丘陵多岩石或裸岩等地油松林、针阔混交林、阔叶林、果树林(核桃、栗等干果)、灌木林等较开阔而不很郁闭的生境，在海拔较高和林木非常茂密之处几乎见不到它们的踪迹。

生态习性：岩松鼠为昼行性，营地栖生活，在岩石缝隙中穴居，性机警，胆大，常见其进入山区民宅院。遇到惊扰后，迅速逃离，奔跑一段后常停下回头观望。攀爬能力强，在悬崖、裸岩、石坎等多岩石地区活动自如。清晨活动时常发出单调而连续的嘹亮叫声。岩松鼠喜食带油性的干果，如油松松子、胡桃楸果实、核桃、山杏、栗等，也窃食谷物等农作物。有贮食习性，常将干果存于树洞等处，一只岩松鼠可能有多个贮食地点。

5) 隐纹花松鼠 *Tamiops swinhoe*

形态特征：体型酷似花鼠但略小。尾长略短于体长，体长115~158 mm，尾长85~130 mm。尾端毛较长，尾的末端逐渐尖细。前足掌部裸露，掌垫2枚，趾垫3枚；后足跖部裸露，跖垫2枚，外侧者略大，趾垫5枚。前足4趾，后足5趾，爪呈钩状。背部正中有一条明显的黑色条纹，两侧有两条褐黄或浅黄的纵纹，再外侧为两条黑褐色纵纹，最外侧为两条浅黄或淡黄白色纵纹。两颊有白色条纹至耳基部，但不与背部最外侧的条纹相连。耳壳边缘背侧具短的簇毛，毛基黑而尖端白色。腹部毛色灰黄，毛基部灰色，上半部灰黄色。尾毛基部深棕黄色，中段黑色，尖端浅黄色。

地理分布：分布于我国云南丽江地区、四川西南部、贵州、广东、广西、海南、福建、台湾、浙江、江西、安徽、河南、湖北、湖南、河北、北京、陕西、甘肃、西藏东南部等地；也分布于缅甸和印度支那北部。

栖息地：广泛栖息于各种林型，以亚热带森林为主，常活动于林缘和灌丛，垂直分布以中海拔为主，一般分布在海拔400~1200 m，最高至海拔2600 m的栎林。

生态习性：隐纹花松鼠是一种杂食性动物。据观察研究并解剖六只花松鼠的胃，发现其主要以各种种子(杉子、松子、板栗等)、嫩芽、地衣、树皮和昆虫为食。在冬季偶见其吃死鼠。也有的在住宅附近摄食米饭、面条、鸡蛋黄、猪肉等残渣。

4.3.2 山地森林带

分布于海拔1200~2200 m，地形为山体和沟谷相间，地势较之疏林灌丛带陡峭，山谷更为狭窄，溪流众多但水量较小。该栖息地基本未受到人类经济活动的影响，保存完好，是混沟区域良好的动物栖息地类型。海拔超过山地森林带的动物栖息地类型为亚高山草甸，但未出现于混沟区域。植被主要为针阔混交林和落叶阔叶林，乔木所占比例增多，辽东栎、葛萝槭、油松为优势种，高海拔处有华山松散生其中，森林郁闭度较大。针阔混交林和落叶阔叶林存在诸多生态因子的差异，并表现为明显的植被垂直带界线。然而，就各类动物的栖居而言，差异并不明显，因而将两者归为一个栖息地类型。

该栖息地代表性爬行类有山地麻蜥、铜蜓蜥等，代表性鸟类有纵纹腹小鸮、勺鸡、红腹锦鸡、灰头绿啄木鸟、大斑啄木鸟等，代表性兽类有猕猴、豹猫、华北豹、原麝、西伯利亚狍等。

4.3.2.1 爬行类

1) 山地麻蜥 *Eremias brenchleyi*

形态特征：丽斑麻蜥体型圆长而略平扁，尾圆长，头略扁平而宽，前端稍圆钝。

地理分布：分布于蒙古、俄罗斯以及我国的内蒙古、北京、河北、山西、陕西、山东、江苏、安徽等地。

栖息地：栖息在平原、高原和丘陵地带，主要生活在石质高地。

生态习性：山地麻蜥似乎有一定的"护洞"行为。主食昆虫和蜘蛛。3—7 月为繁殖期，其中 4—5 月为交配产卵盛期。雌雄性比为 1 : 1.6。

2) 铜蜓蜥 *Spenomorphus indicus*

形态特征：体长 10~15 cm。躯干呈扁圆形，长 4~6 cm；尾呈圆锥形，长 6~9 cm，尾为体长的 1.5 倍左右。体色灰黄。全身被覆圆鳞，栉次排列，形似瓦状，光滑透亮，缺乏棱嵴。头部纯圆。吻鳞大；鼻孔位于鼻鳞和鼻前鳞之间。耳孔小于眼径，卵圆形。下睑具半透明的鳞。

地理分布：在我国分布于上海、江苏、浙江、安徽、福建、江西、河南、湖北、湖南、广东、香港、广西、四川、台湾等地。

栖息地：主要生活于海拔 2000 m 以下的低海拔地区、平原和山地阴湿草丛中，以及荒石堆或有裂缝的石壁处。

生态习性：以各种昆虫为食，繁殖为卵胎生，6 月交尾，受精卵在雌性输卵管内孵化生长，待幼体发育成形后，方才产出。

4.3.2.2 鸟 类

1) 纵纹腹小鸮 *Athene noctua*

见 4.3.1.2 小节

2) 勺鸡 *Tetrao urogallus*

形态特征：体型适中，头部完全被羽，无裸出部，并具有枕冠。中央尾羽较外侧的约长一倍。跗跖较中趾连爪稍长，雄性具有一长度适中的钝形距。雌雄异色，雄鸟头部呈金属暗绿色，并具棕褐色和黑色的长冠羽；颈部两侧各有一白色斑；体羽呈现灰色和黑色纵纹；下体中央至下腹深栗色。雌鸟体羽以棕褐色为主；头不呈暗绿色，下体也无栗色；

地理分布：分布于华北以南的广大地区，喜马拉雅山脉至我国中部及东部地区。

栖息地：栖息于针阔混交林、密生灌丛的多岩坡地、山脚灌丛、开阔的多岩林地、松林及杜鹃林。生活于海拔 1500~4000 m 的高山之间。栖息高度随季节变化而上下迁移。喜欢在低洼的山坡和山脚的沟缘灌木丛中活动。分布区域内，西部及北部的个体于海拔 1200~4600 m 做季节性迁移，但在东部只见于海拔 600~1500 m 处。

生态习性：勺鸡雄鸟和雌鸟单独或成对活动，性情机警，很少集群，夜晚也成对在树枝上过夜。雄鸟在清晨和傍晚时喜欢鸣叫，沙哑的嗓音就像公鸭一样。秋冬季则集成家族小群。遇危险时深伏不动。

3）红腹锦鸡 Chrysolophus pictus

形态特征：中型鸡类，体长 59～110 cm。尾特长，38～42 cm。雄鸟羽色华丽，头具金黄色丝状羽冠，上体除上背浓绿色外，其余为金黄色，后颈被有橙棕色而缀有黑边的扇状羽，形成披肩状。下体深红色，尾羽黑褐色，满缀以桂黄色斑点。雌鸟头顶和后颈黑褐色，其余体羽棕黄色，满缀以黑褐色虫蠹状斑和横斑。脚黄色。野外特征极明显，全身羽毛颜色互相衬托，赤橙黄绿青蓝紫俱全，光彩夺目，是驰名中外的观赏鸟类。

地理分布：为我国特有鸟种，其分布的核心区域在甘肃和陕西南部的秦岭地区。

栖息地：栖息于海拔500～2500 m的阔叶林、针阔叶混交林和林缘疏林灌丛地带，也出现于岩石陡坡的矮树丛和竹丛地带，冬季也常到林缘草坡、耕地活动和觅食。

生态习性：成群活动，特别是秋冬季，有时集群多达30余只，春、夏季亦见单独或成对活动的。性机警，胆怯怕人。听觉和视觉敏锐，稍有声响，立刻逃遁，当危险尚远时，多在地下急速奔跑逃窜；当危险迫近时，则多急飞上树隐没。善奔走，避险途中遇低岩或小片空地时则展翅滑翔而过。飞翔亦甚快而灵巧，在林中飞行自如。白天大都在地上活动，尤以早晨和下午活动较多，中午多在隐蔽处休息，晚上多栖于靠沟谷和悬崖的松、栎等乔木树上。

4）灰头绿啄木鸟 Picus canus

形态特征：雄鸟背部绿色，腰部和尾上覆羽黄绿色，额部和顶部红色，枕部灰色并有黑纹。颊部和颈喉部灰色，髭纹黑色。初级飞羽黑色具有白色横条纹。尾大部为黑色。下体灰绿色。雌雄相似，但雌鸟头顶和额部非红色。嘴、脚铅灰色。鼻孔被粗的羽毛所掩盖；嘴峰稍弯。脚具4趾，外前趾较外后趾长。尾约为翼长的2/3，强凸尾，最外侧尾羽较尾下覆羽短。

地理分布：全国各地均有分布，分成许多亚种。

栖息地：主要栖息于低山阔叶林和混交林，也出现于次生林和林缘地带，很少到原始针叶林中。秋冬季常出现于路旁、农田边疏林。

生态习性：常单独或成对活动，很少集群。飞行迅速，呈波浪式前进。常在树干的中下部取食，也常在地面取食，尤其喜欢在地上倒木和蚁冢上活动。平时很少鸣叫，叫声单纯，仅发出单音节的"ga-ga-"声。但繁殖期间鸣叫却甚频繁而洪亮，声调亦较长而多变，其声似"gao-gao-gao-"。

5）大斑啄木鸟 Dendrocops major

形态特征：雄鸟额棕白色，眼先、眉、颊和耳羽白色，头顶黑色而具蓝色光泽。肩白色，背辉黑色，腰黑褐色而具白色端斑；两翅黑色，翼缘白色，飞羽内翈均具方形或近方形白色块斑，翅内侧中覆羽和大覆羽白色，在翅内侧形成一近圆形大白斑。中央尾羽黑褐色，外侧尾羽白色并具黑色横斑。颏、喉、前颈至胸以及两胁污白色，腹亦为污白色，略沾桃红色，下腹中央至尾下覆羽辉红色。雌鸟头顶、枕至后颈辉黑色而具蓝色光泽，耳羽棕白色，其余似雄鸟（东北亚种）。

地理分布：分布于我国新疆、内蒙古东北部、黑龙江、吉林、辽宁、河北、河南、山东、江苏、安徽、山西、陕西、甘肃等地。

栖息地：栖息于山地和平原针叶林、针阔叶混交林和阔叶林中，尤以混交林和阔叶林较多，也出现于林缘次生林和农田边疏林及灌丛地带。

生态习性：常单独或成对活动，繁殖后期则以松散的家族群活动。多在树干和粗枝上觅食。觅食时常从树的中下部跳跃式地向上攀缘，如发现树皮或树干内有昆虫，就迅速啄木取食，用舌头探入树皮缝隙或从啄出的树洞内钩取害虫。如啄木时发现有人，则绕到被啄木的后面藏匿或继续向上攀缘，搜索完一棵树后再飞向另一棵树，飞翔时两翅一开一闭，呈大波浪式前进，有时也在地上倒木和枝叶间取食。叫声为"jen-jen-"。

4.3.2.3 兽 类

1) 猕猴 *Macaca mulatta*

形态特征：典型的猕猴属动物，主要特征是尾短，具颊囊。躯体粗壮，平均体长约50 cm，前肢与后肢大约同样长，拇指能与其他四指相对，抓握东西灵活。前额低，有一突起的棱。头部呈棕色，背部棕灰或棕黄色，下部橙黄或橙红色，腹面淡灰黄色。

地理分布：主要分布我国于南方诸省（区），以广东、广西、云南、贵州等地分布较多，福建、安徽、江西、湖南、湖北、四川次之，陕西、山西、河南、河北、青海、西藏等局部地区也有分布。

栖息地：栖息于热带、亚热带及暖温带阔叶林，从低丘到海拔3000~4000 m僻静有食的各种环境都有栖息，是现存灵长类中对栖息条件要求较低的一种。喜欢生活在石山的林灌地带，特别是那些岩石嶙峋、悬崖峭壁又夹杂着溪河沟谷、攀藤绿树的广阔地段。

生态习性：集群生活，猕猴往往数十只或上百只一群，由猴王带领，群居于森林中。它们常爱攀藤上树，喜觅峭壁岩洞，其活动范围很大。猴群大小与栖息地环境优劣有关，一般都有十数头或数十头。繁殖和缺食季节，往往集群大些，故活动范围也较大。善于攀缘跳跃，会游泳和模仿人的动作，有喜怒哀乐的表现。

2) 豹猫 *Prionailurus bengalensis*

形态特征：体型较小的食肉类。头部形状与家猫一样但体型略比家猫大，体长为36~90 cm，尾长15~37 cm，体重3~8 kg，尾长超过体长的一半。头形圆。从头部至肩部有4条棕褐色条纹，两眼内缘向上各有一条白纹。耳背具有淡黄色斑，全身背面体毛为浅棕色，布满棕褐色至淡褐色斑点。胸腹部及四肢内侧白色，尾背有褐斑点或半环，尾端黑色或暗灰色。

地理分布：在我国分布记录有5个亚种，除新疆和内蒙古的干旱荒漠、青藏高原的高海拔地区外，几乎所有的省区都有分布。

栖息地：主要栖息于山地林区、郊野灌丛和林缘村寨附近。分布区域可从低海拔海岸带一直到海拔3000 m高山林区。在半开阔的稀树灌丛生境中数量最多，浓密的原始森林、垦殖的人工林（如橡胶林、茶林等）和空旷的平原农耕地数量较少，干旱荒漠、沙丘几无分布。

生态习性：窝穴多在树洞、土洞、石块下或石缝中。主要为地栖，但攀爬能力强，在树上灵敏自如。夜行性，晨昏活动较多。独栖或成对活动。善游水，喜在水塘边、溪沟边、稻田边等近水之处活动和觅食。

3) 华北豹 *Panthera pardus japonensis*

形态特征：头小而圆，耳短，耳背黑色，耳尖黄色，基部也是黄色，并具有稀疏的小黑点。虹膜为黄色，在强光照射下瞳孔收缩为圆形，在黑夜则发出闪耀的光。犬齿发达，舌头的表面长着许多角质化的倒生小刺。嘴的侧上方各有 5 排斜形的胡须。额部、眼睛之间和下方以及颊部都布满了黑色的小斑点。身体的毛色鲜艳，体背为杏黄色，颈下、胸、腹和四肢内侧为白色，耳背黑色，有一块显著的白斑，尾尖黑色，全身都布满了黑色的斑点，头部的斑点小而密，背部的斑点密而较大。

地理分布：分布于我国河南、河北、山西、北京、陕西、甘肃东南部和宁夏南部。

栖息地：生活于山地森林、丘陵灌丛、荒漠草原等多种环境，从平原到海拔 3600 m 的高山都有分布。巢穴比较固定，多筑于浓密树丛、灌丛或岩洞中。

生态习性：营独居生活，常夜间活动，白天在树上或岩洞休息。在食物丰富的地方，活动范围较固定；食物缺乏时，则游荡数十公里觅食。守卫自己较固定的领域，雄性的领域比雌性的要大。捕食各种有蹄类动物，也捕食猴、兔、鼠类、鸟类和鱼类，秋季也采食甜味的浆果。

4) 原麝 *Moschus moschiferus*

形态特征：原麝头小、眼大，耳长而直立，上部近圆形，吻部裸露。雌雄均无角，雄性上犬齿发达，露出唇外，成獠牙。雌性上犬齿小，不露出口外。四肢细长，后肢长于前肢，较前肢发达，散臀高大于肩高，身体后部粗壮。主蹄狭长，侧蹄显著，能接触地面。尾短，隐于毛丛中。雄性腹部具麝香腺，可分泌麝香。腺体大小随个体而异，腺呈囊状。

地理分布：在我国分布于河北、北京、黑龙江、吉林、辽宁、内蒙古、山西、新疆等地。

栖息地：原麝多在针阔混交林、针叶落叶林、针叶混交林、疏林灌丛地带的悬崖峭壁和岩石山地生境中栖居，有时随季节的不同而作垂直迁徙。

生态习性：原麝常单独活动，或雌兽与子兽组成家族活动，一般晨昏活动较为频繁。夏季多在石碓子、河谷附近的陡峭山崖活动；冬季喜在背风、向阳的地方栖息。原麝为山地动物，能轻快敏捷地在险峻的悬崖峭壁上活动，在密林中也常行于倒木上，并有攀登斜树的习性，极善跳跃。视、听觉发达，常停立于山顶石碓子上，四周观望，稍有特殊动静即迅速逃跑，遇险时常隐于石隙中。

5) 西伯利亚狍 *Capreolus pygargus*

形态特征：中小型鹿类，有着细长颈部及大眼睛，大耳朵。无獠牙，后肢略长于前肢，尾短。冬天时，北方的族群皮毛颜色为淡灰色，南方族群则是灰褐色与黄赭色。其腹部皮毛为奶油黄，臀尾部有小块白色，其种名来自其臀部特征。夏季时，其皮毛颜色为红色。幼年时的狍，皮毛上有斑点。雄性的体型较大，有角，角上有三个尖端，向两侧伸展，向上倾斜；角在秋季或初冬时会脱落，之后再缓慢重生。

地理分布：分布于我国东北地区、黄土高原、青海、天山山地。

栖息地：多栖息在疏林带，多在河谷及缓坡上活动（海拔一般不超 2400 m），狍性情胆小，日间多栖于密林中，早晚时分才会在空旷的草场或灌木丛活动。

生态习性：狍爱成对活动，越冬时常为一只雄狍与二三只雌狍及幼狍在一起。雄狍角冬天脱落，新角最迟3月开始生长，6—7月长成，即进入发情期。雄狍用角剥开树皮并留下前额臭腺的分泌物作为自己地盘的标志。狍通常是双胞胎。

4.3.3 湿 地

属于非地带性的湿地环境，主要包括后河水库岸边阶地、山谷河流和溪流。山谷河流和溪流一般河道狭窄，石砾众多，崎岖不平，水量较小。河流岸边多生长低矮的乔灌木，草本较稀疏。

该栖息地代表性两栖类有花背蟾蜍、中国林蛙、隆肛蛙等，代表性鸟类有黑鹳、普通翠鸟、灰鹡鸰、白额燕尾、紫啸鸫等。

4.3.3.1 两栖类

1) 花背蟾蜍 *Bufo raddei*

形态特征：花背蟾蜍体长平均60 mm左右，雌性最大者可达80 mm；头宽大于头长；吻端圆，吻棱显著，颊部向外侧倾斜；鼻间距略小于眼间距，上眼睑宽、略大于眼间距，鼓膜显著，椭圆形。雄蟾背面多呈橄榄黄色。雌蟾多为浅绿色；疣粒灰色，上面有红点；雌蟾背呈绿灰色，上有酱色花斑，疣粒上多有土红色点，故名此蟾为花背蟾蜍；背正中央常有一浅绿色细纵线，自头端至肛部；四肢有棕色花斑；腹面为乳白色，一般无斑点，少数有之。液浸标本红点多不见而深色斑纹清晰。

地理分布：在我国主要分布于黑龙江、吉林、辽宁、内蒙古、青海、甘肃、宁夏、陕西、山西、河北和山东等地。

栖息地：在海拔600~2700 m地带均有分布，栖息活动于半荒漠、黄土高原的断层处、林间草地、树根下、石缝间等各种生境。

生态习性：适应性强。白天栖于洞内，黄昏外出觅食。冬季集群在沙土中冬眠。

2) 中国林蛙 *Rana chensinensis*

形态特征：雌蛙体长71~90 mm，雄蛙较小；头部扁平；吻端钝圆，略突出于下颌，吻棱较明显；鼻孔位于吻眼之间，鼻间距大于眼间距。背侧褶在鼓膜上方呈曲折状；后肢前伸贴体时胫跗关节超过眼或鼻孔。雄蛙第一指基部的两个大婚垫内下侧间的间距明显，近腕部一团不大于指部一团；有一对咽侧下内声囊。

地理分布：分布于我国黑龙江、吉林、辽宁、内蒙古、河北、山西、陕西、甘肃、青海、新疆、山东、江苏、四川、西藏等地。

栖息地：栖息在离水体较远的阴湿的山坡树丛中，在严寒的冬季则成群聚集在河水深处的大石块下冬眠。

生态习性：中国林蛙是典型的水陆两栖性动物，在其生长发育过程中，蝌蚪期和冬眠期在水中生活，而变态后的幼、成蛙在陆地生活。林蛙每年春天完成冬眠和生殖休眠以后，沿着溪流沟谷附近的潮湿植物带上山，开始营完全的陆地生活。

3) 隆肛蛙 *Rana quadranus*

形态特征：体侧有黄色斑纹，无背侧褶，头顶及体前部较光滑，头侧和体背后部及体侧满布疣粒，鼓膜不显，指、趾末端膨大成球状，无沟，无指基下瘤，内掌突大而突出，趾间满蹼，第1、第5趾外侧具宽的缘膜，其中第5趾外侧缘膜达趾基部。雄蛙肛部周围皮肤光滑呈囊状隆起，甚明显。

地理分布：分布于我国甘肃南部、陕西南部、四川、重庆、湖北、湖南等地。

栖息地：生活于海拔335~1800 m的山区流溪或沼泽地带。

生态习性：成蛙白天多隐伏在石块、石洞内或草丛种，极少外出活动，夜晚活动于溪边或草丛，傍晚和黎明为其活动高峰期，捕食多种昆虫及其他小型动物。冬眠期为每年11月底至翌年3月，4月初开始活动并产卵繁殖，7月可见到孵化出的小蝌蚪。

4.3.3.2 鸟 类

1) 黑鹳 *Ciconia nigra*

形态特征：成鸟体长1~1.2 m，体重2~3 kg；嘴长而粗壮，头、颈、脚均甚长，嘴和脚红色。身上的羽毛除胸腹部为纯白色外，其余都是黑色，在不同角度的光线下，可以映现出多种色彩。

地理分布：繁殖于我国新疆塔里木河流域、天山山地、阿尔泰山地、准噶尔盆地、山西北部、陕西北部等地；越冬于山西、河南、陕西南部、四川、云南、湖北、江西、台湾和长江中下游等地。

栖息地：繁殖期间栖息在偏僻而无干扰的开阔森林及森林河谷与森林沼泽地带，也常出现在荒原和荒山附近的湖泊、水库、水渠、溪流、水塘及沼泽地带，冬季主要栖息于开阔的湖泊、河岸和沼泽地带。

生态习性：性孤独，常单独或成对活动在水边浅水处或沼泽地上，有时也集成小群活动和飞翔。白天活动，晚上多成群栖息在水边沙滩或水中沙洲上。不善鸣叫，活动时悄然无声。性机警而胆小，听觉、视觉均很发达，当人还离得很远时就凌空飞起，故人难于接近。在地面起飞时需要先在地面奔跑一段距离，用力扇动两翅，待获得一定上升力后才能飞起，善飞行，能在浓密的树枝间飞翔前进，飞翔时头颈前伸，双腿后掠。两翅扇动缓慢有力。黑鹳不仅能鼓翼飞行，也能像白鹳一样利用上升的热气流在空中翱翔和盘旋，头可以左右摆动观察地面。在地上行走时跨步较大，步履轻盈。休息时常单脚或双脚站立于水边沙滩上或草地上，缩脖成驼背状。

2) 普通翠鸟 *Alcedo atthis*

形态特征：自额至枕蓝黑色，密杂以翠蓝横斑，背部翠蓝色，腹部栗棕色；头顶有浅色横斑；嘴和脚均为赤红色。

地理分布：主要分布于我国的中部和南部，为留鸟。

栖息地：主要栖息于林区溪流、平原河谷、水库、水塘或水田岸边。

生态习性：平时常栖息在水旁，很长时间一动不动，等待鱼虾游过，每当看到鱼虾，立刻凶猛地直扑水中捕取。有时还可以看到其鼓翼飞翔于距离水面5~7 m的空中，好像悬挂在空中俯视水面。通常将猎物带回栖息地，在树枝上或石头上摔打，待鱼死后，再整条吞食。有时也沿水面低空直线飞行，速度甚快，常边飞边叫。

3) 灰鹡鸰 *Motacilla cinereal*

形态特征：属中小型鸣禽，体长约19 cm。与黄鹡鸰的区别在本种为上背灰色，飞行时白色翼斑和黄色的腰显现，且尾较长。体型较纤细。嘴较细长，先端具缺刻；翅尖长，内侧飞羽(三级飞羽)极长,几与翅尖平齐;尾细长,外侧尾羽白色,常做有规律的上、下摆动;腿细长,后趾具长爪,适于在地面行走。

地理分布:几乎遍及我国各地。其中东北、华北、内蒙古、山西、陕西、甘肃西南部至四川北部为夏候鸟,其他地区为旅鸟,部分在长江流域、东南沿海、广西、云南、海南、台湾等地越冬。

栖息地:主要栖息于溪流、河谷、湖泊、水塘、沼泽等水域岸边或水域附近的草地、农田、住宅和林区居民点,尤其喜欢在山区河流岸边和道路上活动,也出现在林中溪流和城市公园中。从平原草地到海拔2000 m以上的高山荒原均有栖息。

生态习性:经常成对活动或集小群活动。以昆虫为食。觅食时在地上行走,或在空中捕食昆虫。繁殖期在3—7月,筑巢于屋顶、洞穴、石缝等处,巢由草茎、细根、树皮和枯叶构成,巢呈杯状。每窝产卵4~5枚。

4) 白额燕尾 *Enicurus leschenaultia*

形态特征:体型略小(22 cm)的燕尾。背黑,与斑背燕尾的区别在于本种体型较小,胸白;与灰背燕尾的区别在于本种背色较深。幼鸟背部青石灰色或近褐色,胸具灰色鳞状斑纹而似灰背燕尾的幼鸟。

地理分布:主要分布于长江流域及其以南地区,北至内蒙古中部,西至甘肃南部,南抵福建、广东、广西、云南、海南等地。

栖息地:一般栖息于山涧溪流边的岩石上,或沿溪的树丛间或村寨中的水沟边。

生态习性:繁殖季节,雌雄鸟结对活动至8月左右。雌雄鸟共同筑巢,在筑巢的过程中,雌鸟的贡献远大于雄鸟,雄鸟更多是参与警戒,一旦有异常情况,发出叫声,筑巢停止,雌雄鸟飞离巢区,过半小时以后返回巢区,观望未有异常情况则继续筑巢。长尾喜不停抽动。

5) 紫啸鸫 *Myophonus caeruleus*

形态特征:全身羽毛呈暗蓝紫色,各羽先端具亮紫色的滴状斑,嘴、脚为黑色。

地理分布:几乎遍及我国各地。

栖息地:主要栖息于海拔3800 m以下的山地森林溪流沿岸,尤以阔叶林和混交林中多岩的山涧溪流沿岸较常见。

生态习性:单独或成对活动。地栖性,常在溪边岩石或乱石丛间跳来跳去或飞上飞下,有时也进到村寨附近的园圃或地边灌丛中活动,性活泼而机警。在地面活动时主要是跳跃前进,停息时常将尾羽散开并上下摆动,有时还左右摆动。在地上和水边浅水处觅食。善鸣叫,繁殖期雄鸟鸣声清脆高亢、多变而富有音韵,颇似哨声,甚为动听。受惊时慌忙逃至灌草丛中并发出尖厉高音"eer-ee-ee"。

4.4 动物群落及物种多样性

4.4.1 动物群落的摄食集团

动物群落的摄食集团是指利用相同或相似生存资源的物种集合体,是分析群落物种结构及功能的重要参数。依据物种的体型、食性、栖息地、生态习性等,将同一栖息地类型的物种归入摄食集团(表 4-3)。

表 4-3 显示，混沟区域的疏林灌丛记录到爬行类 5 种，鸟类 25 种，兽类 7 种，共计 37 种；山地森林记录到爬行类 2 种，鸟类 30 种，兽类 13 种，共计 45 种；湿地记录到两栖类 3 种，鸟类 10 种，共计 13 种。可见，三个动物群落的物种数量呈现山地森林>疏林灌丛>湿地。

表 4-3 混沟区域陆栖脊椎动物的摄食集团及分布

物种	食性	摄食集团	疏林灌丛	山地森林	湿地
一、两栖纲					
(1) 花背蟾蜍 Bufo raddei	食虫	G1			√
(2) 中国林蛙 Rana chensinensis	食虫	G1			√
(3) 隆肛蛙 Rana quadranus	食虫	G1			√
二、爬行纲					
(1) 无蹼壁虎 Gekko swinhonis	食虫	G2	√		
(2) 山地麻蜥 Eremias brenchleyi	食虫	G2	√	√	
(3) 草绿龙蜥 Japalura flaviceps	食虫	G2	√		
(4) 蓝尾石龙子 Eumeces elegans	食虫	G2	√		
(5) 铜蜓蜥 Spenomorphus indicus	食虫	G2	√	√	
三、鸟纲					
(1) 大白鹭 Egretta alba	食肉	G5			√
(2) 黑鹳 Ciconia nigra	食肉	G5			√
(3) 斑嘴鸭 Anas poecilorhyncha	杂食	G6			√
(4) 鸳鸯 Aix galericulata	杂食	G6			√
(5) 大鵟 Buteo hemilasius	食肉	G5	√		
(6) 红隼 Falco tinnunculus	食肉	G5	√	√	
(7) 勺鸡 Tetrao urogallus	食种子	G3	√	√	
(8) 环颈雉 Phasianus colchicus	食种子	G3	√	√	
(9) 红腹锦鸡 Chrysolophus pictus	食种子	G3	√	√	
(10) 白胸苦恶鸟 Amaurornis phoenicurus	杂食	G6			
(11) 岩鸽 Columba rupestris	食种子	G3	√	√	
(12) 山斑鸠 Streptopelia orientali	食种子	G3	√		
(13) 鹰鹃 Cuculus sparverioides	食虫	G4		√	
(14) 中杜鹃 Cuculus saturatus	食虫	G4	√	√	
(15) 雕鸮 Bubo bubo	食肉	G5	√		
(16) 纵纹腹小鸮 Athene noctua	食肉	G5	√	√	
(17) 普通夜鹰 Caprimulgus indicus	食肉	G5	√		
(18) 普通翠鸟 Alcedo atthis	食肉	G5	√		√
(19) 戴胜 Upupa epops	食虫	G4	√	√	

(续)

物种	食性	摄食集团	疏林灌丛	山地森林	湿地
(20) 灰头绿啄木鸟 *Picus canus*	食虫	G4		√	
(21) 黑啄木鸟 *Dryocopus martius*	食虫	G4		√	
(22) 大斑啄木鸟 *Dendrocops major*	食虫	G4	√	√	
(23) 灰鹡鸰 *Motacilla cinerea*	食虫	G4			√
(24) 松鸦 *Garrulus glandarius*	食虫	G4		√	
(25) 红嘴蓝鹊 *Urocissa erythrorhyncha*	杂食	G6	√	√	
(26) 灰喜鹊 *Cyanopica cyanus*	杂食	G6	√		
(27) 星鸦 *Nucifraga caryocatactes*	食种子	G3	√		
(28) 大嘴乌鸦 *Corvus macrorhynchos*	杂食	G6	√	√	
(29) 鹪鹩 *Torglodytes troglodytes*	食虫	G4			√
(30) 红尾水鸲 *Rhyacornis fuliginosus*	食虫	G4			√
(31) 白额燕尾 *Enicurus leschenaultia*	食虫	G4			√
(32) 紫啸鸫 *Myophonus caeruleus*	食虫	G4			√
(33) 橙翅噪鹛 *Garrulax elliotii*	杂食	G6	√	√	
(34) 矛斑蝗莺 *Locustella lanceolata*	食虫	G4		√	
(35) 黄眉柳莺 *Phylloscopus inornatus*	食虫	G4	√	√	
(36) 四川柳莺 *Phylloscopus sichuanensis*	食虫	G4	√		
(37) 极北柳莺 *Phylloscopus borealis*	食虫	G4	√	√	
(38) 冕柳莺 *Phylloscopus coronatus*	食虫	G4	√		
(39) 蓝喉仙鹟 *Cyornis rubeculoides*	食虫	G4		√	
(40) 大山雀 *Parus major*	食虫	G4	√	√	
(41) 黄腹山雀 *Parus venustulus*	食虫	G4	√	√	
(42) 煤山雀 *Parus ater*	食虫	G4		√	
(43) 褐头山雀 *Parus montanus*	食虫	G4		√	
(44) 银喉长尾山雀 *Aegithalos caudatus*	食虫	G4		√	
(45) 银脸长尾山雀 *Aegithalos fuliginosus*	食虫	G4		√	
(46) 普通鳾 *Sitta europaea*	食虫	G4		√	
(47) 小鹀 *Emberiza pusilla*	食种子	G3		√	

四、兽类

物种	食性	摄食集团	疏林灌丛	山地森林	湿地
(1) 普通伏翼 *Pipistrellus abramus*	食虫	G7		√	
(2) 猕猴 *Macaca mulatta*	杂食	G9		√	
(3) 黄喉貂 *Martes flavigula*	食肉	G11	√	√	
(4) 狗獾 *Meles meles*	杂食	G9	√	√	
(5) 猪獾 *Arctonyx collaris*	杂食	G9	√	√	
(6) 果子狸 *Paguma larvata*	杂食	G9	√	√	
(7) 豹猫 *Prionailurus bengalensis*	食肉	G11		√	

(续)

物种	食性	摄食集团	疏林灌丛	山地森林	湿地
(8) 华北豹 Panthera pardus japonensis	食肉	G12		√	
(9) 野猪 Sus scrofa	杂食	G9	√	√	
(10) 原麝 Moschus moschiferus	植食	G10		√	
(11) 西伯利亚狍 Capreolus pygargus	植食	G10		√	
(12) 岩松鼠 Sciurotamias davidianus	食种子	G8	√	√	
(13) 隐纹花松鼠 Tamiops swinhoe	食种子	G8	√	√	

注：
两栖类 G1　蛙类食虫集团：蛙类动物，主食昆虫等小型无脊椎动物。
爬行类 G2　爬行类食虫集团：小型蜥蜴类，主食昆虫等小型无脊椎动物。
鸟类 G3　鸟类食种子集团：中小型鸟类，主食植物种子、果实等。
　　　G4　鸟类食虫集团：中小型鸟类，主食昆虫等无脊椎动物。
　　　G5　鸟类食肉集团：大中型鸟类，主食中小型脊椎动物。
　　　G6　鸟类杂食集团：中小型鸟类，主食无脊椎动物和植物根茎果等。
兽类 G7　兽类食虫集团：小型兽类，主食昆虫等小型无脊椎动物。
　　　G8　兽类食种子集团：小型兽类，主食植物种子、果实、茎叶等。
　　　G9　兽类杂食集团：中小型兽类，主食动物和植物根茎果等。
　　　G10　大中型兽类植食集团：大中型兽类，主食植物茎叶等。
　　　G11　小型兽类食肉集团：小型兽类，主食小型脊椎动物。
　　　G12　大型兽类食肉集团：大型兽类，主食大中型脊椎动物。

4.4.2　各动物群落摄食集团的比较

表 4-4 显示，山地森林陆栖脊椎动物群落的摄食集团数最多，达 10 个；湿地陆栖脊椎动物群落的摄食集团最少，仅 4 个。其原因在于混沟区域的湿地均为狭长的小河和溪流，几乎没有大面积的水面，导致混沟湿地的陆栖脊椎动物摄食集团偏少。山地森林和疏林灌丛动物群落相比较，前者的摄食集团数明显高于后者，尤其是前者拥有的 G11(小型兽类食肉集团)、G12(大型兽类食肉集团)未出现于后者。比较山地森林动物群落与疏林灌丛动物群落的相同摄食集团可发现，G3(鸟类食种子集团)物种数，前者为 6 种，后者为 5 种，同理，前者的 G4(鸟类食虫集团)为 18 种，而后者仅为 8 种。综合而言，山地森林植被发育更好，为更多的物种提供了食物和隐蔽条件，增加了动物物种数及摄食集团的数量，因此也成为历山国家级自然保护区的物种保护的关键区域。

表 4-4　动物群落的摄食集团比较

动物群落	摄食集团	摄食集团数
疏林灌丛	G2(5)、G3(5)、G4(8)、G5(6)、G6(4)、G8(2)、G9(4)、G11(1)	8
山地森林	G3(6)、G4(18)、G5(2)、G6(2)、G7(1)、G8(2)、G9(5)、G10(2)、G11(2)、G12(1)	10
湿地	G1(3)、G4(5)、G5(3)、G6(2)	4

注：括号中为物种数。

4.4.3 动物群落物种多样性

鸟类是混沟区域内物种数量最多的脊椎动物类群,本次调查的鸟类遇见率数据较为翔实,能够反映出动物群落的一般特征。因此,本研究的动物群落物种多样性的比较是基于鸟类物种调查及其群落组成的数据(表4-5)。

表4-5 混沟区域鸟类群落的物种多样性

物种	鸟类群落(遇见率)		
	疏林灌丛	山地森林	湿地
(1)红隼 *Falco tinnunculus*	1	1	—
(2)勺鸡 *Tetrao urogallus*	6	4	—
(3)环颈雉 *Phasianus colchicus*	1	—	—
(4)山斑鸠 *Streptopelia orientali*	1	—	—
(5)中杜鹃 *Cuculus saturatus*	6	8	—
(6)大斑啄木鸟 *Dendrocops major*	4	2	—
(7)红嘴蓝鹊 *Urocissa erythrorhyncha*	8	2	—
(8)灰喜鹊 *Cyanopica cyanus*	—	—	—
(9)星鸦 *Nucifraga caryocatactes*	—	3	—
(10)大嘴乌鸦 *Corvus macrorhynchos*	1	—	—
(11)红尾水鸲 *Rhyacornis fuliginosus*	—	—	8
(12)白额燕尾 *Enicurus leschenaultia*	—	—	3
(13)紫啸鸫 *Myophonus caeruleus*	—	—	6
(14)黄眉柳莺 *Phylloscopus inornatus*	12	15	—
(15)四川柳莺 *P. sichuanensis*	5	7	—
(16)极北柳莺 *P. borealis*	19	26	—
(17)大山雀 *Parus major*	15	10	—
(18)黄腹山雀 *P. venustulus*	17	27	—
(19)银脸长尾山雀 *Aegithalos fuliginosus*	10		—
(20)普通䴓 *Sitta europaea*	4	2	—
香农-维纳指数(H)	2.38	2.05	1.02
均匀度指数(J)	0.878	0.827	0.909

注:遇见率数据中,每遇见一次记录为"1",依次类推。

Shannon-Wiener 多样性指数($H = -\sum_{i=1}^{s} P_i \ln P_i$,其中,$H$ 为多样性指数,S 为种数,P_i 为物种 i 的个体数总个体数的比例),Pielou 均匀度指数($J = H/\ln S$,其中,S 为群落内的物种数)计算结果见表4-5。

Shannon-Wiener 多样性指数(H)显示,疏林灌丛鸟类群落的多样性指数最高,湿地鸟类群落的多样性指数最低,表明疏林灌丛具有更多的鸟类生存资源。考察过程发现,疏林灌丛的植物种类较多且具有较多的浆果、坚果、核果及其他植物种子,为鸟类提供了较为丰富的食物资源。比较而言，混沟湿地多为狭窄的溪流等水域环境，可为鸟类提供的生存资源十分有限，导致鸟类种类和数量均不及疏林灌丛和山地森林带，这是湿地鸟类群落多样性指数较低的主要原因。同时，从均匀度指数（J）可得出，三类栖息地之间鸟类群落的均匀度指数没有明显的差别，说明三类栖息地为鸟类提供的生存资源较为均一，尽管物种数存在较大差异，但各物种的数量相对均衡，从一个侧面反映了各栖息地鸟类生存资源的相对均匀性。

4.4.4 动物群落的指示物种

1) 指示种遴选的原则

动物群落内的大体型物种一般数量较少，难以反映外界制约因子对其的影响。同理，那些种群数量少的物种也不能指示出动物群落的变动。再者，种群数量较高的物种不易及时反映环境压力的影响程度。因此，动物群落的指示物种主要体现于物种种群数量及其对环境变化的敏感性，一般中小体型和常见的动物种类能够指示出自然因子和人为因素的影响。

2) 动物群落的指示物种

基于上述遴选原则，混沟区域各动物群落的指示物种的选择结果为：

(1) 疏林灌丛动物群落：无蹼壁虎、草绿龙蜥、蓝尾石龙子、岩鸽、中杜鹃、戴胜、灰喜鹊、大山雀、岩松鼠、隐纹花松鼠。

(2) 山地森林动物群落：山地麻蜥、铜蜓蜥、山斑鸠、中杜鹃、大斑啄木鸟、煤山雀、普通鸫、岩松鼠、隐纹花松鼠。

(3) 湿地动物群落：花背蟾蜍、隆肛蛙、中国林蛙、灰鹡鸰、红尾水鸲。

3) 动物群落的监测和评价

选定特定动物群落的指示物种后，可依照指示物种的生态习性布设样线或样方，并固定下来。记录时应为相同的方法、相同的地点、相同的季节、相同的观测时间。由此，可比较指示物种种群数量的动态，在此基础上，评价动物群落变化程度并分析可能的原因。

4.5 动物保护措施及建议

4.5.1 动物对环境变化的敏感性

4.5.1.1 基于栖息地的敏感性

混沟区域的地形地势和植被特征相对单一，仅包括疏林灌丛、山地森林、湿地三个栖息地类型。从物种利用生存资源的角度看，若某一物种利用全部的三种栖息地，则该物种对栖息地变化具有较大的缓冲适应能力，反之，若某一物种仅能利用一种栖息地，则该物种对栖息地变化就会较为敏感。从表4-4可知，一些物种仅占有一种栖息地类型，一些物种则可占据三种栖息地。由此，就混沟区域分布的陆栖脊椎动物而言，我们认为，仅出现于一种栖息地类型的物种为高度敏感种，出现于两种栖息地的为中等敏感种，出现于三种栖息地的为低敏感种（表4-6）。

表 4-6 混沟区域动物对栖息地变化的敏感性

物种类群	种数	敏感性（n 为物种数；% 为所占比例）		
		低	中	高
两栖类	3	—	—	3(100%)
爬行类	5	—	2(40%)	3(60%)
鸟类	47	—	10(21.3%)	29(61.7%)
兽类	13	—	7(53.8%)	5(38.4%)

表 4-6 显示，混沟区域陆栖脊椎动物基于栖息地的敏感性结果为两栖类>鸟类>爬行类>兽类。其中，仅有的三种两栖类物种均为高敏感性物种，说明混沟区域的溪流等湿地生境的重要性。鸟类对栖息地的高敏感性物种为 29 种，占比高达 61.7%。这些鸟类多为湿地鸟类，对环境变化较为敏感。兽类的高敏感种类主要为大体型和食肉的种类，它们对环境因子的变化十分敏感，是值得关注的物种。

4.5.1.2 基于数量等级的敏感性

混沟区域陆栖脊椎动物的数量等级存在较大差异。一般而言，种群数量少的物种更易受到外界因子的影响，反之，种群数量较大的物种则具有一定抵御环境变化的能力。因此，这里将数量偶见种（数量等级+）列为高敏感种、一般种（数量等级++）列为中等敏感种，常见种（数量等级+++）列为低敏感种，可得出混沟区域陆栖脊椎动物基于数量等级的敏感性，见表 4-7。

表 4-7 混沟区域动物基于数量等级的敏感性

物种类群	种数	敏感性（n 为物种数；% 为所占比例）		
		低	中	高
两栖类	3	1(33.3%)	—	2(66.7%)
爬行类	5	1(20%)	1(20%)	3(60%)
鸟类	47	3(6.4%)	17(36.2%)	27(57.4%)
兽类	13	1(7.7%)	3(23.1%)	9(69.2%)

基于种群数量角度，兽类的敏感性最高，达到 69.2%；两栖类次之，为 66.7%。总体来看，混沟区域陆栖脊椎动物从数量角度而言具有较高的敏感性，这是源于有限的面积集中了较多的种群数量，反映出该区域良好的生态环境，也显示易受外界影响种类较多的现状。

4.5.1.3 基于食物资源的敏感性

基于食物资源角度，大型食肉动物为高敏感性物种，中小型食肉动物为中等敏感性物种，其他动物则为低敏感性物种。从食物资源角度，鸟类的敏感性较高，高敏感性物种占 8.5%，即大白鹭、黑鹳、大鵟、雕鸮；兽类高敏感性物种较少，仅 1 种，即华北豹；两栖和爬行类则没有敏感性物种（表 4-8）。

表 4-8　混沟区域动物基于食物资源的敏感性

物种类群	种数	敏感性(n 为物种数；%为所占比例)		
		低	中	高
两栖类	3	—	—	—
爬行类	5	—	—	—
鸟类	47	40(85.1%)	3(6.4%)	4(8.5%)
兽类	13	10(76.9%)	2(15.4%)	1(7.7%)

综上所述，混沟区域在陆栖脊椎动物的栖息地结构、数量等级、食物资源上均具有良好的生存条件，但也从一个侧面反映出该区域具有相当比例的物种对外界环境变化具有较高的敏感性，这是值得注意的问题。

4.5.2　动物资源的保护

4.5.2.1　动物栖息地的保护

水源、食物和隐蔽条件是野生动物的三大生存要素。考察发现，混沟区域具有良好的水源、食物和隐蔽条件。混沟植被繁茂，植被层次复杂，地形崎岖不平，人迹罕至，干扰很小，因而隐蔽因子很好且稳定。该区域植物种类丰富，为各种动物提供了丰富的食源。需要指出的是，尽管混沟区域沟谷众多，溪流遍布，拥有丰富的地表径流，但大多数溪流水量很小。只有那些溪流蜿蜒处形成的水洼、水塘才具有生态上的水源地价值，但这些水源地相对较少，因此水源成为三大生存要素中的弱项。混沟区域应重点关注和保护水源地，必要时可考虑在缺少稳定水源的地点实施水源地改造，蓄积清洁和稳定的水源。

4.5.2.2　动物生活史的保护

对动物生活史的保护，即需要在动物生活史的各个阶段都能保障生存资源，并尽可能减少外界对其的干扰，尤其是在动物怀孕、孵卵、育幼、越冬等敏感时期更要保护其不受外界因子的影响。从各类动物生活史阶段归纳总结，可以得出，春季 4—5 月，各类群动物陆续进入产仔、孵卵、育幼等关键时期，是动物生活史最为脆弱和敏感的阶段。因此，此时期应禁止一切不必要的人为活动，以保障各类动物的生息繁衍。秋季 9—10 月是大型动物寻偶、交配的关键时期，也应禁止不必要的人为活动。

4.5.2.3　动物地理区系成分的保护

在生态地理动物群的尺度上，许多物种可拓展分布范围并渗透进入相邻的动物群，表现为生态地理动物群的边缘效应，由此丰富了相邻区域的物种多样性组成。混沟区域在动物地理分区上隶属古北界东北亚界华北区黄土高原亚区晋南—渭河—伏牛山省，是华北区与华中区相接的生物地理省，因而东洋界物种占有一定比例。从保护物种而言，混沟共有 24 种国家级和省级保护物种，其中东洋界成分 6 种，占比为 25%。相对而言，处于分布区边缘的物种更易受到环境波动的影响，因而应予以更多的关注。历史上，混沟及其所在历山国家级自然保护区的山地环境成为众多物种躲避农耕文明拓展的"避难所"。现今，随着全球气候变暖，混沟区域山地环境将可能为更多的古北界华北区动物成分提供生存条件，因而混沟区域在华北区乃至中国古北界物种多样性保护上具有至关重要的作用。

第 5 章
森林资源专题报告

技术指导：雷渊才
调　　查：雷渊才　冯建成　李轶涛　朱东泽　张月友
　　　　　崔文举　贾振虎　马玉屾　郭晓军
执　　笔：冯建成　李轶涛　朱东泽

天然林是森林资源的主体和精华,是自然界中群落最稳定、生物多样性最丰富的陆地生态系统。历山国家级自然保护区核心区内的七十二混沟保存着我国黄河中下游地区唯一的一块原始森林。全面调查历山自然保护区混沟地区森林资源的种类、分布、数量和自然状态下的演替情况,客观反映混沟地区森林资源状况,有助于深入了解天然林演替规律和发育阶段,并分析天然林结构与功能之间的关系,对于合理制定全省森林质量精准提升措施、加快构建以天然林为主体的健康稳定的森林生态系统具有重要意义。

　　本次调查以混沟地区森林资源为对象,利用多源影像分析、森林类型划分、典型林分调查、综合分析评价的方法,深入调查分析混沟地区不同森林类型的结构特征、资源现状和动态变化,归纳总结混沟地区森林资源特点和内在发生发展规律,为综合科学考察提供基础数据支撑。

　　森林资源调查结果表明,历山自然保护区混沟地区土地总面积3273.83 hm^2,其中林地面积3255.61 hm^2,占混沟地区土地总面积的99.4%;非林地面积18.22 hm^2,占混沟地区土地总面积的0.6%。森林覆盖率为99.4%。林地中,有林地面积3255.61 hm^2,占林业用地面积的100%,全为乔木林。其中针叶林面积为45.87 hm^2,阔叶林面积为1944.52 hm^2,阔叶混交林面积为1265.22 hm^2,分别占有林地面积的1.4%、59.7%、38.9%。历山自然保护区混沟地区活立木总蓄积294737 m^3,全部为有林地蓄积,占总蓄积的100%。

　　本次综合科考森林资源调查组在总结前人调查经验的基础上,拟定了多源影像分析、森林类型划分、典型林分调查、综合分析评价的技术路线。在混沟森林资源调查史上首次应用高分辨率遥感影像、无人机实时分析、三维激光扫描仪实景复制等新技术新方法,建立了永久性固定观测样地,为准确掌握混沟地区森林资源的种类、分布、数量和自然状态下的演替情况奠定了基础。

5.1 绪 言

5.1.1 调查目的和意义

天然林是森林资源的主体和精华,是自然界中群落最稳定、生物多样性最丰富的陆地生态系统。全面保护天然林,对于建设生态文明和美丽中国、实现中华民族永续发展具有重大意义。习近平总书记对天然林保护高度重视,多次作出重要指示。他指出,"森林是我们从祖宗继承来的,要留传给子孙后代,上对得起祖宗,下对得起子孙。""上世纪90年代末,我们在长江上游、黄河上中游以及东北、内蒙古等地实行了天保工程,效果是显著的。要研究把天保工程范围扩大到全国,争取把所有天然林都保护起来。眼前会增加财政支出,也可能减少一点国内生产总值,但长远是件功德无量的事。"在党的十九大报告中,习近平总书记明确要求"完善天然林保护制度"。这些重要指示,为全面保护天然林指明了方向、提供了遵循。

山西的天然林集中分布在远山深沟、陡坡峻岭,是山西主要河流的源头,发挥着生态支撑功能的骨架作用。而山西天然林原生性、系统性、稳定性最好的群落就深藏于历山国家级自然保护区核心区内的七十二混沟,这里保存着我国黄河中下游地区唯一的一块原始森林。混沟地区山峰挺拔,岩壁陡立,地形复杂而封闭,为森林生长、演替提供了绝佳条件,造就了"原始林遗存于沟谷河道之间,天然林广袤于坡面之上,人工林零星见于界山之巅"的独特森林景观。混沟地区的原始林既不同于大、小兴安岭的泰加林,又不同于云南的热带沟谷雨林,而是遗世独立于黄河流域中游腹地。这里的森林明显地保持了比较完整的暖温带地带性植被的原始状态,古木参天,群落稳定,未遭受较大的人为干扰。混沟地区原始林是森林生物与环境相互依存和相互作用长期协同进化的产物,是众多生物栖息繁衍的场所,是由丰富多彩的生物和环境组成的动态复合体,正是由于时间和空间的综合塑造才使混沟地区原始林历经千万年的生态演替过程,形成稳定的系统结构,具有不可比拟的生态服务功能。

全面调查历山自然保护区混沟地区森林资源的种类、分布、数量和自然状态下的演替情况,客观反映混沟地区森林资源状况,有助于深入了解天然林演替规律和发育阶段,并科学分析天然林结构与功能之间的关系,对于科学制定全省森林质量精准提升措施、加快构建以天然林为主体的健康稳定的森林生态系统具有重要意义。

本次综合科考森林资源调查组在总结前人调查经验的基础上,拟定了多源影像分析、森林类型划分、典型林分调查、综合分析评价的技术路线。在混沟森林资源调查史上首次应用高分辨率遥感影像、无人机实时分析、三维激光扫描仪实景复制等新技术新方法,建立了永久性固定观测样地,为准确掌握混沟地区森林资源的种类、分布、数量和自然状态下的演替情况奠定了坚实的调查基础。

5.1.2 调查内容

本次调查以混沟地区森林资源为对象,利用多源影像分析、森林类型划分、典型林分调查、综合分析评价的方法,深入调查分析混沟地区不同森林类型的结构特征,资源现状和动态变化，归纳总结混沟地区森林资源特点，评价其空间结构特点，为综合科学考察提供基础数据支撑。

5.1.3 调查范围

本次调查范围包括历山自然保护区混沟地区的所有土地类型，重点是森林、林木、林地资源，调查土地总面积 3273.83 hm^2。

5.1.4 调查依据

- 《中华人民共和国森林法》；
- 《中华人民共和国森林法实施条例》；
- 《中华人民共和国自然保护区条例》；
- 《森林资源规划设计调查技术规程》(GB/T 26424—2010)；
- 《国家森林资源连续清查技术规定》(2014年)；
- 《遥感图像处理与判读规范(试行)》(1999年)；
- 《山西省第九次森林资源连续清查技术细则》(2015年)；
- 《山西省森林资源二类调查技术方案》(2005年)；
- 《山西省森林资源二类补充调查技术细则》(2018年)。

5.1.5 主要技术方案

(1) 小班划分：结合混沟以往调查成果，以混沟地区森林资源"一张图"数据为基础，根据卫星遥感影像、航拍影像、无人机影像的色彩、色斑形状、颗粒度大小、光泽亮度等图像的特征，利用 ArcGIS 软件进行海拔和坡度分析，同时考虑植被分布的生物学特性，进行多元分析，综合论证，以明显地形地物界线为界，在计算机上对混沟地区的森林资源进行小班划分。

(2) 森林类型划分：在小班调查的基础上，根据混沟地区的海拔、坡向、优势树种进行森林类型划分。

(3) 外业调查：①对小班进行外业核对，研判小班划分及森林类型划分是否合理；②根据小班及森林类型划分的结果，结合混沟地区历史调查资料和现地情况，选择有代表性的小班设立调查样地，采用角规调查和样地实测方法开展外业调查，调查测树因子、植被和立地因子；③结合三维激光扫描仪、无人机辅助调查等森林资源调查新技术进行有益探索。

(4) 内业汇总：对调查数据进行汇总、计算、分析。

(5) 数据修正：根据外业调查结果，对小班划分及森林类型划分进行修正。

(6) 撰写报告：通过"3S"技术，基于小班空间及属性数据库，制作历山自然保护区混沟地区森林资源统计表；按照统一的数据标准和规范，制作林相图、森林资源分布图等；撰写调查报告。

5.1.6 工作开展情况

5.1.6.1 组建调查队伍

根据山西省林业和草原局关于《开展历山国家级自然保护区混沟综合调查的通知》(晋林便字〔2019〕10号)文件要求,组建了以中国林业科学研究院、山西省林业调查规划院、中条山国有林管理局调查设计队、历山自然保护区人员为主要力量的森林资源调查组,共同完成本次混沟地区的森林资源调查工作。

5.1.6.2 准备工作

(1) 技术准备:森林资源调查组通过分析混沟区域特征,确定了以典型样地为基础、遥感分析为手段、实测与推算相结合的技术路线,编制了《山西历山国家级自然保护区混沟森林资源调查工作方案》,向历山国家级自然保护区混沟综合调查领导组进行了汇报,并根据专家意见对工作方案进行了修正。同时,为确保调查质量,组织调查组成员认真学习了《森林资源规划设计调查主要技术规程》、《山西省第九次森林资源连续清查技术细则》、《山西省森林资源二类补充调查技术细则》等规程细则。

(2) 物资准备:准备调查工器具,主要包括罗盘仪、角规、测距仪、数据采集仪、计算器、油漆、刷子、钉子、树木牌、笔记本电脑等和外业调查卡片。

(3) 数据准备:①明确了混沟地区森林资源调查的范围、面积及坐标系统;②获取混沟地区历史科考成果数据;③获取混沟地区森林资源"一张图"数据,作为森林资源调查基础数据;④获取近期拍摄的混沟地区卫星遥感影像及航拍影像;⑤结合影像特征,在森林资源"一张图"数据基础上对混沟地区小班进行划分,并根据海拔、坡向、优势树种对划分的小班进行森林类型划分;⑥对影像数据、矢量数据进行处理,形成外业调查使用数据。

5.1.6.3 调查工作

根据历山国家级自然保护区混沟综合调查工作总体安排,森林资源调查组人员于2019年5月13日集合,5月14日至19日进入混沟地区开展外业调查,本次森林资源调查范围覆盖混沟核心区3273.83 hm^2,穿越大小深沟40余条,翻越山梁46道,徒步行进超过240 km,运用了多源影像解译、无人机航拍、三维激光扫描等高科技手段,采用典型抽样、实测等调查方法开展了森林资源调查工作。

在调查过程中,参加调查人员本着严谨、科学的态度,认真细致、分工协作,跨越座座山梁、克服重重困难,圆满完成了调查工作,取得了丰硕的调查成果。为有的放矢的开展森林资源调查,调查组成员认真参加每日例行的混沟调查汇报总结会,广泛听取专家意见,深入分析混沟地区地形地貌及气候特点,结合森林起源、植被分布等因素,科学布置调查路线,灵活调配调查人员,合理布设调查样地,在混沟地区大青沟、南天门、转林沟、红岩河、皇姑幔、卧牛场等地共调查完成样地24块,详见表5-1。从样地类型上看,调查固定样地11块,定位、调查角规样地13块;从起源上看,样地覆盖了原始林、天然次生林、人工林3个不同的森林起源类型;从海拔上看,样地覆盖了混沟地区海拔800~2100 m之间的区域;从坡向上看,样地覆盖了混沟地区阴坡、阳坡、半阴坡、半阳坡各个坡向,为摸清混沟地区森林资源奠定了坚实基础。

表 5-1 森林资源调查样地布设一览表

序号	样地编号	样地形状	样地类型	海拔(m)	坡向	备注
1	20-2019		角规样地	888	阴坡	
2	17-2019		角规样地	904	阳坡	
3	24-2019		角规样地	911	阳坡	
4	19-2019	圆形样地	固定样地	927	阳坡	
5	15-2019		角规样地	936	阳坡	
6	18-2019	圆形样地	固定样地	955	阳坡	连清样地
7	14-2019		角规样地	986	阴坡	
8	12-2019	方形样地	固定样地	1101	半阳坡	
9	01-2019	方形样地	固定样地	1126	阴坡	大样地
10	13-2019	圆形样地	固定样地	1164	半阴坡	
11	16-2019		角规样地	1250	半阳坡	
12	02-2019		角规样地	1251	阴坡	
13	07-2019	方形样地	固定样地	1252	阴坡	
14	04-2019	方形样地	固定样地	1267	阳坡	
15	06-2019		角规样地	1296	阳坡	
16	10-2019	圆形样地	固定样地	1317	阴坡	
17	08-2019	方形样地	固定样地	1319	阴坡	大样地
18	11-2019	圆形样地	固定样地	1324	阴坡	
19	09-2019		角规样地	1350	阴坡	
20	05-2019		角规样地	1385	阳坡	
21	03-2019		角规样地	1712	半阴坡	
22	23-2019		角规样地	1933	半阴坡	
23	21-2019	圆形样地	固定样地	1990	阴坡	
24	22-2019		角规样地	2130	阴坡	

5.1.6.4 撰写调查报告

(1)整理内业材料：2019年5月20日至6月30日，森林资源调查组安排专人对外业调查资料进行全面整理、检查、计算，并进行了逻辑检查，通过对调查数据的统计汇总，形成森林资源调查统计汇总表，为调查报告撰写奠定坚实数据基础。

(2)撰写调查报告：2019年7月，在数据统计汇总基础上，通过相关软件分析混沟地区森林资源调查数据，结合以往调查成果及相关文献资料，从原始林形成与演替、森林资源生长量、森林资源动态分析、原始林空间结构及树种组成特点等方面着手，形成调查报告。

5.1.7 主要调查成果

5.1.7.1 土地总面积和各地类面积

历山自然保护区混沟地区土地总面积3273.83 hm^2，其中林地面积3255.61 hm^2，占混沟地区土地总面积的 99.4%；非林地面积 18.22 hm²，主要为湿地(后河水库、河流等)，占混沟地区土地总面积的 0.6%。森林覆盖率为 99.4%。

林地中，有林地面积 3255.61 hm²，占林业用地面积的 100%，全为乔木林。其中针叶林面积为 45.87 hm²，阔叶林面积为 1944.52 hm²，阔叶混交林面积为 1265.22 hm²，分别占有林地面积的 1.4%、59.7%、38.9%。

5.1.7.2 小班划分

历山自然保护区混沟地区共划分小班 207 个，小班平均面积为 15.82 hm²。其中林地小班 206 个，平均面积 18.80 hm²；非林地小班 1 个，面积 18.22 hm²。林地小班中，有林地小班 206 个，小班平均面积为 18.80 hm²。其中纯林小班 129 个，小班平均面积 15.43 hm²；混交林小班 77 个，小班平均面积 16.43 hm²；林地最小划分面积为 1.61 hm²。

5.1.7.3 森林类型划分

根据海拔、坡向、优势树种三因子叠加分析，将历山自然保护区混沟地区森林类型划分为 15 种。其中，低海拔区 7 种，分别为：低海拔区以侧柏为优势树种的阳性针叶林、低海拔区以榆栎为优势树种的阳性阔叶林、低海拔区以榆栎为优势树种的阴性阔叶林、低海拔区以辽东栎为优势树种的阳性阔叶林、低海拔区以辽东栎为优势树种的阴性阔叶林、低海拔区以栓皮栎为优势树种的阳性阔叶林、低海拔区以栓皮栎为优势树种的阴性阔叶林；中海拔区 4 种，分别为：中海拔区以辽东栎为优势树种的阳性阔叶林、中海拔区以辽东栎为优势树种的阴性阔叶林、中海拔区以栓皮栎为优势树种的阳性阔叶林、中海拔区以栓皮栎为优势树种的阴性阔叶林；高海拔区 4 种，分别为：高海拔区以落叶松为优势树种的阴性针叶林、高海拔区以辽东栎为优势树种的阳性阔叶林、高海拔区以辽东栎为优势树种的阴性阔叶林、高海拔区以白桦、山杨为优势树种的阔叶林。

5.1.7.4 活立木总蓄积

历山自然保护区混沟地区活立木总蓄积 294737 m³，全部为有林地蓄积，占总蓄积的 100%。

5.2 基本情况

5.2.1 地理位置及行政隶属

混沟地区位于山西省垣曲县北部，与山西省翼城县接壤，地处 111°54′03″—111°56′29″E，35°20′07″—35°23′10″N 之间，在中条山东段，其主峰舜王坪西南，是主峰舜王坪和皇姑幔之间一谷地，总面积约 3273.83 hm²，是历山保护区核心区之一，行政上隶属于运城市垣曲县历山镇，林地由中条山国有林管理局山西历山国家级自然保护区管辖。

5.2.2 自然条件

5.2.2.1 地形地貌

中条山呈东北—西南走向，是元古代以来长期性隆起区，燕山运动时形成背斜构造，隆起成山，喜马拉雅运动时期断裂上升为地垒山地。新构造运动由于间歇和不均衡的差异性升降运动，并伴以地震和断裂翘起等，造成山体错落、崩塌而形成今日复杂地貌。

混沟地区东、南、北三面环山。东部制高点皇姑幔海拔最高 2143 m，山顶保留五台期剥蚀面；南部的锯齿山海拔 1833 m，因山峰似锯齿而得名；北侧南天门，山脉东西走向，海拔 1692 m；西侧为深崖狭谷，岩壁林立，沟谷纵横，水流湍急，是原始森林集中分布区。混沟地区主沟深幽，支沟众多，谷坡陡峭，谷底湍流，基岩裸露，且分布不均，有狭谷瀑布多处，流向曲折，谷底呈阶梯状"之"字形，阶梯之间清流直下。由于长期跌水，梯脚深潭碧绿，蔚然奇观，横剖面更加陡峭，平均比降在 45% 以上，呈现 "U"、"V" 字形，谷坡呈对称形阶梯状，两岸陡壁相峙。总之，混沟地区山峰挺拔，危峰兀立，深崖千仞，地形复杂而闭塞。

5.2.2.2 气候水文

中条山属暖温带季风型大陆性气候。年平均气温 2~11 ℃；≥10 ℃ 积温 1400~3700 ℃。稳定通过 10 ℃ 初日，低山区始于 4 月中下旬，高、中山区延迟到 5 月上中旬；终日低山区终于 10 月上中旬，高、中山区提前到 9 月中下旬。热指数 35~90 ℃。年降水量 600~700 mm。年日照时数 2200~2400 h。树木活跃生长期为 130~185 d。

混沟地区夏季常受来自东南沿海季风影响，暖气团在前进过程中受高山阻隔，逐渐沿山上升形成大量降水，而冬季其西北方向常受来自蒙新高原寒冷气团袭击，致使该区具有季风型大陆气候。其特点：夏季炎热多雨，冬季寒冷干燥。据垣曲县华峰气象站（海拔 500 m）气象资料，年平均温度 13.3 ℃，1 月均温 -1~2 ℃，7 月均温 27~28 ℃，极端最高温度达 38.8 ℃；无霜期 228 d；年平均降水量 667 mm，有时高达 1200 mm 以上，降水多集中在 7—9 月，占全年降水量的 70% 左右，12、1、2 月降水量均占全年降水量的 5%。混沟地区因海拔较高，故年平均温度较低，无霜期较短，雨量偏多。

科考区有两条河流，均属沇西河流域黄河水系，一条为转林沟河，一条为红岩河，为常年流水河流，雨后河水暴涨，随后回落，河水补给来源除大气降水外，主要为各个支沟的基岩裂隙泉水。两河由东向西汇于后河水库，后汇入黄河支流沇西河并由东西方向转南流入黄河。后河水库现为垣曲县县城集中供水水源地，水质清澈，总库容 1375.03 万 m³，控制沇西河上游流域面积 240 km²，坝高 73.3 m，成为混沟地区的一道天然屏障。转林沟河全长约 7 km，流域面积 17.22 km²，1 km 以上支沟有泔水沟、海家渠沟、洼穴沟、和家渠沟、前转林沟、南天门沟、流水壕沟、二道腰沟、混沟等 9 条。

5.2.2.3 森林土壤

混沟地区土壤母质为第四纪马兰黄土，但由于沟坡陡峭，比降较大，土壤母质多已流失，仅岩石缝隙中嵌入的黄土母质或在局部缓坡阶地上得以保留。混沟地区的土壤就是在这些残留母质上发育的。混沟地区属暖温带半湿润森林褐色土带，由于地形、气候、海拔的不同和植物群落的差异，呈现出垂直分布特征，从高海拔至低海拔依次为山地草甸土、山地棕壤土和山地褐土。

5.2.2.4 植被分布及特点

混沟是中条山北坡的一个深山沟，在中国植被划分上属暖温带落叶阔叶林地带，以辽东栎、栓皮栎为主的落叶阔叶林是该区的地带性原生植被类型。与中条山南坡相比较，在植物种类成分上基本相同。而混沟由于沟深、岔多、水流急，植物种类古老而繁多。另外，该地区地处偏远，交通不便，没有遭受人为的干扰破坏，群落组成比较稳定，自然植被保存完好，高大乔木比较多，而且长势好。

混沟地区植被类型主要是暖温带落叶阔叶林，并有少量的针阔混交林。植被分布以沟底为界，由于生态环境的不同，南、北二翼又略有差异。北面(南坡)由于光照多，湿度小，植被组成比较稀疏单纯，以槲栎、鹅耳枥等几种阳性树种为主，垂直分布线在海拔 1200~1500 m。海拔 1500 m 以上多为绣线菊、照山白等组成的灌丛带。在一些沟弯、岔道阴湿的地方，植物种类有所增加，主要树种有榆树、五角枫、白蜡、四照花等。混沟南面(北坡)及其上游，因具有多种有利条件，植物的生长发育和植被的外貌都比较好。在垂直分布上，混沟地区植被从沟底到山顶卧牛场，按不同海拔高度大致可以划分为三个带。

(1)海拔 1000~1300 m，混沟底部及河流沿岸小区域地带。因沟深、狭窄、光照差、湿度大，且由于洪水冲刷，使植物生长受到一定影响和破坏，因而植被组成主要是榆树、五角枫、省沽油、白蜡、鹅耳枥；灌木有小花溲疏、接骨木、茶藨子、卫矛；草本有鹿药、蝎子草等。

(2)海拔 1300~1800 m，本带分布广、面积大，包括全部混沟的南面山坡及上游有沟处。这一带地形复杂，沟弯、岔道比较多，坡度、坡向变化大。这里植物种类生长普遍良好，以高大乔木为主，林木参天，枝叶繁茂，互相遮盖，形成较大的郁闭度，林外阳光充足，林内阴暗潮湿。这里森林植被种类多，层次分明，主要优势种为连香树，是国家二级重点保护植物，在这里保存完好，树体高大，数量多。此外，还有脱皮榆、裂叶榆、山白树、五角枫、葛萝槭、鹅耳枥等乔木；林下灌木有八角枫、北京忍冬、卫矛、大花溲疏、小花溲疏等；草本植物有鹿药、管花鹿药、唐松草及蕨类植物等。

(3)海拔 1800~2000 m，以卧牛场为中心的前后山坡，这一带因海拔高、气温低、云雾大，以及大风和日照的影响，一般山脊上的植物都变得相对矮小。主要乔木种类为华山松、落叶松、辽东栎、白桦、红桦、山杨、裂叶榆、五角枫、花楸、樱桃、稠李等；灌木有六道木、接骨木、绣线菊、东陵绣球、照山白等；草本有铃兰、舞鹤草等。

5.3 森林类型划分

由于生境条件的变化，历山自然保护区混沟地区植物适应性不同，在不同地段出现了不同的森林类型。为更好开展混沟地区森林资源调查，按照调查技术路线，森林资源调查组在混沟地区森林资源管理"一张图"的基础上，结合现地实际，以明显地物为界，进行小班划分，并在此基础上，根据起源、海拔、坡向、优势树种对混沟地区的森林进行类型划分。

5.3.1 按小班划分

根据《森林资源规划设计调查主要技术规程》、《山西省森林资源二类补充调查技术细则操作细则》规定的小班划分要求，以混沟地区森林资源"一张图"为基础数据，以遥感影像为对象，目视判读划分小班，划分时尽量以明显地形地物界线为界，对混沟地区进行小班划分。

混沟地区共划分小班 207 个，小班平均面积为 15.82 hm^2。其中林地小班 206 个，平均面积 18.80 hm^2；非林地小班 1 个，面积 18.22 hm^2。林地小班中，有林地小班 206 个，小班平均面积为 18.80 hm²。其中纯林小班 129 个，小班平均面积 15.43 hm²；混交林小班 77 个，小班平均面积 16.43 hm²；林地最小划分面积为 1.61 hm²

5.3.2 按起源划分

根据起源划分，混沟地区原始林面积 936.91 hm²，占比为 28.62%；接近原始状态的天然次生林面积 2291.05 hm²，占比为 69.89%；人工林面积 45.87 hm²，占比为 1.4%。

混沟地区不同起源森林分布如图 5-1 所示。

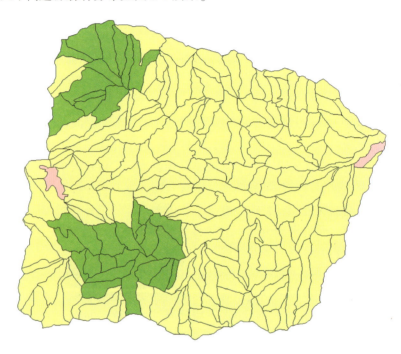

图 5-1 混沟地区不同起源森林分布

注：图中绿色部分为原始林，主要分布在七道腰以东，红岩河以东两部分。黄色部分为接近原始状态的天然林，是混沟地区森林的主要部分。粉色部分为人工林，主要包括分布在后河水库入口处的侧柏林和分布在皇姑幔的落叶松林。

原始林林型、伴生树种、立地条件等生长情况见表 5-2。

表 5-2 混沟地区原始林生长情况

林型	伴生树种	立地条件			平均指标				
		海拔(m)	坡位	坡向	林龄(年)	树高(m)	胸径(cm)	株数	公顷蓄积(m³/hm²)
阳坡辽东栎	枥、榆、椴	1300 1700	中	阳坡	120	12	27	750	198
阴坡辽东栎	槭、松、枥	1400 1900	中上	阴坡	135	17	30	540	246
沟麓五角枫	榉、檀、枳	1200 1500	下部沟底	半阴	148	19	34	320	234

天然林主要树种和立地条件见表 5-3。

表 5-3 混沟地区天然林主要树种和立地条件

主要树种	立地条件		
	海拔(m)	坡位	坡向
栓皮栎、橿子栎、榔榆、侧柏、黄连木、盐肤木、黄栌	<1000	坡面	阳坡
栓皮栎、榔榆、葛萝槭、青檀、栾树、大果榉、鹅耳枥		坡面	阴坡
建始槭、葛萝槭、青檀、山白树、栾树、漆树、枳椇		坡麓沟底	半阴
栓皮栎、榔榆、黄连木、栾树、鹅耳枥	1000~1400	坡面	阳坡
五角枫、朴树、脱皮榆、辽东栎、鹅耳枥、葛萝槭、漆树		坡面	阴坡
五角枫、连香树、枳椇、臭檀、稠李、建始槭、山白树		坡麓沟底	半阴
辽东栎、鹅耳枥、华山松、元宝枫、裂叶榆、山楂	1400~1700	坡面	阳坡
辽东栎、朴树、华山松、元宝枫、千金榆、花楸		坡面	阴坡
连香树、五角枫、葛萝槭、榉树、兴山榆、朴树		坡麓沟底	半阴
辽东栎、华山松、白桦、红桦、千金榆、山楂	1700~1900	坡面	阳坡
辽东栎、华山松、红桦、山杨、椴树、元宝枫、花楸		坡面	阴坡
辽东栎、红桦、华山松、元宝枫	>1900	坡面	阳坡
落叶松、红桦、华山松、辽东栎、山杨、脱皮榆		坡面	阴坡

人工林主要树种和立地条件见表 5-4。

表 5-4 混沟地区人工林主要树种和立地条件

主要树种	立地条件		
	海拔(m)	坡位	坡向
侧柏	1000	上坡	阳性
落叶松	1900	坡顶	阴坡

根据典型样地调查结果，结合影像分析，得出历山自然保护区混沟地区活立木总蓄积 294737 m^3。其中，原始林蓄积 154573 m^3，占 52.44%；天然林蓄积 133956 m^3，占 45.45%；人工林蓄积 6207 m^3，占 2.11%。

5.3.3 按地形、优势树种划分

森林类型划分主要考虑海拔、坡向、优势树种三个因子。其中，海拔因子以混沟地区电子地形图为基础，利用 ArcGIS 软件制作数字高程模型(DEM)进行海拔分析，同时结合混沟地区植被在海拔梯度上的垂直分布规律及样地调查结果，将混沟划分分为低海拔区域(1300 m 以下，面积 1520.15 hm^2)、中海拔区域(1300~1799 m，面积 1542.52 hm^2)、高海拔区域(1800 m 以上，面积 192.94 hm^2) 3 个不同区域；利用 ArcGIS 软件对混沟地区数字高程模型(DEM)进行坡向分析，将小班分为阴性区域(阴坡、半阴坡)和阳性区域(阳坡、半阳坡)；优势树种因子则根据小班优势树种确定。

根据海拔、坡向、优势树种三因子叠加分析结果，将历山自然保护区混沟地区森林类型划分为 15 种。其中，按海拔区域划分，低海拔区 7 种，中海拔区 4 种，高海拔区 4 种；

按坡向划分，阴性区域7种，阳性区域8种；按优势树种划分，侧柏1种，落叶松1种，槲栎2种，辽东栎6种，栓皮栎5种。具体见表5-5。

表5-5 混沟地区森林类型划分情况

序号	森林类型	小班个数	面积（hm²）	占总面积比例(%)	小班蓄积（m³）	占总蓄积比例(%)
1	低海拔区以侧柏为优势树种的阳性阔叶林	1	10.71	0.3	593	0.2
2	低海拔区以槲栎为优势树种的阳性阔叶林	13	172.50	5.3	11487	3.9
3	低海拔区以槲栎为优势树种的阴性阔叶林	18	301.15	9.3	26686	9.1
4	低海拔区以辽东栎为优势树种的阳性阔叶林	3	44.02	1.4	3933	1.3
5	低海拔区以辽东栎为优势树种的阴性阔叶林	10	141.83	4.4	11557	3.9
6	低海拔区以栓皮栎为优势树种的阳性阔叶林	39	693.83	21.3	62852	21.3
7	低海拔区以栓皮栎为优势树种的阴性阔叶林	12	156.11	4.8	14483	4.9
8	中海拔区以辽东栎为优势树种的阳性阔叶林	21	312.25	9.6	27321	9.3
9	中海拔区以辽东栎为优势树种的阴性阔叶林	33	662.34	20.3	58008	19.7
10	中海拔区以栓皮栎为优势树种的阳性阔叶林	33	489.97	15.1	49882	16.9
11	中海拔区以栓皮栎为优势树种的阴性阔叶林	7	77.96	2.4	7664	2.6
12	高海拔区以落叶松为优势树种的阴性针叶林	3	35.16	1.1	5614	1.9
13	高海拔区以辽东栎为优势树种的阳性阔叶林	4	30.85	0.9	2892	1.0
14	高海拔区以辽东栎为优势树种的阴性阔叶林	8	112.04	3.4	10852	3.7
15	高海拔区以白桦、山杨为优势树种的阔叶林	1	14.89	0.5	913	0.3

5.4 森林类型分析

5.4.1 低海拔区

本区域海拔1300 m以下，划分小班96个，面积1520.15 hm²，蓄积131591 m³，分别占混沟地区森林的46.7%和44.6%，本区域共划分森林类型7个，优势树种有侧柏、辽东栎、槲栎、栓皮栎，均为天然林，是混沟地区森林类型最多的区域。从植被分布坡向上看，侧柏主要分布于阳坡；辽东栎、槲栎、栓皮栎在阴坡和阳坡均有分布。其中，辽东栎主要分布于阴坡，阴坡辽东栎占本区域辽东栎分布面积的76.3%；槲栎主要分布于阴坡，阴坡槲栎占本区域槲栎分布面积的63.6%；栓皮栎主要分布于阳坡，阳坡栓皮栎占本区域栓皮栎分布面积的81.6%。从植被分布面积上看，侧柏、槲栎、辽东栎、栓皮栎分布面积分别为10.71 hm²、473.65 hm²、185.85 hm²、849.94 hm²，栎类是本区域森林分布的优势树种(栎类占比99.3%)；在栎类中，又以栓皮栎为本区域分布面积最大的树种(占比45.6%)，分布面积由大到小依次为栓皮栎、槲栎、辽东栎、侧柏。从公顷蓄积上看，7种森林类型公顷蓄积范围为55.35~92.78 m³/hm²，其中，最高的是以栓皮栎为优势树种的阴性阔叶林(92.78 m³/hm²)，最低的是以侧柏为优势树种的阳性阔叶林(55.35 m³/hm²)；本区域4种优势树种中，公顷蓄积最高的是栓皮栎，公顷蓄积由高到低依次为栓皮栎、辽东栎、槲栎、侧柏。

5.4.2 中海拔区

本区域海拔 1300~1799 m，划分小班 94 个，面积 1542.52 hm²，蓄积 142875 m³，分别占混沟地区森林的 47.4% 和 48.5%。本区域共划分森林类型 4 个，优势树种有辽东栎、栓皮栎，均为天然林，是混沟地区优势树种最少的区域，与低海拔地区相比，无侧柏、槲栎，与高海拔地区相比，无落叶松，这也是混沟地区植被随海拔垂直分布变化的体现。从植被分布坡向上看，辽东栎、栓皮栎阴阳坡均有分布，其中，辽东栎主要分布于阴坡，阴坡辽东栎占本区域辽东栎分布面积的 68.0%，栓皮栎主要分布于阳坡，阳坡栓皮栎占本区域栓皮栎分布面积的 86.3%。从分布面积上看，辽东栎、栓皮栎分布面积分别为 974.59 hm²、567.93 hm²，栎类是本区域森林分布的优势树种（栎类占比 100%），在栎类中，又以辽东栎为本区域分布面积较广的树种（辽东栎占比 63.2%）。从公顷蓄积上看，4 种森林类型公顷蓄积范围为 87.50~101.81 m³/hm²，总体上相差不大，其中，最高的是以栓皮栎为优势树种的阳性阔叶林（101.81 m³/hm²），最低的是以辽东栎为优势树种的阳性阔叶林（87.50 m³/hm²），本区域 2 种优势树种中，辽东栎、栓皮栎公顷蓄积分别为 87.55 m³/hm²、101.32 m³/hm²，栓皮栎公顷蓄积高于辽东栎。

5.4.3 高海拔区

本区域海拔 1800 m 以上，划分小班 16 个，面积 192.95 hm²，蓄积 20271 m³，分别占混沟地区森林的 5.9% 和 6.9%，共划分森林类型 4 个。优势树种有落叶松、辽东栎、白桦，其中落叶松林为人工林，辽东栎、白桦为天然林。从植被分布坡向上看，落叶松、白桦分布在阴坡，辽东栎分布以阴坡为主，阴坡辽东栎占本区域辽东栎分布面积的 78.4%。从分布面积上看，落叶松、辽东栎、白桦分布面积分别为 35.16 hm²、142.89 hm²、14.89 hm²，辽东栎为本区域分布面积较广的树种（辽东栎占区域总面积的 74%）。从公顷蓄积上看，4 种森林类型公顷蓄积范围为 61.33~159.70 m³/hm²，其中，公顷蓄积最高的是以落叶松为优势树种的阴性针叶林（159.67 m³/hm²），公顷蓄积最低的是以白桦、山杨为优势树种的阔叶林（61.32 m³/hm²），3 个优势树种中，公顷蓄积最高的是落叶松，由高到低依次为落叶松、辽东栎、白桦。

5.5 森林资源面积、蓄积及其构成

5.5.1 森林资源面积

历山自然保护区混沟地区土地总面积 3273.83 hm²，其中林地面积 3255.61 hm²，占混沟地区总面积的 99.4%；非林地面积 18.22 hm²，占混沟地区土地总面积的 0.6%。森林覆盖率为 99.4%。

林地中，有林地面积 3255.61 hm²，占林业用地面积的 100%，全为乔木林。其中针叶林面积为 45.87 hm²，阔叶林面积为 1944.52 hm²，阔叶混交林面积为 1265.22 hm²，分别占有林地面积的 1.4%、59.7%、38.9%（图 5-2）。

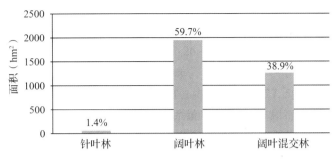

图 5-2 混沟地区乔木林面积结构

5.5.2 森林资源蓄积

历山自然保护区混沟地区活立木总蓄积量 294737 m³，全部为有林地蓄积，占总蓄积量的 100%。

5.5.3 林地构成

根据调查，混沟地区处于历山国家级自然保护区的核心区，故混沟地区林地全部为生态公益林，林种为特种用途林，亚林种全部为自然保护区林。

（1）按权属划分。国有林面积 2949.41 hm²，蓄积 267078 m³，均占 90.6%；集体林面积 306.20 hm²，蓄积 27659 m³，均占 9.4%。

（2）按龄组划分。近熟林面积 327.85 hm²，蓄积 27881 m³，分别占 10.1%和 9.4%；成熟林面积 1146.03 hm²，蓄积 103344 m³，分别占 35.2%和 35.1%；过熟林面积 1781.73 hm²，蓄积 163512 m³，分别占 54.7%和 55.5%，如图 5-3。混沟地区乔木林以过熟林占绝对优势。

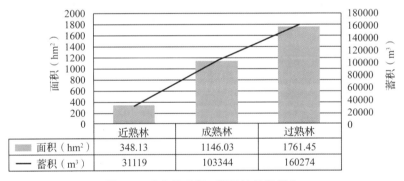

图 5-3 乔木林面积、蓄积按龄组划分

（3）按林分划分。纯林面积 1990.39 hm²，蓄积 179093 m³，分别占 61.1%和 60.8%；混交林面积 1265.22 hm²，蓄积 115644 m³，分别占 38.9%和 39.2%。

（4）按优势树种划分。侧柏面积 10.71 hm²，蓄积 593 m³，分别占 0.3%和 0.2%；栓皮栎面积 1432.76 hm²，蓄积 135794 m³，分别占 44.0%和 46.1%；辽东栎面积 1303.33 hm²，蓄积 114563 m³，分别占 40.0%和 38.9%；槲栎面积 473.65 hm²，蓄积 38173 m³，分别占 14.5%和 13.0%；落叶松面积 35.16 hm²，蓄积 5614 m³，分别占 1.1%和 1.9%。混沟地区乔木林面积、蓄积以栓皮栎、辽东栎为主，如图 5-4。

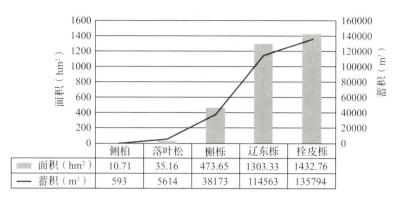

图 5-4 乔木林面积、蓄积按优势树种划分

5.6 森林资源特点

5.6.1 人为扰动极少，自然度高

中条山地处黄河中游，开发较早，是中华民族文化发祥地。山西省晋南一带早在春秋战国时就是有名的富庶区。随着时代的推移，人口增殖、毁林拓田、战争破坏以及封建地主官僚买办掠夺，近山、浅山交通方便处的森林遭到毁灭性破坏，致使中条山原始森林植被逐渐为次生植被或人工栽培植物所代替。混沟地区由于地形闭塞，山势陡峭，沟谷深幽，出入无路，故此范围内在历史上为绝对无人居住区。以混沟地区为中心，100 km² 内皆为群山耸立，可耕之地甚微，人烟活动极少，因此森林植被没有受到破坏（图 5-5）。1936—1937 年，阎锡山修南同蒲路曾派人在混沟南坡择伐过一些枕木，因运输困难，至今还散落在山谷之中。故混沟腹地森林植物是没有经过人为破坏和人类经营活动的原始林。即使个别地段（混沟南坡）有少量人为活动，对森林的演替也无大的妨碍，并未导致森林破坏，发生次生演替。原生植被由于特殊的闭塞地形而得以幸存。

《国家森林资源连续清查技术规定（2014）》指出，自然度是指现实森林类型与地带性原始顶极森林类型的差异程度。经统计分析，混沟原始林 32 个小班，平均自然度为 14.76；天然林 173 个小班，平均自然度为 12.56；人工林 2 个小班，平均自然度为 9.45；周边森林固定样地 17 个，平均自然度为 10.32。混沟原始林几无干扰，自然度最高。

图 5-5 人烟活动极少，森林植被没有受到破坏

5.6.2 区系起源古老,珍稀植物较多

混沟地区植物区系组成中,古老成分较多。得益于混沟地区独特的地形条件,部分第三纪孑遗植物躲过了第四纪冰川,在这里繁衍生息。著名的古老树种连香树(图5-6)、山白树、青檀等在混沟地区较为常见。

图 5-6 海拔 1400 m 沟底的连香树

混沟地区也是一些热带和亚热带区系成分(如铁木、臭檀、三叶木通、山白树、暖木、刺楸等)分布的北界,表明该区系区域生态条件的复杂性和区系成分的过渡性、汇集性。

5.6.3 林相层次明显,群落结构稳定

混沟地区林木为异龄林结构,包括中幼龄林木、近熟龄林木、成过熟龄林木。总体来看,中幼龄(0~60年)林木占总蓄积8.2%,占总株数22.1%;近熟龄(60~80年)枯木占总蓄积39.1%,占总株数35.6%;成过熟龄(80~180年)林木占总蓄积52.7%,占总株数42.3%。从优势树种各径级与株数分布来看,常常出现二个以上高峰,平均直径可落在高峰或谷部,表明林内普遍存在着三个以上世代,为异龄林结构。从林层上看,以栎类为优势种的复层混交林,主林层平均林龄为130年,最大为170年,最小为110年。

林相层次结构明显(图5-7),尤其海拔1500 m以下地区更为明显。林分内有乔木层、

图 5-7 林相层次结构明显

灌木层和草本层。乔木层又可再分为主林层和副林层，I林层和II林层的株数，各占有一定比重，而且两林层的平均树高相差30%；I林层株数占总株数的40%~80%，II林层株数占总株数的20%~60%；林内最大树高为平均树高的1.3~1.9倍。郁闭度一般为0.6~0.8。

林分内存在大量枯立木、倒木（图5-8）、粗木质残体。林内枯立木多达30%，枯倒木最多，达45%（其中腐朽木占40%、半腐朽木占60%）。枯立木为许多类型的有机生物提供了食源和生存环境；倒木和粗木质残体直接为土壤提供富碳有机质，为苔藓、地衣、真菌及植物幼苗提供了生长基质。

图5-8　林分内存在大量枯立木、倒木

层间植物方面，混沟地区原始林中存在大型木质藤本植物和附生植物，如有软枣猕猴桃、南蛇藤、勾儿茶、山葡萄、五味子等（图5-9）。

图5-9　层间植物丰富

5.7　森林资源评价

5.7.1　自然度评价

评价或测定植物群落或环境的近自然性或自然度，不同的学者针对不同的研究对象和目的采用的方法、选取的指标不同，迄今为止尚没有一个统一的标准。森林自然度的评价通常有以下两种途径：一种是通过选择合适的参照系，将评价植物群落的特征与参照系植被群落的特征进行比较，从而确定近自然性；一种是通过植被群落的某些方面的特征进行定性描述，人为地将植被群落的近自然性划分为若干个等级，制定自然度等级表，根据植被群落特征查表来确定自然度。通过植被群落的某些方面的特征进行定性描述评价近自然性的方法也可以称为相对值法，其主要的做法是首先收集评价区域的各种资料（植被、土壤、气候等森林生态系统的变化情况），然后对评价森林的具体情况进行实地调查，通过调查收集的典型数据编制自然度等级表，估计每个因素自然度的相对值，最后按其重要性程度加权后得到总的自然度，计算现实森林与理想森林的差距。

5.7.1.1 评价指标的选择原则

评价森林自然度的指标有很多，由于不同的学者关注的重点和研究的方向不同，所选择的指标也有所不同。但总体来说，评价森林自然度所选择的指标应该能够从根本上体现林分的特征，各指标对于不同的森林自然度表达具有一定的敏感性，也就是说能够体现出森林自然度的差别。因此，评价森林自然度的指标体系必须遵循一定的原则，力求评价指标体系科学、合理可行。本研究在构建森林自然度评价指标体系时遵循科学性和可操作性的原则，科学性即森林自然度评价指标体系应当客观、真实地反映森林的特征，并能体现出不同的林分类型或处于不同演替阶段的森林群落间的差别，能够准确反映现实林分的状态与原始群落或顶极群落的差距，指标体系建立过程中尽量减少主观性，增加客观性，力求所选择的指标比较全面、具代表性、针对性和可比性；可操作性原则即森林自然度评价指标内容应该简洁明了，含义明确，易于量化，且数据易于获取，指标值易于计算，便于操作，对于经营单位或有关评价部门易于测度和度量，简单实用，容易被广泛地理解和接受，指标体系易于推广，对实践工作有所帮助。

5.7.1.2 评价指标选择

本研究根据评价森林自然度指标体系构建原则，综合不同学者对健康森林、顶极群落特征及森林自然度或干扰度评价的研究，提出森林自然度的评价应从林分的树种组成、结构特征、树种多样性、活力和干扰程度等五个方面进行。树种组成主要考虑林分中各树种或树种组的组成情况，包括各树种（组）的株数组成和断面积组成；结构特征包括的指标有直径分布、林木分布格局、树种隔离程度、顶极树种优势度和林分的林层结构；树种多样性用 Simpson 多样性指数和 Pielou 均匀度指数来表达；活力指标包括林分更新状况、蓄积和郁闭度；干扰程度则主要从林分中的枯立木和采伐强度两个方面进行评价。

5.7.1.3 建模方法

KNN（K Nearest Neighbor）是一个基于相似度的学习算法，由于它在分类和判别的许多领域非常有效而被广为应用。KNN 算法的基本思想：如果一个样本在特征样本空间中的 K 个最"相似"的样本大多数属于某一个类别，则判定此待定样本也属于这个类别。相对于其他靠判别类域的分类方法，KNN 算法能够有效避免类域的交叉或者重叠情况，是一种应用较广泛和成熟的分类方法。但也有缺点：K 值的选取需要反复权衡，如果不对样本的代表性进行甄别，将导致样本失衡，模型的估计值就会向更具代表性的数据类型偏移。KNN 算法计算量很大，特别是在样本空间个数较多时，需要计算每一个样本与待判定向量的"相似"程度。原始林的判定涉及多种不同类型的数据，不同类型的数据间难以通过定量模型来估测相互关系，KNN 方法正好能够通过"比较"两组数据间的相似程度来判定其相互关系，所需要的是有足够代表性的样本以及恰当的 K 值选取。

KNN 的计算过程如下：利用提取出的指标层作为 KNN 模型的输入向量，计算该向量到所有样本的相似度,根据相似度选择 K 个最相似的样本。本模型中选择使用高斯函数计算待估测向量与 K 个被选出向量间相似度的权重值(相似度越小的权重值越低,反之则越高),通过加权能够获得更准确的估测值。

5.7.1.4 结果统计

按照上述方法对混沟地区森林小班开展计算分析,确定其 KNN 值,以代表其自然度。

从结果中可以得出,混沟地区森林整体自然度较高,仅有 2 个人工林小班自然度较低。同时利用第九次森林资源连续清查数据,分析混沟周边地区森林 17 个样地自然度,得出平均自然度为 10.32,相较于混沟地区森林自然度具有统计学意义上的显著差异(表5-6)。

表 5-6 自然度计算结果

森林类型	图斑个数	平均自然度
原始林	32	14.76
天然林	173	12.56
人工林	2	9.45
周边森林	17	10.32

5.7.2 空间结构评价

森林空间结构一般被定义为林木在林地上的分布格局及其属性在空间上的排列方式,它反映了树木之间分布、大小、距离等空间关系,决定了树木之间的竞争势及其空间生态位,在很大程度上决定了林分的稳定性、发展的可能性和经营空间的大小。因此,对森林结构的合理描述是制定森林经营方案的有效手段。现代森林生态学和森林经理学方法是以相邻木关系为基础,充分考虑点的空间位置,获取种群数量分布的空间信息,分析林木在空间结构单元中的空间关系,与其他方法相比,其林分空间结构的可解析性较高。森林空间结构的参数都是针对一个空间结构单元定义的。分析的基础是林分内全部结构单元的参数平均值,这些平均值可以基本阐述整个林分的空间结构。其方法主要是从树种空间隔离程度、林木个体大小分化程度、林木个体在水平面上的分布形式等方面进行研究,即林木空间分布格局,分别采用混交度、大小比数和角尺度进行表达。林木的混交度和林分平均混交度的分析是用来说明林分树种组成和空间配置情况;各树种大小比数的分析和研究说明该树种在林分内的生长优势程度;角尺度的分析和研究用来说明林木在水平地面上的分布格局。

森林空间结构不仅对评价林分有重要意义,而且也是制定经营规划方案的前提。因此分析混沟地区森林群落的空间结构,有助于加深对混沟地区森林生态系统的理解,有利于制定科学合理的森林经营措施。研究原始林的物种组成及其多样性、空间结构特征,对于明晰原始林生态系统的生态过程以及演替趋势具有重要指导意义,研究森林生态系统的空间分布格局有助于理解和认识林木生物学特性、种内和种间关系以及种群与环境关系。

5.7.2.1 分析方法

森林结构决定森林功能,森林生长过程由森林空间结构所驱动。森林空间结构决定着森林未来的发展方向。然而,如何对其进行表征和度量,已成为诊断、模拟和描述森林空间结构的关键。目前,常用的林分空间结构参数有:混交度(表征树种间隔离程度)、大小比数(表征林木个体大小)和角尺度(表征林分水平空间分布格局)。

1）混交度

混交度定义为参照树 i 的 4 株最近相邻木中与参照树 i 非同种个体所占的比例。其公式为：

$$M_i = \frac{1}{4} \sum_{j=1}^{4} V_{ij}$$

$$V_{ij} = \begin{cases} 0, & \text{相邻木 } j \text{ 与参照树 } i \text{ 同种} \\ 1, & \text{相邻木 } j \text{ 与参照树 } i \text{ 不同种} \end{cases}$$

式中：V_{ij} 表示相邻木 j 与参照木 i 是否同种；M_i 表示混交度，其值为离散型。

2）大小比数

大小比数定义为在参照树 i 的 4 株最近相邻木中，大于参照树 i 的相邻木个数占所考察全部最近相邻木数的比例。其公式为：

$$U_i = \frac{1}{4} \sum_{j=1}^{4} K_{ij}$$

$$K_{ij} = \begin{cases} 0, & \text{相邻木 } j \text{ 比参照树 } i \text{ 小} \\ 1, & \text{相邻木 } j \text{ 比参照树 } i \text{ 大} \end{cases}$$

式中：k_{ij} 表示相邻木 j 是否大于参照木 i；U_i 表示大小比数，其值为离散型。

3）角尺度

角尺度定义为在参照树 i 的 4 株最近相邻木中，从参照树出发，任意 2 株最近相邻木所夹的 α 角（α 角为小角）小于标准角 α_0（72°）的个数占所考察的 4 个 α 角的比例。其公式为：

$$W_j = \frac{1}{4} \sum_{j=1}^{4} Z_{ij}$$

$$Z_{ij} = \begin{cases} 0, & \text{第 } j \text{ 个 } \alpha \text{ 角大于标准角 } \alpha_0 \\ 1, & \text{第 } j \text{ 个 } \alpha \text{ 角小于标准角 } \alpha_0 \end{cases}$$

式中：Z_{ij} 表示任意 2 株最近相邻木与参照树 i 所形成的 α 角是否大于标准角 α_0（72°）；W_j 表示角尺度，其值为离散型。

运用 Winkelmass 林分空间结构分析软件，同时为避免边缘效应，设置 5 m 缓冲区，计算各样地的空间结构参数。

5.7.2.2 结果分析

(1) 林分空间配置情况。混交度是反映林分种间隔离程度的指标，一般值越大，林分整体相对越趋于稳定。在混沟森林中，原始林林分平均混交度最大，为 0.83；天然林林分平均混交度居中，为 0.75；人工林林分平均混交度最小，为 0.60（图 5-10）。

(2) 林木大小分化程度。大小比数是反映林木间优势程度的指标，一般值越大，该林分越具竞争优势。通过对不同森林群落林分大小比数比较分析，可看出 3 种林分大小比数基本无明显差别，数值为 0.48~0.52（图 5-11）。说明混沟地区森林群落间的竞争优势没有明显差别。

(3) 林分水平分布格局。根据空间分布格局判别标准，随机分布的角尺度取值为 0.475~0.517，平均角尺度小于 0.475 的分布为均匀分布，大于 0.517 的分布为聚集分布。通过对不同森林群落林分平均角尺度比较分析，得出原始林林分平均角尺度为 0.482，为随机分布；天然林林分平均角尺度为 0.515，为随机分布；人工林林分平均角尺度为 0.585，为聚集分布。

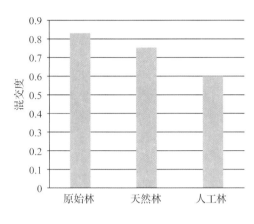

图 5-10 不同起源林分平均混交度图　　图 5-11 不同起源林分大小比数图

5.7.2.3 讨 论

利用混交度、大小比数、角尺度参数等 3 个指标分析了 3 种不同起源森林群落类型的空间结构，得出 3 种类型的林分大小比数和各森林群落间的竞争优势没有较明显的差别。原始林及天然林基本没有单种聚集的现象，其分布类型为随机分布，且距理想林分空间结构的距离较小。从整体上分析，3 个森林群落类型的稳定性排序为：原始林林分>天然林林分>人工林林分。

5.7.3 景观结构评价

森林景观空间结构分析源于景观生态学的空间分析理论。景观空间分析理论强调空间异质性、等级结构性、局部随机性和结构、功能与动态等。景观空间分析理论是景观生态学的核心理论，聚焦于景观空间异质性的保持和发展。因此，空间分析是景观生态学研究的重要特征，也是区别于其他生态学分支的标志。景观空间分析的另一个特征是定量分析，即采用大量的数学方法进行分析。结合景观空间分析理论及前人的研究，景观空间分析可归纳为景观指数、相关分析、模型和目标 4 个层次。无论哪一个层次的景观空间分析，首要的任务都是明确目标。目标可根据不同研究对象和要求来确定。森林景观格局指森林景观内不同大小和形状的森林斑块在空间上的分布和排列方式。森林景观格局分析的目的是确定产生和控制空间格局的因子和机制，比较不同森林景观的空间格局及效应，探讨森林景观空间格局的尺度性质。森林景观格局包括：点格局、线格局、网格局、平面格局和立体格局。森林景观格局决定着森林资源和物理环境的分布形式和组合，并制约着景观过程，因此森林景观格局研究成为森林景观空间分析研究的关键。

5.7.3.1 分析方法

景观要素就是地面上相对同质的生态要素或单元。一个区域一般可划分为多个景观要素。对景观要素基本特征进行分析是研究区域景观最基本的内容。本节主要是对混沟地区森林的植被景观要素的基本特征、分布特征以及面积和周长的特征加以分析。混沟地区植被类型较复杂，根据实际调查，并经过分析、合并，可以得到 15 种不同的森林景观类型。以这些景观要素为基础，利用 GIS 软件将植被类型图资料矢量化，并建立混沟地区的植被景观要素数据库。

5.7.3.2 主要公式

1）面积标准差

$$S = \sqrt{\frac{\sum_{i=1}^{m}(A_i - \bar{A})^2}{m-1}}$$

式中：A_i 为景观要素 i 的面积，$\bar{A}$ 为景观要素的平均面积，m 为景观要素的数目。

2）面积极差

$$R = A_{\max} - A_{\min}$$

式中：$A_{\max}$ 为景观要素最大面积，$A_{\min}$ 为景观要素最小面积。

3）边界密度

$$ED = \frac{1}{A_i}\sum_{i=1}^{m}\sum_{j=1}^{m}P_{ij} \quad ED_i = \frac{1}{A}\sum_{j=1}^{m}P_{ij}\ (j \neq i)$$

式中：P_{ij} 是景观中第 i 类景观要素斑块与第 j 类景观要素斑块间的边界长度；m 为景观要素的数目。

5.7.3.3 数据分析

混沟地区辽东栎林景观和槲栎林景观面积较大，且分布范围较广，从海拔 1200～2143 m 都有分布。面积最大的是辽东栎林景观，为 272.80 hm²；最小的是落叶松林景观，面积仅为 21.61 hm²。另外，辽东栎林景观和五角枫-鹅耳枥-脱皮榆林景观的面积共 479.2 hm²，占总面积的 59.90%，是主导景观要素。各景观要素面积分布较平衡，最大面积差异（面积极差）为 252.19 hm²，景观要素的面积差异不显著，面积在各个要素之间的分配较均匀。周长最大的是辽东栎林景观，为 26411 m；最小的是落叶松林景观，为 2393 m。核心区内各景观要素之间的周长差异也不显著，表现出了与面积相同的规律。景观要素边界密度最大的是侧柏林景观，为 1.21；最小的是辽东栎林景观，为 0.97。各植被景观要素的边界密度都不大，说明景观从总体上讲破碎化程度不高，连通性较好。

5.7.3.4 讨论

混沟自然保护区核心区地处暖温带大陆性山地气候区，地带性植被景观为暖温带落叶阔叶林景观。但受海拔的影响，分布了以华山松林景观为代表的针叶林景观。从各景观要素的分布特点来看，光热条件是决定历山自然保护区核心区混沟植被景观要素及其分布的重要因素。混沟地区各森林景观要素的面积分配较均匀，周长也显示出了相似的规律性。

5.7.4 森林健康评价

森林生态系统健康评价主要是基于森林生态系统的稳定性、持续性以及生态系统结构和功能的完备性（整合性）来进行。一个生态系统只有在结构完整、系统相对稳定的条件下，才能够充分地实现它的生态过程和生态功能，并维持系统的可持续性，这样的生态系统才是健康的生态系统。评价要素包括生态系统的活力、组织结构、抵抗力和恢复力。

活力是指生态系统的能量输入和营养循环容量，具体指标为生态系统的初级生产力和物质循环。恢复力是指胁迫消失时，系统克服压力及反弹回复的容量。组织是指系统的复杂性，会随生态系统的次生演替而发生变化和作用。

对于森林活力，可以用森林的净第一性生产力（NPP）、生物量以及新陈代谢等指标来度量。NPP 主要是通过实验、调查获取，生物量主要通过调查和模型计算获得，而新陈代谢则可以通过生物学方法去度量。

组织结构是指系统的物种组成结构及物种间的相互关系，反映生态系统结构的复杂性。生态系统的组织结构包括两方面的含义，一是生态系统的物种多样性，二是生态系统的复杂性。物种多样性的含义既包括现存物种的数目，又包括物种的相对多度。

恢复力是指系统在外界压力消失的情况下逐步恢复的能力，而抵抗力是系统抵抗外力干扰的能力。直接测量恢复力和抵抗力比较困难，一般都要通过间接的方法来测定。在森林健康评价中，可以选用研究区域内森林的病虫害程度或者森林火险等级来度量。

5.7.4.1 计算方法

人工神经网络(artificial neural network，简称ANN)是在对大脑的生理研究基础上，用模拟生物神经元的某些基本功能元件(即人工神经元)，按各种不同的联结方式组成的一个网络，以模拟大脑的某些机制，实现某个方面的功能，可以用在模仿视觉、函数逼近、模式识别、分类和数据压缩等领域，是近年来人工智能计算的一个重要学科分支。自从1982年提出神经网络的Hopfield计算模型以及1985年提出多层前馈网络的误差反传训练算法(back propagation，简称BP)以来，神经网络进入了第二次发展高潮，在众多工程领域得到了广泛应用，取得了令人瞩目的成就。

BP网络是一种多层前馈型神经网络，其神经元的传递函数是S型函数，可以实现从输入到输出的任意非线性影射。基本的BP网络拓扑结构如图5-12，包括输入层、隐蔽层和输出层3个层次，输入层有n个结点，输出层有m个结点。

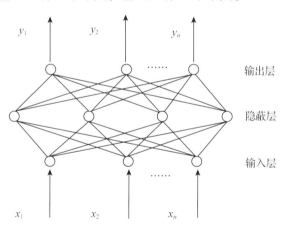

图5-12 基本的BP网络拓扑结构

令某一训练输入向量为Xk，实际输出为Yk，则

$$Xk = (xk_1, xk_2, \cdots, xk_n)T$$
$$Yk = (yk_1, yk_2, \cdots, yk_m)T$$

对应于X_k的理想输出为$\hat{y}_k$，输出误差为

$$E_k = \frac{1}{2} \sum_{j=1}^{m} (\hat{y}_k - y_{kj})^2$$

式中：j为输出层中第j个神经元。

由梯度下降法可知，各层神经元的权系数的迭代方程为

$$w(k+1) = w(k) - \Box \Delta E_k$$

其中，$\Delta E_k = \dfrac{\partial E_k}{\partial E_y}$，$w = (w_{ij})$，而且 $y_{kj} = f_j(\sum_i w_j x_{ki})$。令 $net_{kj} = \sum_i w_j x_{ki}$，则有 $y_{kj} = f_j(net_{kj})$，$\dfrac{\partial net_{kj}}{\partial w_{ij}} = x_{ki}$。令 $\delta_{kj} = \dfrac{\partial E_k}{\partial net_{kj}}$，则 $w_{ij}(k+1) = w_{ij}(k) + \mu \delta_{kj} x_{ki}$。

经推导可得：

输出层：$\delta_{kj} = (\hat{y}_{kj} - y_{kj}) f_j(net_{kj})[1 - f_j(net_{kj})]$

隐蔽层：$\delta_{kj} = f_j(net_{kj})[1 - f_j(net_{kj})] \sum_i \delta_{ki} w_{ij}$

对某一训练样本，使用上述算法，通过误差反传调整各层网络单元的权系数，输入所有训练样本，重复以上步骤，使输出误差限制在规定的范围内，此时权系数则不再改变。利用这组网络权值，可以进行实际过程的输出预测。

通常为加快网络收敛速度，在各层网络单元权系数进行迭代时，还需增加一个动量项

$$\Delta w_{ij}(k+1) = \alpha \cdot \Delta w_{ij}(n) + \mu \delta_{kj} x_{kj}$$

式中：α 为动量因子。

5.7.4.2 模型建立

将与混沟地区森林生态系统健康程度相关的生物量(X_1)、生物多样性(X_2)、森林火险等级(X_3)作为神经网络的输入，网络的输出为森林生态系统的健康程度，隐含层的神经元数目取决于输入输出间的非线性程度。非线性程度高时，需要较多的节点数，但节点数也不是越多越好，节点数过多，虽然网络在学习时能很好地近似学习样本集，但对于测试样本集，误差反而会增加，本模型中隐含层节点数为15。隐蔽层的传递函数选择双曲正切型Sigmoid(Tan-Sigmoid)函数，而输出层的传递函数选择线性(Linear)函数。

由于BP学习算法的收敛速度较慢，且它是一种梯度下降法，所以整个学习过程是一个非线性优化过程，有时会陷入局部最优，而得不到全局极小值，所以本模型中选择改进的BP算法Levenberg-Marquardt(LM)算法，LM算法比常规的BP算法的收敛速度快很多。

5.7.4.3 模型训练

设定好模型结构参数后，就可以对模型进行训练了，本模型的初始权值是由系统随机确定的，然后根据输入训练样本训练网络，网络根据网络输出值与实际输出值之间的误差动态的调整相对应的权重，直至误差收敛到充分小时，权值稳定，程序将所得到的网络结构、各连接权值存储下来，这样一个网络模型就形成了。一般来说，训练数据要反复多次输入网络，才能使网络收敛到稳定的结构。将训练数据反复输入网络对网络进行训练，而且为了保证设计的模型对于有噪声的信号有一定的容错性，可以对训练数据增加一定的噪声，然后作为训练样本，对模型进行训练，最后为了保证模型能够正确识别理想数据，再用原始训练样本对模型进行训练，最后得到所需要的评价模型。经过多次迭代后网络收敛，精度达到要求。

5.7.4.4 讨 论

本研究在进行森林健康评价时，选用了BP神经网络模型对混沟地区森林进行评价，根据其评价方法和所选用的指标体系，在系统分析和整合国内外现有研究成果的基础上，构建了基于BP神经网络模型的森林生态系统健康评价法。

根据计算结果，处于健康状态的小班最多，占主要林分类型总数的80.24%；处于亚健康状态的小班占主要林分类型总数的19.76%。混沟地区整个森林系统处于健康状态。与2016年、2017年进行的管涔山、太行山森林健康评价相比，混沟地区森林整体上更加健康。

第 6 章

森林生态系统及其保护与利用专题报告

技术指导：华　彦
调　　查：华　彦　张云飞　常建国　周哲峰　王　姣　郎鹏飞
执　　笔：华　彦　常建国

混沟原始森林是华北唯一存在的原生林，基于林分类型和生态系统斑块遥感解译及样地调查等科考资料，经景观指数测算及生态系统功能分析表明，混沟是以栎林为景观基质，28类森林生态系统为斑块，河道为生物廊道的完整景观系统；河道和沟谷区分布了90%以上的树种，珍稀及濒危植物和大径阶林木也多集中于此，为生物多样性优先保育区和价值最高的区域，是保护的重点。混沟植被类型多样，组成各类型的斑块在空间上镶嵌分布；不同斑块的环境条件与相应斑块内树种的生物和生态学特性高度匹配；斑块间连通性高，物质、能量和信息交换通畅，但又互不侵占。不同景观单元的数量、面积和分布位置均相对稳定，且以互利、协同的关系构成有机整体，景观系统整体发育良好，潜在功能强大。混沟分布着448种维管植物和68种脊椎动物，来源上具有南北交错和东西汇集的特点；保育着华北豹、原麝、红腹锦鸡、猕猴、大鲵、黑鹳等14种国家一、二级重点保护动植物，连香树、软枣猕猴桃等4种国家重点保护植物，以及172种中国特有植物；混沟原始林高度近30 m；年龄在百年至千年的古树多达43种、5万余株，生长良好。混沟森林生态系统历经千万年发育，除上述提到的景观格局稳定外，树种组成几无变化，该系统可能早已处于顶极状态，高度稳定。该区域森林生态系统的年固碳量为2.53 t/hm^2，年释氧量为5.93 t/hm^2，是山西省森林生态系统年平均固碳（1.53 t/hm^2）和释氧量（3.59 t/hm^2）的1.65倍；负氧离子浓度为900~3800个/cm^3，平均为1900个/cm^3，整体上空气清新，达Ⅰ级空气质量标准，PM$_{2.5}$为16.5 ug/cm^3（对照区为21.3 ug/cm^3）。混沟地下水和地表水的矿化度、总硬度和pH值均达到了Ⅲ类水质标准，其他指标均达到了Ⅰ、Ⅱ类水质标准，水质良好，适于饮用；水质对干扰敏感，可作为生态风险预警指标。据样地资料，混沟的99个乔木树种中，53个树种（占55.5%，多为珍稀树种）的数量不足5000株。混沟珍稀动植物和高价值林木主要分布在面积占比为5.0%的河道和沟谷，主要是这些区域的关键生态资源——水资源丰富，但该区域面积有限，且水资源对气候等环境变化和人类活动敏感，相应生态系统可能会遭遇水资源波动的胁迫。当前采药、旅游人员频入保护区，且周边旅游开发进入快车道，如果这些干扰难以控制，对混沟原始林的生态安全势必造成影响。

6.1 绪 言

6.1.1 调查目的

本次调查在混沟 936.91 hm^2 原始林内进行，通过实地考察、样品采集与后续分析，一是掌握混沟森林生态系统的类型、结构和景观生态系统特征；二是评估混沟森林生态系统的功能和价值，包括其生物多样性、生态系统多样性及其固碳释氧、涵养水源、净化空气、水土保持等功能和价值；三是明确混沟分布野生动物的生态作用与价值；四是科学评价混沟森林生态系统，明确混沟森林生态系统在华北地区生态系统的地位；五是提出在中条山建立国家公园，提高混沟森林生态系保护强度。

6.1.2 调查内容

本次调查的主要内容包括：①调查该区域的植被类型、物种组成及各类型的分布比例、生态系统结构，景观生态系统的组成单元、空间分布、空间结构特征等；②调查该区域植被群落、物种、生态系统的丰富度，及其多样性随生境的变化情况，总结该区域对山西及华北地区生态建设和森林培育的贡献和影响；③调查评估该区域森林生态系统固碳释氧、水源涵养、水土保持和净化空气的能力；④调查该区域森林生态系统的人为干扰程度，评价其原真性和完整性。

6.1.3 调查方法

本次调查采用样线法，在 2019 年 5 月 13—19 日为期一周的野外实地调查中，共调查 7 条样线，全程 53.1 km(图 6-6)，使用手机 GPS 记录样线徒步轨迹，根据调查内容详细记录相关信息。生态系统功能指标监测点的布设根据不同生境、海拔梯度、调查对象和生态系统类型灵活选择，但必须遵守典型取样、完整性和代表性的原则。

6.2 混沟森林生态系统特征

6.2.1 生态系统的类型和结构

6.2.1.1 主要森林植被类型

(1)类型及树种组成。混沟森林生态系统主要分为河道(河流中心两侧 30 m 左右的带状区域)、沟谷中下游(沟谷中下游两侧 30 m 左右的带状区域)及坡地三大森林生态系统。其中，河道和沟谷中下游森林生态系统根据优势树种和树种组成变化分别分为 4 个和 7 个类型，面积较小；坡地森林生态系统根据优势树种、坡向和坡面组合，可分为 17 个类型，面积较大，占据主导地位，其基本特征见表 6-1。

(2)各类型的面积分布。坡地各森林生态系统类型的面积为 14.88~531.63 hm^2，平均为 252.60 hm^2，面积大小决定了各类型的优势度。

表 6-1 坡地森林生态系统类型及面积

森林生态系统类型	优势树种	坡向	海拔(m)	面积(hm²)
1	栓皮栎	阴阳坡	1000	174.11
2	栓皮栎	阳坡	1000~1300	477.75
3	栓皮栎	阳坡	1300~1842	450.41
4	栓皮栎	阴坡	1000~1300	320.77
5	栓皮栎	阴坡	1300~1657	155.73
6	辽东栎	阳坡	1000~1600	531.63
7	辽东栎	阳坡	1600~2023	566.24
8	辽东栎	阴坡	1000~1600	431.27
9	辽东栎	阴坡	1600~1846	380.18
10	槲栎	阴阳坡	1000	204.33
11	槲栎	阳坡	1000~1400	94.04
12	槲栎	阳坡	1400~1644	158.81
13	槲栎	阴坡	1000~1489	165.71
14	鹅耳枥	阴坡	1689~1742	20.15
15	侧柏	阳坡	825~1182	127.39
16	落叶松	阴坡	1988	14.88
17	白桦	阳坡	2082	20.79

6.2.1.2 森林生态系统的结构

(1)水平结构。除落叶松人工林的角尺度小于 0.475，属均匀分布外，其他森林群落的林木角尺度介于 0.475~0.517，均属随机分布。

(2)垂直结构。混沟区域的乔木层郁闭度在 0.6 以上。其中，郁闭度为 0.6~0.8 的森林生态系统，为乔灌草 3 层结构，灌草盖度为 0.3~0.5；郁闭度 0.8 以上的为乔草 2 层结构，草本层盖度为 0.1~0.3。

(3)径级结构。除落叶松人工林胸径呈左偏正态分布外(图 6-1)，天然林均呈反"J"形分布(图 6-2，以 1 号样地为例展示)，与理论分布相近。

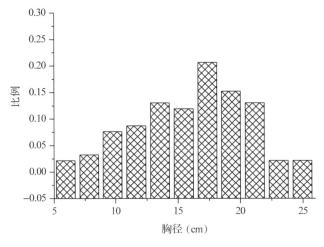

图 6-1 落叶松人工林胸径分布

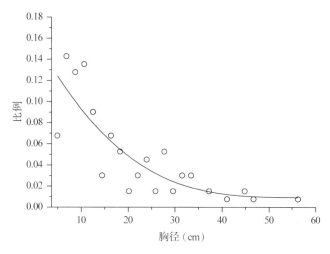

图 6-2　天然林胸径分布(1 号样地)

根据径阶(小、中、大、特大径阶组的范围分别为 6~12 cm、14~24 cm、26~36 cm 和 36 cm 以上)组成,栾树、漆树和五角枫等 17 个树种径阶组成完整,属稳定种群;大果榉、紫椴、建始槭等 21 个树种以中、小径阶为主,属进展种群;吴茱萸和臭檀等 2 个树种以中、大和特大径阶为主,属可能衰退种群(表 6-2),预示着该区域森林生态系统正向以建始槭等耐阴树种为主要建群种的方向演变。

表 6-2　主要成林树种的径阶组成

径阶组成完整,属稳定种群		以中、小径阶为主,属进展种群		以中、大和特大径阶为主,缺少小径阶林木,属可能衰退种群	
树种	径阶组成	树种	径阶组成	树种	径阶组成
白蜡	小-中-大-特大	大果榉	小-中	君迁子	中-大
鹅耳枥	小-中-大-特大	紫椴	小-中	臭檀	中-大
榧栎	小-中-大-特大	红桦	小-中	吴茱萸	中-大-特大
君迁子	小-中-大-特大	华山松	小-中		
连香树	小-中-大-特大	千金榆	小-中		
辽东栎	小-中-大-特大	樟木	小-中		
栾树	小-中-大-特大	建始槭	小-中		
槲栎	小-中-大-特大	脱皮榆	中		
山白树	小-中-大-特大	臭椿	中		
栓皮栎	小-中-大-特大	枳椇	中		
五角枫	小-中-大-特大	黄连木	中		
葛萝槭	小-中-大	中国黄花柳	中		
黑桦	小-中-大	大果榆	中		
落叶松	小-中-大	小叶朴	小		
漆树	小-中-大	青麸杨	小		
楸树	小-中-大	黑榆	小		
山桑	小-中-大	山楂	小		
卫矛	小-中-大	元宝枫	小		
		茶条槭	小		
		稠李	小		
		黑椋子	小		

(4)大径材分布。40个主要成林乔木树种中,白蜡、鹅耳枥、槲栎、君迁子、连香树、辽东栎、栾树、山白树、栓皮栎、五角枫、葛萝槭、黑桦、落叶松、漆树、楸树、山桑、卫矛、臭檀、吴茱萸等19个树种具有径阶26~36 cm的大径材,占总树种的47.5%;白蜡、鹅耳枥、槲栎、君迁子、连香树、辽东栎、栾树、山白树、栓皮栎、五角枫、吴茱萸等11个树种具有径阶38 cm以上的特大径材,占总树种的27.5%。

样地调查资料显示,沟谷中下游森林生态系统中的大径材和特大径材的比例最高,平均为26.5%;其次为河道森林生态系统,平均为21.3%;坡地平均为15.6%。可见,沟谷中下游和河道是大径材及古木聚集的主要地方,是保护的重点所在。调查区域森林中的大径材和特大径材的比例平均为19.5%,随海拔增高而下降。

6.2.2 景观生态系统特征

6.2.2.1 组成单元及其空间分布

1)景观生态系统的组成特征

混沟景观生态系统主要由河流廊道(同时也是植物廊道)、沟谷和坡地上以不同优势树种为单元的森林植被群落构成。其中,坡地森林植被群落面积最大,为优势景观要素,群落中的辽东栎、槲栎、栓皮栎、落叶松、侧柏、白桦、鹅耳枥林的面积见表6-1,这些林分分别包含3、7、11、1、2、1和1个斑块(图6-3)。坡地的17个森林植被群落(图6-4)面积见表6-1,其被分割为84个斑块。

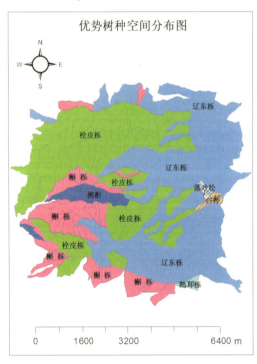

图6-3 以优势树种为单元的景观植被特征

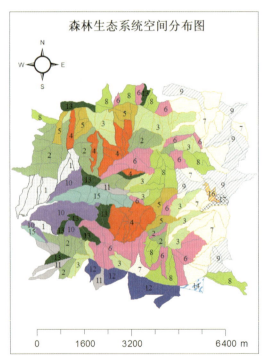

图6-4 以森林植被群落为单元的景观生态系统特征

2)景观组成要素的空间分布特征

林分尺度上,以栓皮栎为优势树种的森林植被群落在阴、阳坡分布的海拔范围分别为

971~1657 m 及 883~1842 m，分布的平均海拔分别为 1258 m 及 1270 m，阳坡面积为阴坡的 2.09 倍；以辽东栎为优势树种森林植被群落在阴、阳坡分布的海拔范围分别为 1181~1864 m 和 1071~2023 m，平均海拔分别为 1589 m 和 1561 m，阳坡面积为阴坡的 1.35 倍；以槲栎为优势树种的森林生植被群落在阴、阳坡分布的海拔范围分别为 791~1489 m 和 875~1644 m，平均海拔分别为 1015 m 和 1369 m，阳坡面积为阴坡的 0.73 倍；以鹅耳枥为优势树种的森林植被群落主要分布在阴坡 1689~1742 m，在其他森林群落中作为伴生树种广泛分布；侧柏林主要分布在海拔 825~1182 m 的阳坡，白桦林主要分布在海拔 2082 m 左右的阳坡，落叶松主要分布在海拔 1988 m 左右的阴坡。不同林分在不同海拔的面积分布如图 6-5 所示。

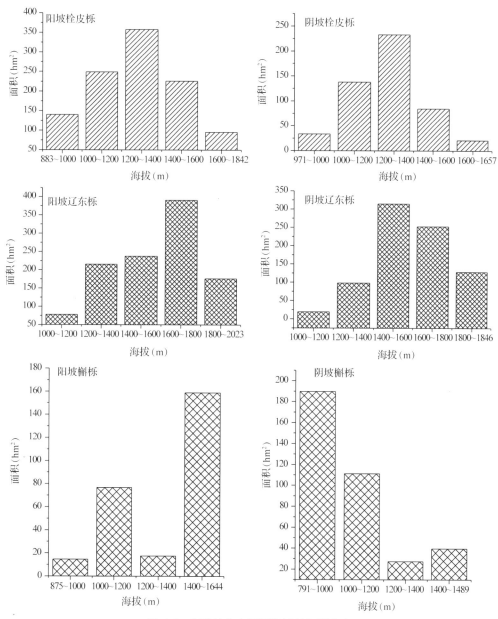

图 6-5 主要林分在不同海拔的面积分布

6.2.2.2 景观生态系统的空间结构特征

1) 以林分类型为单元的空间结构特征

7个树种中,辽东栎和栓皮栎为优势树种的森林植被群落具有明显较大的面积、最大斑块指数(LPI)和斑块平均面积,其对景观系统的贡献明显高于其他5个树种,是最具优势和支配地位的景观要素。平均回旋半径可认为是生物自斑块内的一个随机起点沿随机方向移动到斑块边界的平均距离,辽东栎林的平均回旋半径最大,其次为栓皮栎、榭栎和侧柏林,白桦、落叶松和鹅耳枥林的明显较小(表6-3)。

从斑块平均形状指数及平均分维数来看,各林分内斑块形状的复杂程度由大到小依次为辽东栎、榭栎、白桦、落叶松、侧柏、栓皮栎和鹅耳枥,形状越复杂,斑块与外部的能量、信息等的交流越便利。各林分内斑块的平均近圆形指数均在0.69以上,平均聚集指数均在0.96以上,斑块均呈不规则的带状发育,斑块内的连通性很高(表6-3)。

栓皮栎林的斑块数量和密度均为最大,破碎度最高,其次为榭栎林,其他林分的斑块数量和密度均很小;辽东栎、栓皮栎和榭栎的整体形状(以林分为单元,整合其所有斑块后的形状,即生态系统形状指数)最为复杂,其次为侧柏、白桦和落叶松林,鹅耳枥林的最小。榭栎林在其他林分中的分散及与其他林分邻接并置的程度(IJI)最高,与其他林分的物质、能量及信息交流最广;其次为辽东栎和栓皮栎林,其他林分较小。各林分的斑块结合度指数(COHESION)均在98.67以上,斑块内部的结合度和连通性很高。每个林分的不同斑块均通过其他林分斑块连接在一起(DIVISION)。各林分的斑块在空间上均呈聚集分布(AI)(表6-3)。

表6-3 以林分类型为单元的景观特征

指标	优势树种						
	辽东栎	栓皮栎	榭栎	侧柏	白桦	落叶松	鹅耳枥
最大斑块指数 LPI(%)	41.99	23.69	7.37	2.62	0.49	0.34	0.47
斑块平均面积 AREA-MN(hm^2)	635.83	143.44	90.70	63.74	20.91	14.82	20.15
平均回旋半径 GYRATE-MN(m)	935.19	432.76	441.29	412.99	249.87	180.97	203.56
斑块平均形状指数 SHAPE-MN	2.84	1.84	2.11	1.90	1.95	1.94	1.56
斑块平均分维数 FRAC-MN	1.12	1.09	1.11	1.10	1.11	1.11	1.07
斑块平均近圆形指数 CIRCLE_MN	0.69	0.69	0.74	0.82	0.75	0.72	0.69
斑块平均聚集指数 CONTIG_MN	0.98	0.96	0.98	0.98	0.97	0.97	0.98
斑块数量 NP(个)	3	11	7	2	1	1	1
斑块密度 PD(个/100 hm^2)	0.07	0.26	0.16	0.05	0.02	0.02	0.02
生态系统形状指数 LSI	5.37	5.06	5.46	2.44	1.95	1.94	1.56
分散与并置指数 IJI/%	45.70	39.98	58.47	28.83	37.56	32.97	11.11
斑块结合度指数 COHESION	99.95	99.80	99.67	99.51	98.98	98.78	98.96
景观分割度 DIVISION	0.82	0.94	0.99	1.00	1.00	1.00	1.00
同类聚集度指数 AI(%)	99.50	99.49	99.11	99.36	98.95	98.76	99.37

总体上,林分内和林分间均高度连通,几无阻碍和分离,物质、能量和信息等交流和交换通畅。各林分的斑块在空间上呈聚集分布。根据凸型边界的方向,栓皮栎自西南向东北方的适生立地延伸,未来可能压缩阳坡的辽东栎;辽东栎由东向西延伸和扩张,未来可

能压缩阴坡分布的槲栎等林分。该区域景观的异质性主要源于地形地貌变化导致的资源分配的空间异质性,这些异质性斑块主要通过空间邻接的方式联系在一起,具有明显的镶嵌分布的特征。

2) 以植被群落为单元的空间结构特征

整个景观生态系统由17个坡地植被群落、84个斑块构成,以辽东栎为优势种的植被群落为优势景观要素,群落的边缘密度较高,说明这些生态系统总体上具有较高的开放性,不同类型间物质和能量交流强烈,系统间联系紧密,是能量和物质循环的有机整体。

植被群落及其斑块的形状偏离相同面积的圆形和正方形的程度较高,分形维数大,形状复杂,延长性中等;斑块内的栅格高度连接和邻接,关系紧凑,几无隔离,连通性高(AI)。

所有斑块的空间连接度较好(DIVISION、SPLIT和MESH),物质、能量和信息等交流通畅;蔓延度指数为53.6%,属中等水平,说明各斑块及森林生态系统延伸扩散到其他类型斑块和系统内的程度中等,斑块和系统间的作用强度并不剧烈,景观整体处于较为稳定的状态。从多样性指标来看,组成该景观的生态系统类型丰富,且不同类型间的面积分布较为均匀(表6-4)。

表6-4 以生态系统为单元的景观特征

指标类型	景观指数(28个)	属性值
面积指标	平均斑块面积(hm²/个)	51.1
	最大斑块指数 LPI(%)	6.5
	景观边缘密度 ED(m/hm²)	41.6
	平均回旋半径 GYRATE-MN(m)	309.2
形状指标	边缘面积比 PARA(m/hm²)	296.3
	周长—面积分维数 PAFRAC	1.21
	斑块平均形状指数 SHAPE-MN	1.8
	斑块平均分维数 FRAC-MN	1.1
	斑块平均近圆形指数 CIRCLE_MN	0.66
	斑块平均聚集指数 CONTIG_MN	0.96
	斑块形状指数 SHAPE	55.2(正方形);7.7(圆形)
聚散性指标	斑块数量 NP(个)	84
	斑块密度 PD(个/100 hm²)	1.96
	景观分割度 DIVISION	0.97
	分离度指数 SPLIT	37.8
	有效网格面积 MESH(hm²)	113.7
	蔓延度指数 CONTAG(%)	53.6
	异类散布与并列指数 IJI(%)	72.9
	同类相似邻近百分比 PLADJ(%)	98.8
	同类聚集度指数 AI(%)	99.1
	斑块结合度指数 COHESION	99.5
	景观形状指数 LSI	7.7
	景观连接度指数 CNNECT(%)	15.0

(续)

指标类型	景观指数(28个)	属性值
多样性指标	斑块多度密度 PRD(个/100 hm^2)	0.4
	Shannon-Wiener 多样性指数 SHDI	2.6
	Simpson 多样性指数 SIDI	0.91
	Shannon-Wiener 均匀度指数 SHEI	0.90
	Simpson 均匀度指数	0.97

6.3 混沟森林生态系统主导功能和价值

6.3.1 生物多样性

6.3.1.1 主要森林植被群落的生物多样性

(1)丰富度。混沟森林生态系统的主要成林乔木树种多达43个,天然林的Shannon-Wiener多样性指数为1.33~2.47,平均为1.84,落叶松人工林的为0.59,天然林为人工林的3.12倍,且远高于山西阔叶次生林的平均水平(1.20左右)。

(2)均匀度。混沟天然林的Pilou均匀度指数为0.71~0.97,平均为0.82,是落叶松人工林(0.37)的2.22倍,具有非常高的均匀度。

6.3.1.2 混沟区域的生物及生态系统多样性

(1)生物多样性。混沟植物资源丰富,起源古老,维管植物多达448种,隶属于92科275属;其中,蕨类植物5科8属9种,其演化历史可以追溯到4亿多年前;裸子植物2科3属5种,其中的松柏科植物起源于晚石炭纪;被子植物85科264属434种,主要起源于侏罗纪、三叠纪或更早时期。

(2)生态系统多样性。混沟区域地形地貌复杂多样,混沟河道、沟谷中下游及坡地的植被群落总计28个,每平方公里接近1个,具有非常高的丰富度。

6.3.1.3 生物多样性随生境的变化特征

(1)多样性随海拔的变化。混沟区域森林生态系统的生物多样性指数随海拔升高略有下降,但不明显,充分说明该区域是一个生物多样性丰富且稳定的区域。

(2)多样性随坡向和土壤厚度的变化。阴坡和土壤深厚地段森林生态系统的生物多样性指数略高于阳坡,但差异并不明显,说明坡向和土壤厚度可能主要影响林木生长量水平而非生物多样性。

6.3.1.4 生物多样性的价值

(1)对区域生态建设的价值。混沟区域的森林群落及其物种丰富多样,是华北和黄河中下游物种的基因库和扩散地,是区域生态系统恢复的重要参照。

(2)对森林培育的潜在影响和贡献。在区域生态建设中,特别是在植被恢复规划设计、树种选择等环节,充分借鉴原始林在演变过程中的树种组成和林分结构变化等规律,对培育高质量的森林生态系统、提高生态建设质量具有重要意义。

6.3.2 固碳释氧

根据《立木生物量模型及碳计量参数》(LY/T 2658—2016)、不同树种的生物量转换系数

(BEF)及混沟区域森林的平均蓄积，计算得出该区域森林生态系统的年固碳量为 2.53 t/hm²，年释氧量为 5.93 t/hm²。

混沟区域森林生态系统的年固碳量和释氧量均为山西省森林生态系统年平均固碳(1.53 t/hm²)和释氧量(3.59 t/hm²)的 1.65 倍。

6.3.3 水土保持与水源涵养

6.3.3.1 水土保持功能

混沟地区森林茂密，枯落物层深厚(平均厚度 5 cm 左右)，林地几无侵蚀。混沟森林生态系统的年固土量为 3426 t/km²，是山西省森林生态系统年均固土量(1452 t/km²)的 2.36 倍。

6.3.3.2 水源涵养功能

混沟地区年降水量 650~750 mm 左右，除 25% 左右通过林木、灌草和枯落物截留蒸发外，其余全部涵养在土壤和岩层中。据此推算，该区域森林生态系统的年涵养水源量为 4875~5625 m³/hm²。

该区域森林生态系统水源涵养量是山西省森林生态系统年平均水源涵养量(2028.02 m³/hm²)的 2.40 倍。此外，经土壤和岩层等过滤的林地出流水质达到《地下水水质标准》(DZ/T 0290—2015) Ⅱ类标准。

6.3.4 净化空气

考察过程中对空气质量进行监测，监测点位分布如图 6-6。

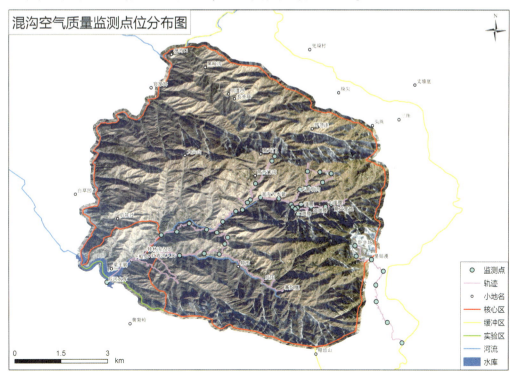

图 6-6　混沟空气质量监测点位

(1) 负氧离子浓度。经 METOne Aerocet 831 粒子计数器测定,在去除极端值后统计表明,混沟区域森林生态系统的负氧离子浓度为 900~3800 个/cm³,平均为 1900 个/cm³,整体上空气清新,达 Ⅰ 级空气质量标准。与林外平均水平(800 个/cm³)相比,净化率为 57.9%。负氧离子在不同类型的阔叶林间没有明显的变化规律,但阔叶林与针阔混交林及针叶林间存在显著差异($P<0.05$),阔叶林为 900~3800 个/cm³,平均为 2005 个/cm³,针阔混交林及针叶林为 1000~1500 个/cm³,平均为 1214 个/cm³。

(2) 负氧离子浓度随生境的变化特征。阳坡森林生态系统的负氧离子浓度为 1785 个/cm³,阴坡为 2016 个/cm³,后者为前者的 1.13 倍;随海拔升高,负氧离子浓度呈略下降趋势(图 6-7)。

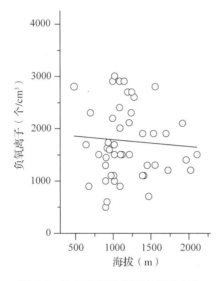

图 6-7 负氧离子浓度随海拔的变化

6.4 野生动物在混沟森林生态系统中的作用

6.4.1 原麝在混沟森林生态系统中的作用

原麝作为初级消费者,通过啃食枝叶,在相对短的时间内以排泄物的方式将食物残渣排出,排泄物进入土壤后,被分解转化的速度大大加快,显著提高了物质循环效率和效益(张录强,2006),在森林生态系统代谢功能的正常进行中,发挥着重要的作用(朱曦,1984)。原麝是植物种子传播的重要因素,通过取食植物种子,在保存和散布森林植物种子、促进植被种群分化和植物基因库的相对稳定上起到了积极作用(朱曦,1984)。同时原麝与捕食者建立的食物关系是生态系统中一种重要的调节机制(张录强,2006),作为食肉动物的重要猎物组成,在维持混沟生态系统中食肉动物种群的稳定方面起着重要作用。

6.4.2 华北豹在混沟森林生态系统中的作用

华北豹作为混沟森林生态系统的顶级捕食者,丰富了生态系统的物种多样性,促使食物网更加复杂化,增强了混沟森林生态系统抵抗外力干扰的能力(张录强,2006),在维持生物多样性和生态系统的完整性、稳定性中起到至关重要的作用(顾佳音,2017)。生态系统中动物数量的过度增多或减少势必会影响整个生态系统的稳定。华北豹通过捕食野猪、原麝、啮齿类动物等猎物,可以有效调节混沟区域的物种平衡和生态平衡,避免食草动物和啮齿类动物过度繁殖对森林植被造成严重危害(朱曦,1984);通过调节猎物的种群数量,也间接地提高了生态系统中的物种多样性和森林固碳能力(Ripple et al.,2014)。同时华北豹作为大型捕食者,可以引起强烈的捕食驱动和恐惧驱动效应,从而影响生态系统的结构和功能(Roemer et al.,2009)。

6.4.3 啮齿类动物在混沟森林生态系统中的作用

啮齿类动物作为生态系统中的重要组成部分,在维持森林生态平衡方面具有不可忽视的作用。啮齿类动物在混沟森林生态系统中具有一定的危害性,但也通过取食昆虫和节肢动物降低了害虫对林木的危害(赵恒刚 等,2012);啮齿类动物在森林中会毁坏树木的种子,但也会增加种子的传播能力,被啮齿类动物埋藏而遗忘的种子,会萌发并生长(朱曦,1984);森林中穴居啮齿类动物的排泄物为细菌和微生物提供了生长条件,同时洞穴也改变了土壤的理化性质,可帮助细菌和微生物加速分解有机质,对森林生态系统中物质循环和土壤改良具有一定的积极作用(朱曦,1984);啮齿类动物是食肉动物的主要食物来源之一,若啮齿类动物数量骤减,会抑制以啮齿类动物为食的捕食者种群的增长(赵恒刚 等,2012)。

6.5 混沟森林生态系统评价

6.5.1 混沟森林生态系统是华北地区生物资源的基因库

6.5.1.1 丰富的生物资源

混沟地区由于特殊的地理位置,复杂、优越的自然条件,加之古老的自然发育历史,因而具有极为丰富的生物资源,是华北地区名副其实的生物资源基因库。混沟有着十分丰富的植物资源,除了种类繁多的暖温带地带性树种外,也分布有亚热带树种,如连香树、山白树、青檀等,及山西省稀有种,如暖木、老鸹铃、木姜子等。有多种经济树种,如漆树、栓皮栎、黑椋子、黄连木、三叶木通和扁担木等,还有观赏树种、用材树种、野果树、药用植物等。

混沟地区山峦起伏,森林茂密,沟壑幽深,河流交错,为野生动物提供了优越的栖息环境,野生动物种类繁多。据调查,混沟有兽类13种,鸟类47种,两栖类3种,爬行类5种。国家重点保护野生动物有华北豹、原麝、红腹锦鸡、猕猴、大鲵等。

混沟地处华北地区南部,植物区系成分多样,以华北植物区系成分为主,但还在此发现有亚热带植物区系成分、东北植物区系成分和少量的西北荒漠植物成分。混沟植物区系成分复杂,充分说明了此地物种起源古老,原始生态系统保存完整。

6.5.1.2 较高的原真性和完整性

原真性和完整性是反映生态系统健康程度和评估生态价值最重要的指标之一。中共中央办公厅、国务院办公厅印发的《建立国家公园体制总体方案》中提出"建立国家公园的主要目的是保护自然生态系统原真性、完整性"。各个国家公园体制试点区在编制试点方案、进行总体规划与功能划分时，也应以生态系统原真性和完整性为首要任务。

生态系统完整性是生态系统支持和维持一个生物群落的能力，该生物群落的物种组成、多样性和功能组织可与区域内的自然生境相协同。当生态系统的主要生态特征（如组成、结构、功能和生态过程要素）发生在其自然变化范围内时，它就具有完整性，并且能够承受并从自然环境动态或人为干扰造成的大多数扰动中恢复（何思源 等，2019）。混沟地区自然生境面积比例大、景观原貌保持完好、人为干扰程度低，具有良好的原真性和完整性。在对混沟的调查过程中发现，混沟内部基本不存在人为干扰，而混沟外围在20世纪60年代后再无人居住，未受到任何生产开发和人为破坏。混沟林区无道路，仅见断断续续的兽道可通往混沟内部几个沟系，而且各沟系并不互通。混沟外围远离公路，并有悬崖和水库作为天然屏障，使得混沟成为相对封闭的生态系统（图6-12）。虽局部地区曾有轻度人为干扰，但经过了近50年的自然修复，已经形成了完整的次生森林景观。总而言之，混沟原始林区最大程度地保存了该区域森林生态系统的原真性与完整性。

6.5.1.3　华北豹等珍稀濒危物种扩散的重要廊道

生境破碎化是一个世界性的普遍现象。为保护残存的生境和重要的本地动植物物种，我国各地建立了众多自然保护区，但是自然保护区以外的生境破碎化现象没有得到遏止，自然保护区成了"孤岛"，受保护物种小种群倾向相当严重（李正玲 等，2009）。景观连接度是一个衡量生境破碎化抽象的、相对的指标。景观连接程度决定了生境斑块之间物种的扩散量，从而影响基因流动、当地适应、灭绝风险、定居概率等。为减小生境破碎化带来的影响、提高景观连接度，通过建立生态廊道来保证野生动物较低阻力的迁徙具有一定的生态意义和示范作用，并被认为能大大降低物种灭绝率。

华北豹是国家一级重点保护野生动物，是中国特有的豹亚种，因此也称之为"中国豹"，仅分布于中国华北地区。华北豹作为所生活区域的伞形物种和顶级旗舰物种，作为生态系统里最高级的捕食者，扮演着调节猎物种群、维持生态平衡的重要角色，也是生态系统健康状况的指示物种。有研究表明，现存华北豹种群小（<50个体）且分散，主要存在于相互孤立的自然保护区中，使得它们面临着较高的局地灭绝风险。山西是华北豹数量最多的省区，是全国华北豹种群资源最丰富的地区（Laguardia，2015）。但山西省人口密集，道路发达，车辆众多，华北豹的栖息地被割裂分化，阻碍了华北豹种群向外扩散、与其他种群基因交流，致使华北豹个体间竞争激烈，种群内近交压力大。所以山西境内的华北豹种群急需向周边扩散，与周边种群连通，以扩大栖息地面积，分散种群内个体间的竞争压力；连通山西华北豹种群及周边种群，行成良性基因交流，缓解华北豹种群的近交压力。

山西处于华北豹分布区域的中心位置，周围宁夏、陕西、河南、河北等省区的华北豹种群很可能与山西种群具有紧密的交流。根据近10年的监测，山西省的华北豹分布区主要集中在太行山、中条山、吕梁山等区域，其中云顶山、灵空山、蟒河、孟信垴、铁桥山、四县垴、绵山、涑水河源头、历山、芦芽山、五鹿山、庞泉沟、太宽河、黑茶山自然保护区共14个区域均记录到华北豹的活动影像（Laguardia，2015）。随着国家野生动植物保护及自然保护区建设工程的实施，无论是山西西部的吕梁山区，还是东部的太行山区，较为完整的森林景观促进了华北豹在山西的种群恢复。混沟处于山西和河南两省交界区域，由于无人为干扰，猎物丰富，该区域成为华北豹栖息以及在各山系进行活动和扩散的重要通道，也是连接山西与河南华北豹种群理想的生态廊道。

6.5.2 以混沟为典型代表的森林生态系统是华北地区重要的生态屏障

生态屏障是生态文明建设中构建国家生态安全战略格局的重要组成部分，是生态安全的保障（王晓峰 等，2016）。根据本次调查，混沟现有林业用地面积3273.83 hm^2，其中有林地3255.61 hm^2，森林覆盖率99.4%，是维持中条山生态平衡的重要物质基础。混沟森林生态系统作为华北地区重要的生态屏障，主要功能有以下几点：

（1）净化功能。混沟森林生态系统的年固碳量为2.53 t/hm^2，年释氧量为5.93 t/hm^2，是山西省森林生态系统年平均固碳（1.53 t/hm^2）和释氧量（3.59 t/hm^2）的1.65倍；负氧离子浓度为900~3800个/cm^3，平均为1900个/cm^3，整体上空气清新，达Ⅰ级空气质量标准，对比林外平均水平（800个/cm^3），净化率为57.9%。

（2）调节与阻滞功能。通过混沟森林生态系统中生物的空间阻挡、改善下垫面性质和生理生态作用，调节了华北地区的大气候，并改善了中条山地区的小气候。此外，混沟地区的巨大乔木在防风、增湿等方面功效显著。

（3）土壤保持功能。混沟地区森林茂密，枯落物层深厚（平均厚度5 cm左右），林地几无侵蚀，而同等坡度的荒草地的土壤侵蚀量为3426 $t/(km^2·a)$。保持土壤、防止侵蚀的功能主要是由构成生态屏障的森林生态系统中的植物承担。高大植物的冠层拦截雨水，削弱雨水对土壤的直接溅蚀力。地被植物阻截径流和蓄积水分，使水分下渗而减少径流冲刷。植物根系具有机械固土作用；根系分泌的有机物胶结土壤，使其耐冲刷；根系发达还使土壤疏松，增加雨水下渗能力从而减少地表径流等。混沟森林生态系统的固土量为3426 $t/(km^2·a)$，是山西森林生态系统平均固土量的[1452 $t/(km^2·a)$]2.36倍。

（4）水源涵养功能。混沟通过森林生态系统中生物和土壤对水分的吸收和蒸腾作用，保持正常的水循环，缓解极端水情。混沟地区年降水量650~750 mm，除25%左右通过林木、灌草和枯落物截留蒸发外，其余全部涵养在土壤和岩层中，据此推算，该区域森林生态系统的年涵养水源量为4875.00 m^3/hm^2。该区域的森林生态系统水源涵养量为山西省年平均水平（2028.02 m^3/hm^2）的2.40倍。此外，经土壤和岩层等过滤的林地出流水质达到《地下水水质标准》（DZ/T 0290—2015）Ⅱ类标准。

（5）生物多样性保育功能。生态系统的建造依靠生物的多样性，而生物多样性的维持又依靠生态系统的存在与正常运行。随着人类对自然生态环境的破坏，生态系统生物多样性保育功能下降，生物多样性急剧下降。混沟地区人为干扰少，植被茂密，动植物资源丰富。混沟森林生态系统的主要成林乔木树种多达43种，天然林的Shannon-Wiener多样性指数为1.33~2.47，平均为1.84，落叶松人工林的为0.59，天然林为人工林的3.12倍，且远高于山西阔叶次生林的平均水平（1.20左右）；混沟有陆栖脊椎动物68种，其中两栖类3种、爬行类5种、鸟类47种、兽类13种，分别占历山保护区相应种类的23.1%、35.7%、32.0%和33.3%，平均为31.5%，说明占历山保护区面积13.3%的混沟是历山陆栖脊椎动物多样性的富集区。混沟林地为周边生物提供了避难所，是中条山乃至整个华北地区的生物多样性的基因库，对该区域的生物多样性保育具有重要意义。

6.5.3 为华北同纬度地区的森林生态恢复提供范本

森林资源作为一种极其重要的自然资源，与人类的生存和发展息息相关。华北地区人口稠密，发展需求大，前期粗放型经济发展对森林资源开发过度，致使森林生态系统退化严重，后期经济发展转型，林业生态恢复成为社会和经济和谐发展下的必然选择。中条山林区森林开发较早，后经生态恢复，目前绝大多数林地通过天然或人工等方式实现了森林更新，然而，森林原真性才能使其发挥最大生态价值和功能。原真性包括自然原真性和历史原真性两个范畴。历史原真性是指让恢复后的生态系统与一个历史参考状态相匹配。一般认为，经过恢复的生态系统可以拥有自然原真性。然而，如果一定要以历史原真性为目标，那就必须确定一个参考生态系统供比照，但对于华夏文明的摇篮的中条山地区而言，找到一个原初的、未受干扰的生态系统是很困难的。然而，混沟林区的原始林就是一个未受干扰的生态系统，该区域森林生态系统的物种丰富多样，是山西省阔叶树种的基因库和种源地，是培育优质阔叶林系统的重要参照系。在区域生态建设中，特别是在植被恢复规划、树种选择等环节，充分借鉴该区域森林生态系统在演变过程中的树种组成和林分结构变化等规律，对培育高质量的生态系统，提高生态建设质量具有重要意义。混沟森林系统的生态功能完善，可为我们今后在同纬度地区开展自然和生态恢复工作提供原生态范本。

6.5.4 以混沟为代表的森林生态系统是华夏文明的摇篮

中条山山脉连绵，历史悠久。钟灵毓秀的历山舜王坪；伯夷、叔齐耻食周粟而隐居的首阳山；奇峰霞举、孤标秀出的五老峰；谷幽壑深，峰奇石异，晚唐诗人、诗评家司空图隐居的王官峪；舜帝、禹王、蔡伦、杜康、温公、卫铄陵寝所在，"灵光揽天下谁能与比，瑞气惠后裔杰出无穷"的鸣条岗……位于黄河中段的砥柱山等支脉皆在其中。解州的关帝庙，芮城的永乐宫，永济的普救寺、鹳雀楼，夏县的司马光祖茔等人文古迹亦颇负盛名。

在垣曲发掘出的"世纪曙猿"是迄今世界上发现最早的高等灵长类动物化石。芮城县风陵渡镇西侯度村的西侯度遗址，是我国境内最早的旧石器时代文化遗存之一，距今180万年左右，是目前中国最早的人类用火证据。另外还有距今60万年以前的匼河遗址，距今约1.5万年以前的下川遗址等。加之流传于世的黄帝战炎帝、杀蚩尤等神话传说，都显现出史前文化的特征，更加印证了此地对于华夏文明的起源和发展的重要性。

大量的历史文献记载和越来越多的考古资料充分说明在漫长的华夏文明史前时期，河东地区是中国原始人类聚居的集中场所，亦是炎黄部族与古代帝王尧、舜、禹的活动区域和建都之地，沉淀了极其丰富而深厚的古文化层。因此，古河东地区在华夏文明起源及其发展的历史进程中，占据特殊的重要的地位。换句话说，河东地区是中华民族的摇篮、华夏文明起源的中心。这里温润的亚热带气候，有利的地形，茂密的森林，密集的水网，疏松而肥沃的黄土，丰富的铜矿，独一无二的食盐资源，使上古时代的河东形成了一个迥别于他处的、十分优越的自然地理环境。正是这个特殊的地理环境，构成了中华民族生存和繁衍的摇篮，也成为史前古中国形成的地理基础。河东对中华民族形成，具有决定性的意义。

森林是人类进化重要的载体，没有森林就没有人类的文明，人类的文明进步与森林紧密相连。中条山林区是华夏文明重要的发源地，森林开发等人为活动较早，大多数地区已经无法还原历史的森林原貌，而作为该地区最后的原始森林，混沟的森林生态系统可能是研究华夏文明发祥与森林关系的最后的净土，是我国最具文化代表性的区域之一。

6.6 在中条山林区建立国家公园的必要性

2019年6月，中共中央办公厅、国务院办公厅印发了《关于建立以国家公园为主体的自然保护地体系的指导意见》，该意见的出台标志着我国生态保护与自然保护地建设进入新的发展阶段，是贯彻习近平生态文明思想的重大举措，是党的十九大提出的重大改革任务。

2021年10月12日，习近平主席在《生物多样性公约》第十五次缔约方大会领导人峰会上宣布，中国正式设立三江源、大熊猫、东北虎豹、海南热带雨林、武夷山等第一批国家公园，由此拉开我国国家公园的建设序幕。

山西是我国重要的煤炭基地，且钢铁、机械、纺织等工业在全国均占重要地位。山西还是我国农业开发最早的地区之一，是中华文明的重要发祥地。山西位于我国"胡焕庸线"上，"胡焕庸线"不仅是我国人口地理分布与经济发展的重要"分界线"，同时也是中国生态环境界线，即在"胡焕庸线"附近，滑坡、泥石流等地貌灾害分布集中；中段是包含黄土高原在内的重点产沙区，黄河的泥沙多源于此。中国的自然灾害活动及发生的空间布局也沿着"胡焕庸线"分异，并以此为界限呈过渡性，即由西北的无涝区向东南的洪涝区过渡。

中条山林区是山西省重点国有林区，在生态屏障、珍稀动植物种质保存、森林康养等方面具有重要的战略地位，以混沟为代表的原生森林生系统就是中条山林区的缩影。在生态文明建设的背景下，中国的国家公园被赋予了丰富的内涵，是国家最珍贵的自然瑰宝，是自然保护地体系的精华，是自然保护的指针和风向标。中条山的自然景观类型和生物多样性，具有资源的典型性和代表性。因此，贯彻落实中央关于生态文明建设和建立国家公园体制的精神，以国家公园建设为主体，以生态和生物多样性指示性物种——国家一级保护动物华北豹种群保护为目标，实现区域生态修复，提高生态服务价值。优化中条山的国土空间格局，整合国有林单位，增强生物多样性保护能力，扩大保护动物栖息地范围，推动区域内社会发展与经济产业转型升级，建成生态文明建设示范区和京津冀生态屏障。

参考文献

顾佳音,2017. 中国东北虎种群现状、冬季猎物选择及运动特征研究[D]. 哈尔滨:东北林业大学.

何思源,苏杨,2019. 原真性、完整性、连通性、协调性概念在中国国家公园建设中的体现[J]. 环境保护,47(3):7.

蒋世泽,1986. 中条山混沟地区的原始森林[J]. 北京林业大学学报(4):89-97.

李正玲,陈明勇,吴兆录,2009. 生物保护廊道研究进展[J]. 生态学杂志,28(3):523-528.

刘天慰,曾昭玢,沙心苓,等,1984. 山西中条山72混沟植物资源考察初报[J]. 武汉植物学研究(2):259-266.

山西植被编委会,1984. 山西植被[M]. 北京:中国林业出版社.

孙大中,胡维兴,1993. 中条山前寒武纪年代构造格架和年代地壳结构[M]. 北京:地质出版社.

王荷生,张镱锂,黄劲松,等,1995. 华北地区种子植物区系研究[J]. 云南植物研究(增刊Ⅶ):32-54.

王晓峰,尹礼唱,张园,2016. 关于生态屏障若干问题的探讨[J]. 生态环境学报,25(12):2035-2040.

吴征镒,1980. 中国植被[M]. 北京:科学出版社.

吴征镒,周浙昆,孙航,等,2006. 种子植物分布区类型及其起源和分布[M]. 昆明:云南科技出版社.

张录强,2006. 动物在生态系统中的地位与作用[J]. 生物学教学,31(7):10-11.

张荣祖,2011. 中国动物地理[M]. 北京:科学出版社.

赵恒刚,孟永红,任卫红,2012. 森林鼠类的生态作用及利用价值[J]. 河北林业科技(4):89-90.

朱曦,1984. 森林动物在森林生态系统中的作用[J]. 生态学杂志(04):46-49.

Laguardia A,2015. 中国金钱豹(*Panthera pardus*)的分布、现状与监测策略[D]. 北京:北京林业大学.

Ripple W J,Estes J A,Beschta R L,et al.,2014. Status and Ecological Effects of the World's Largest Carnivores[J]. Science,343(Jan. 10 TN. 6167):151-151.

Roemer G W,Gompper M E,Blaire V V,2009. The Ecological Role of the Mammalian Mesocarnivore[J]. BioScience(2):165-173.

附录1

历山混沟第二次综合科学考察成果
专家论证意见

2019年9月10日,山西省林业和草原局在北京组织召开了"山西历山国家级自然保护区混沟综合科学考察成果"专家论证会。专家组由来自中国科学院、国家林业和草原局、中国林业科学研究院、北京林业大学、山西大学和山西农业大学的9名专家组成。专家组听取了考察成果汇报,查阅了相关文件资料,对相关问题进行质询、讨论和论证,形成如下意见:

(1)混沟地处历山国家级自然保护区核心区,位于中条山东南端。本次科考严格按照《自然保护区综合科学考察规程》实施,旨在检验自然保护区保护成效,为构建以国家公园为主体的自然保护地体系,并为统筹山水林田湖草整体修复和系统治理,推进生态文明和美丽山西建设提供科学依据。

(2)科考队由山西省内外相关学科专家组成,并针对混沟的区位特点、重点保护对象、森林资源状况,设置了考察内容,确定了考察方案,将传统调查方法与现代技术相结合。本次考察技术路线正确、调查方法先进,是一次技术水平较高的综合考察。

(3)此次科考摸清了生物与非生物资源的本底情况,发现一批动植物新记录,获得了地质、土壤、植物群落、动物群落、森林生态系统等科学资料,数据翔实、可靠;确定了原始特征明显的森林面积 $936.91\ hm^2$;森林生态系统稳定,动植物种群数量显著增加,多样性提高,保护成效显著。科考较全面揭示了混沟森林生态系统的特征和演替规律,为准确评价混沟生态系统奠定了科学基础。

(4)科考结果显示,混沟森林生态系统有显著的起源原真性、结构完整性、动态稳定性、区位独特性、物种珍稀性,具有重要的保护价值和科学研究意义。

建议:

(1)对现有的科考资料进行进一步的分析提炼,完善报告。
(2)对此次科考成果的应用开展进一步研究。

专家组组长:

2019年9月10日

历山国家级自然保护区混沟第二次综合科学考察成果论证会专家

姓　名	单　位	职　称	签　字
张守攻	中国林业科学研究院	院　士	
魏辅文	中国科学院动物研究所	院　士	
骆有庆	北京林业大学	教　授	
陈君帜	国家林草局规划院	教授级高工	
覃海宁	中国科学院植物研究所	副研究员	
上官铁梁	山西大学	教　授	
郭晋平	山西农业大学	教　授	
严　旬	国家林草局保护地管理司	教授级高工	
贾建生	国家林草局野生动植物保护司	教授级高工	

附录 2

山西历山国家级自然保护区
混沟原始森林考察报告(1989 年)

图 版

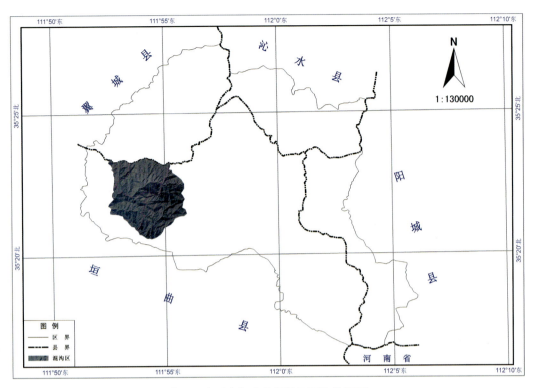

山西历山国家级自然保护区混沟位置图

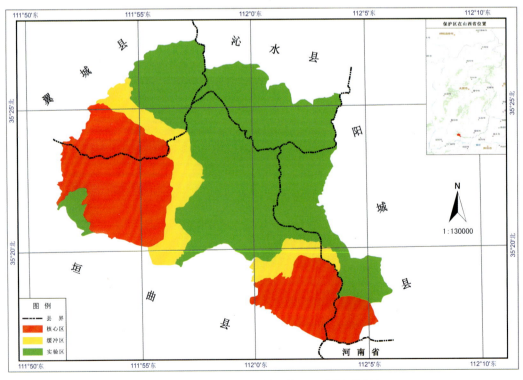

山西历山国家级自然保护区管理局功能区划图

图版 3

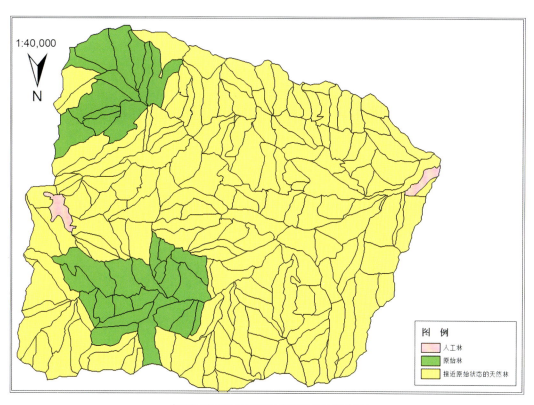

山西历山混沟地区不同起源森林分布图

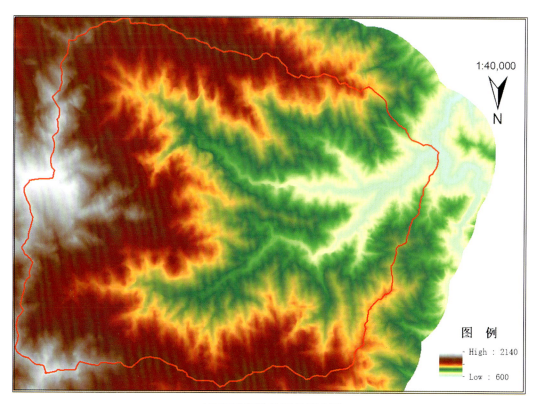

山西历山混沟地区 DEM 图

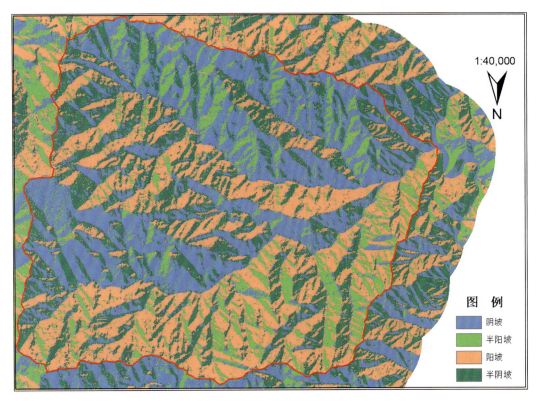

山西历山混沟地区坡向分析图

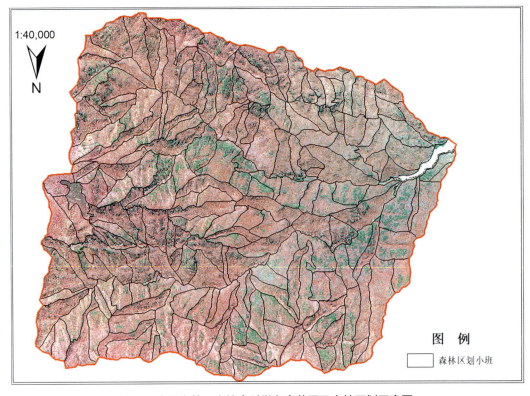

山西历山混沟第二次综合科学考察范围及森林区划示意图

图版 5

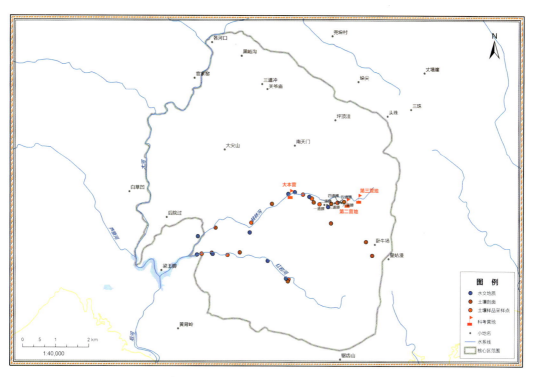

山西历山混沟科考地质组采样点布设图

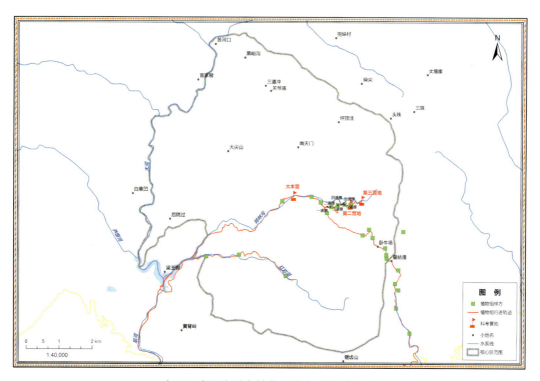

山西历山混沟科考植物组样方、样线布设图

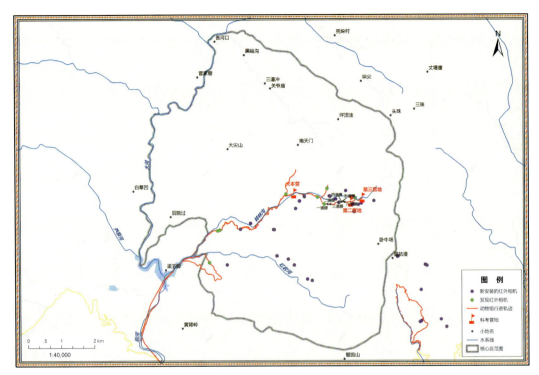

山西历山混沟科考动物组红外相机、轨迹布设图

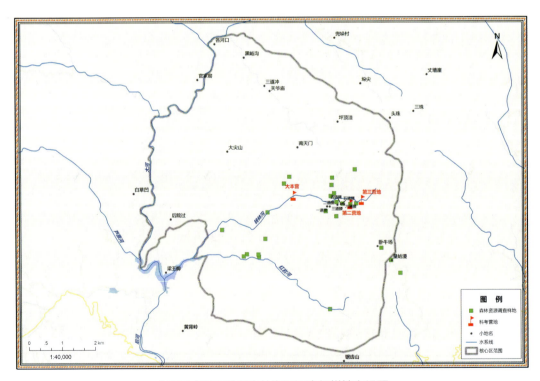

山西历山混沟科考森林资源调查组样地布设图

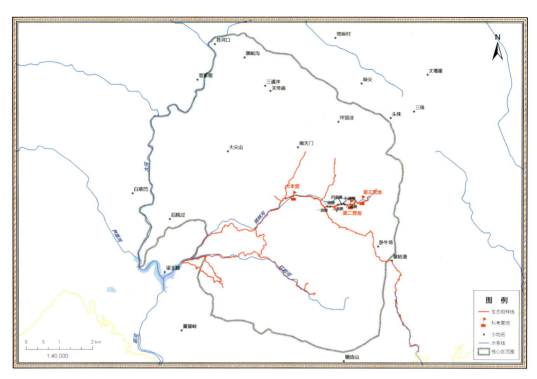

山西历山混沟科考生态组样线布设图

综合调查

专家指导

图版 11

混沟全貌

原始秘境

名木古树

① 山白树
② 五角枫
③ 建始槭
④ 青檀
⑤ 暖木
⑥ 辽东栎
⑦ 连香树

图版 19

野外调查　　⊃ 1. 地质组

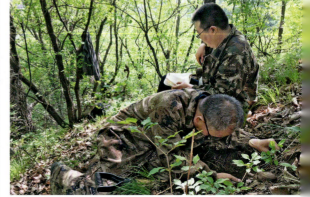

图版 21

2. 植物植被组

图版 23

3. 脊椎动物组

图版 25

4. 森林资源组

5. 生态系统组

成果展示 ○ 山西新记录

① 斑赤飑
② 花点草
③ 小药八旦子
④ 腥臭卫矛

⑤ 瓜子金
⑥ 海桐叶白英
⑦ 细小景天
⑧ 短蕊车前紫草

⊃ **动物王国**

① 环颈雉　② 勺鸡　③ 原麝
④ 红腹锦鸡　⑤ 猕猴　⑥ 华北豹

⑦ 蓝绿龙蜥
⑧ 白额燕尾
⑨ 黄眉柳莺
⑩ 红头长尾山雀
⑪ 银脸长尾山雀